"十三五"国家重点图书

湖北省学术著作
Hubei Special Funds for 出版专项资金
Academic Publications

海洋测绘丛书

海洋水文测量

田淳　周丰年　高宗军　杨鲲　编著

Oceanic
Surveying And Mapping

WUHAN UNIVERSITY PRESS
武汉大学出版社

图书在版编目(CIP)数据

海洋水文测量/田淳等编著. —武汉:武汉大学出版社,2021.5
海洋测绘丛书
"十三五"国家重点图书　湖北省学术著作出版专项资金资助项目
ISBN 978-7-307-21305-0

Ⅰ.海…　Ⅱ.田…　Ⅲ.海洋水文—海洋测量　Ⅳ.P714

中国版本图书馆 CIP 数据核字(2019)第 268862 号

责任编辑:鲍　玲　　责任校对:汪欣怡　　版式设计:马　佳

出版发行:**武汉大学出版社**　(430072　武昌　珞珈山)
(电子邮箱:cbs22@whu.edu.cn 网址:www.wdp.com.cn)
印刷:武汉中远印务有限公司
开本:787×1092　1/16　印张:15.75　字数:371 千字　插页:1
版次:2021 年 5 月第 1 版　　2021 年 5 月第 1 次印刷
ISBN 978-7-307-21305-0　　定价:56.00 元

序

现代科技发展水平，已经具备了大规模开发利用海洋的基本条件；21 世纪，是人类开发和利用海洋的世纪。在《全国海洋经济发展规划》中，全国海洋经济增长目标是：到 2020 年海洋产业增加值占国内生产总值的 20% 以上，并逐步形成 6~8 个海洋主体功能区域板块；未来 10 年，我国将大力培育海洋新兴和高端产业。

我国海洋战略的进程持续深入。为进一步深化中国与东盟以及亚非各国的合作关系，优化外部环境，2013 年 10 月，习近平总书记提出建设"21 世纪海上丝绸之路"。李克强总理在 2014 年政府工作报告中指出，抓紧规划建设"丝绸之路经济带"和"21 世纪海上丝绸之路"；在 2015 年 3 月国务院常务会议上强调，要顺应"互联网+"的发展趋势，促进新一代信息技术与现代制造业、生产性服务业等的融合创新。海洋测绘地理信息技术，将培育海洋地理信息产业新的增长点，作为"互联网+"体系的重要组成部分，正在加速对接"一带一路"，为"一带一路"工程助力。

海洋测绘是提供海岸带、海底地形、海底底质、海面地形、海洋导航、海底地壳等海洋地理环境动态数据的主要手段；是研究、开发和利用海洋的基础性、过程性和保障性工作；是国家海洋经济发展的需要、海洋权益维护的需要、海洋环境保护的需要、海洋防灾减灾的需要、海洋科学研究的需要。

我国是海洋大国，海洋国土面积约 300 万平方千米，大陆海岸线约 1.8 万千米，岛屿 1 万多个；海洋测绘历史"欠账"很多，未来海洋基础测绘工作任务繁重，对海洋测绘技术有巨大的需求。我国大陆水域辽阔，1 平方千米以上的湖泊有 2700 多个，面积 9 万多平方千米；截至 2008 年年底，全国有 8.6 万个水库；流域面积大于 100 平方千米的河流有 5 万余条，内河航道通航里程达 12 万千米以上；随着我国地理国情监测工作的全面展开，对于海洋测绘科技的需求日趋显著。

与发达国家相比，我国海洋测绘技术存在一定的不足：(1)海洋测绘人才培养没有建制，科技研究机构稀少，各类研究人才匮乏；(2)海洋测绘基础设施比较薄弱，新型测绘技术广泛应用缓慢；(3)水下定位与导航精度不能满足深海资源开发的需要；(4)海洋专题制图技术落后；(5)海洋测绘软硬件装备依赖进口；(6)海洋测绘标准与检测体系不健全。

特别是海洋测绘科技著作严重缺乏，阻碍了我国海洋测绘科技水平的整体提升，加重了从事海洋测绘科学研究等的工程技术人员在掌握专门系统知识方面的困难，从而延缓了海洋开发进程。海洋测绘科技著作的严重缺乏，对海洋测绘科技水平发展和高层次人才培养进程的影响已形成了恶性循环，改变这种不利现状已到了刻不容缓的地步。

与发达国家相比，我国海洋测绘方面的工作起步较晚；相对于陆地测绘来说，我国海洋测绘技术比较落后，缺少专业、系统的教育丛书，相关书籍要么缺乏，要么已出版 20 年以上，远不能满足海洋测绘专门技术发展的需要。海洋测绘技术综合性强，它与陆地测绘学密切相关，还与水声学、物理海洋学、导航学、海洋制图、水文学、地质、地球物理、计算机、通信、电子等多学科交叉，学科内涵深厚、外延广阔，必须系统研究、阐述和总结，才能一窥全貌。

基于海洋测绘著作的现状和社会需求，山东科技大学联合从事海洋测绘教育、科研和工程技术领域的专家学者，共同编著这套《海洋测绘丛书》。丛书定位为海洋测绘基础性和技术性专业著作，以期作为工程技术参考书、本科生和研究生教学参考书。丛书既有海洋测量基础理论与基础技术，又有海洋工程测量专门技术与方法；从实用性角度出发，丛书还涉及了海岸带测量、海岛礁测量等综合性技术。丛书的研究、编纂和出版，是国内外海洋测绘学科首创，深具学术价值和实用价值。丛书的出版，将提升我国海洋测绘发展水平，提高海洋测绘人才培养能力；为海洋资源利用、规划和监测提供强有力的基础性支撑，将有力促进国家海权掌控技术的发展；具有重大的社会效益和经济效益。

《海洋测绘丛书》学术委员会

2016 年 10 月 1 日

前　言

　　海洋水文测量是获取海洋几何、物理和化学性质的重要手段，是人类认知、开发和利用海洋的基础。长期以来，我国的海洋水文测量基本上都是近岸测量，其目的是为了满足沿海人民生产、生活的需要，对于我国辖属海域及远海水文要素测量涉足较少。随着我国"一带一路"、"海上丝绸之路"等海洋强国倡议的实施以及计算机、声学、无线电传输和电子等相关技术的快速发展，现代海洋水文测量已进入了一个高速发展时期，初步具备了海洋水文要素获取的实时性、密集性、立体性、长期性和系统性等特点。

　　为更好地呈现现代海洋水文测量的内容和技术特点，本书在分析现有水文测量技术特点、发展现状和趋势的基础上，重点介绍了海洋水文测量中的水深测量、海洋物理性质测量、海洋化学性质测量、潮汐测量、海流测量、波浪测量、泥沙测量；并在此基础上，介绍了海洋水文要素的整编。最后，为便于理解，结合实例，进一步阐述了上述水文要素的测量和整编过程。

　　全书共10章，章节安排如下：首先，在第1章绪论，重点介绍了海洋水文测量的意义，内容，发展历程、现状及趋势；第2章水深测量，介绍了测深杆法、测深锤（铅锤、水砣）法、铅鱼测深法、单波束测深法、多波束测深法、机载激光测深法、ADCP测深法、深度计算法等水深测量方法；第3章海洋物理性质测量，主要介绍了温度、盐度、透明度、水色、海发光及海冰观测方法；第4章海洋化学性质测量，重点介绍了海水的化学组成、性质及测量方法；第5章潮汐测量，介绍了海洋潮汐的基本概念，水尺验潮、井式验潮、超声波验潮、压力式验潮、声学验潮及GNSS潮位测量设备及测量和遥报方法；第6章海流测量，介绍了海流的测量原理、测量设备、测量方法及数据处理和分析方法；第7章波浪测量，重点介绍了波浪的分类、测量原理、测量设备及测波杆测波、压力测波、声学测波、重力测波和遥感测波等方法及成果处理方法；第8章泥沙测量，介绍了泥沙的分类、测量原理、测量设备及6种泥沙测量方法和数据处理方法；第9章海洋水文资料整编，重点介绍了水位、潮位、水文、波浪、潮流和泥沙资料的整编方法；最后，在第10章结合海洋水文测量实例，对海洋水文要素的测量和整编过程给予了详细介绍。

　　本书第1章由田淳撰写，第2章由周丰年撰写，第3、4章由高宗军、冯建国、周丰年等撰写，第5、7、8、9章由田淳、周丰年等撰写，第6章由杨鲲、安永宁、张田雷、刘盾、文先华、成晔、祁祥礼撰写，第10章由刘桂平撰写。此外，黄子轩、储林韬、柴江波、梁文彪等人承担了本书的资料整理、图片绘制和初稿校对工作。

　　由于本书涉及内容较多，加之编者知识有限，难免存在缺点和错误，敬请读者批评指正。

目　　录

第 1 章　绪　　论

　　21 世纪是海洋世纪，目前世界上有 100 多个沿海国家都在开发海洋资源，拓展海洋空间。我国是海洋大国，濒临渤海、黄海、东海和南海，大陆岸线长 18000 千米，岛屿岸线长 14000 千米，海岛 6500 多个，管辖海域约 300 万平方千米，相当于陆地国土面积的三分之一。海洋蕴藏着丰富的资源，不仅有许多重要的渔场，大面积的近海养殖区，还有不可忽视的海上航运通道。海洋经济以年均 20% 的速度增长。海洋正在为人类的生活和生产提供越来越多的资源和能源。

1.1　水文测量的意义

　　发展海洋经济的首要任务就是调查海洋资源现状、估算容量、评估潜力，据此制定合理的开发方案。海洋测绘是了解、探索海洋的最直接手段，其中海洋水文测量既是基础又是核心。中华人民共和国成立初期，由于相对忽视海洋国土教育，海洋科技发展一度缓慢，尽管后来奋起直追，我国海洋科学技术的总体实力与海洋强国之间还存在不小的差距。海洋水文测量技术的落后制约了我国在海洋各个方面的进步。我国的海洋水文测量基本上是近岸测量，其目的是为了满足沿海人民生产、生活的需要，然而对于 300 万平方千米的海域监测能力较为欠缺，全球性的海洋水文测量更是很少涉及。如今，计算机技术、先进的能源技术、无线电传输技术和电子技术的应用，使海洋水文测量进入了一个高速发展时期。海洋水文测量正向着实时、密集、立体、长期、系统的方向发展，世界上重要的海洋国家都十分注重海洋水文测量，因此我国应当追踪国际前沿技术动态，深化国际合作，吸取经验，谋求更快更好地发展。

　　海洋水文测量是为了解海洋水文要素分布状况和变化规律进行的观测。观测项目随调查任务而定，一般包括：水深、水温、盐度、海流、波浪、水色、透明度、海冰、海发光等观测。通过测定海水参数、掌握潮汐规律、追踪波浪传播、把握水文脉动，海洋水文测量为我们开发利用海洋资源提供了基础数据参考和规划制定依据。然而在向海洋要资源的同时也要注重海洋保护，做到可持续发展，为子孙后代留下广阔的生存空间。数据表明，海洋灾害造成的损失近几年也越来越严重。目前，近海环境已经受到了不同程度的污染，主要污染物来源是陆地的生产生活污水的排放。每年直接排放入海的污水，包括生活污水和工业污水达到百亿吨。在近海海域，尤其是港口、河口、半封闭海湾以及大中城市毗邻海域，造成较为严重的污染。除了污染海水，还有大量的污染物在海底沉积下来，形成新的污染源。每当受到大风吹动搅拌，泛起的沉积物使海水水质迅速下降。陆地上日益增加的农药和化肥的用量也对海洋产生影响，在一些海域影响了生物的生存环境。此外，我国的养殖总量占全球的 74%，每年排放的养殖污水近千亿吨。养殖排放的污水含有大量的营养盐，易导致海水富营养化，诱发赤潮灾害，造成生态系统的紊乱。海上活动的增加导致突发性污染灾害的频次在逐年提高，造成的污染危害也越来越严重。海水水质下降导致海洋生物资源量锐减，养殖病害加剧，灾害损失量加大。每年国家的海洋经济都会因为污染蒙受巨大损失。然而，海洋污染对生态系统的影响更是长期的，有些是不可逆的，还将进一步影响子孙后代的生存环境。

除了受到海洋污染、海洋赤潮等多种海洋环境灾害的影响，我国沿海地区还受到台风、海浪、风暴潮等多种动力现象形成的灾害的影响，是世界上海洋灾害最严重的国家之一。随着经济的快速发展，我国的海上作业活动越来越多，建设了海岛港口和水中港口，因此安全的海上运输变得越来越重要。我国海洋捕捞业是永恒的产业，数百万渔民常年在风浪中作业。我国的滩涂养殖业迅猛发展，成为海洋经济的支柱产业，这些都决定了海上作业的规模和强度是在逐年扩大和变强，海上安全问题已经成为不容忽视的问题。

这一切，都需要海洋水文测量提供宝贵的数据，海洋水文测量已经成为海上安全保障的第一需要。随着海洋经济的发展，海洋环境问题、生态问题、灾害问题日益凸显，迫切需要迅速解决这些问题。然而，科技人员苦于没有充分的数据，许多研究工作无法开展。海洋监测能力薄弱已经成为制约我国海洋科技发展的关键因素之一。测量技术水平的相对落后也使得我们很难主导国际级的海洋测量计划。更为紧迫的是，我国还面临着严峻的海洋权益维护问题，与周边国家存在岛屿主权争议与专属经济区和大陆架划界争议，在军事上亦需加强对海洋动力及其他物理要素的监测，来维护我国国防安全。由此可见，海洋水文测量的发展已刻不容缓。

1.2　水文测量的发展历程

化石的研究，证明人类起源于非洲大陆。但是，人类与海洋的关系却是相当久远的。公元前 8000 年左右，人类已经开始了捕鱼活动，借以补充游猎时俘获物的不足。到了 15世纪，海洋活动已经非常频繁，除了喧嚣一时的北欧海盗船只游弋于云山雾水之间，从事图财害命活动之外，大部分是从事和平的贸易，船只来往于亚、欧、非三大洲的沿岸。

1492 年，哥伦布奉西班牙女王之命，横穿大西洋，寻求通往印度之路；1497 年，葡萄牙人达伽马，率领船队绕过非洲好望角，循印度洋北上，到达印度，开辟了东方航线。

1615 年，在西班牙政府的支持下，麦哲伦开始了环球航行，历时三年的艰辛航海，用事实证明地球是一个球形，"天圆地方"之说终于寿终正寝。

15—16 世纪，船只远涉重洋，"发现"了北美洲、南美洲，"巡礼"了非洲沿岸，"找到"了印度和其他许多岛屿。于是，这一时期被称为伟大的"地理大发现"时代，又称为周游世界活动时期。实际上，在东方，我国航海家郑和于 15 世纪初率领庞大船队七下西洋，其规模之大、声威之猛，都是"地理大发现"时代所不能比拟的。

英国人科克在 1768—1779 年间进行了三次世界航行，在航行中已经开始注意与航行有关的一些科学考察。第一次航行期间，他在悉尼到托列斯海峡一带，测量了水深、水温、海流和风，考察了珊瑚礁，绘制了发现的岛屿与大陆海岸线，以及具有水深、海流、潮流、风的海图。但是，有目的的海洋科学考察是从"挑战者"号开始的。"挑战者"号改装自一艘 2000 吨级英国军舰，自 1872 年 12 月至 1876 年 5 月，历时三年半，游弋于太平洋、大西洋和南极冰障附近，全部航程 127650 千米。它在 362 个点位进行了测深和生物采集，还测量了世界各地海域的地磁、海底地形、海底地质和海洋深层水温的季节变化（首先采用颠倒温度计测温）；发现世界大洋中盐类组成具有恒定性的规律；测量了海流、透明度、海洋动植物等，奠定了现代海外物理学、海洋化学、海洋地质学的基础。"挑战者"号考察报告问世之后，科学界掀起一阵波澜。原来，海洋远不是那么单调和简单，它是一个运动的、到处充满生机的浩瀚水界，有许多秘密还未为世人所知。世界各国争相效仿，于是海洋调查事业如雨后春笋般发展起来。

1831—1836 年，英国的达尔文在"贝格尔号"舰上，做南半球的航行，进行了地质和生物的考察，1859 年出版了《物种起源》一书，提出生物进化论，引起生物界一场巨大的革命。

1873—1875 年，美国"特斯卡洛拉号"在太平洋考察了水深、水温、海底沉积物等，发现了特斯卡洛拉湾渊。

1874—1876 年，德国"羚羊号"在大西洋、太平洋进行以海洋物理学为主的调查。

1877—1905 年，美国"布莱克号"、"信天翁号"在西印度群岛、印度洋、太平洋上进行以浮游生物、底栖动物以及珊瑚礁为主的调查。

1882—1883 年，第一届国际极地年(IPY)观测，研究南北极的气象、极光和地磁等有关现象，首先提出大气循环的报告。

1885—1915 年，摩纳哥"希隆德累号"、"普伦西斯·阿里斯号"等，通过由赤道至北极圈的大西洋、北冰洋、地中海的海洋物理、生物的观测，发现了新的海洋生物和水温较高的摩纳哥海，获得了大西洋的表层海流图，出版了世界海深图，还发现地中海深层水流向大西洋等现象。

1886—1889 年，俄国"勇士号"在世界航行中调查了中国海、日本海、鄂霍茨克海。

1889 年，德国"国家号"在北大西洋进行了名为"浮游生物探险"的调查，汉森进行了浮游生物的垂直和水平分布量的研究。

1893—1896 年，挪威人南森乘"弗腊姆号"在格陵兰、北冰洋作横断闭合调查，其主要发现有：(1)死水现象；(2)风海流偏离风向右边 30°~40°；(3)记述了北极海流系，其研究结果促使了厄克曼风海流理论的产生。

海洋调查在海洋学各个领域都有重要发现，对当时各国的政治、军事及经济都有很大的促进作用。同时也暴露了海洋调查中存在的一些问题。例如：当时的调查都是分散地进行，调查方法不统一，给海洋资料交流带来了很大困难。所以，1901 年，北欧诸国召开国际海洋研究理事会。研究统一调查方法问题，丹麦人柯纽森制成供分析盐度的标准海水，并在汉森等人的帮助下，出版了海洋常用表。当时各国海洋调察员深感单船走航式调查太落后了：资料太少，又不同步。对海洋的认识，只能通过少得可怜的数据，应该向多船合作方向发展。但是，那时世界正处动荡之中，烽火连绵，战事不断，要想做到多船多国联合实非易事，只有在第二次世界大战之后，多国多船联合调查才成为可能。

1950—1958 年，美国加利福尼亚大学斯克里普斯海洋研究所发起并主持了包括北太平洋在内的一系列调查，最初由秘鲁和加拿大参加，随后又有美、日、苏等十余艘调查船参加。这次联合调查，是之后进行的一系列大规模联合调查的先声。

国际地球物理年(1957—1958年，IGY)和国际地球物理合作(1959—1962年，IGC)的联合海洋考察，其规模之大是空前的，调查范围遍及世界大洋，调查船有70艘之多，参加国家达17个。

到了20世纪60年代，海洋联合调查参加国越来越多，活动也越来越多：主要有1960—1964年国际印度洋的调查；1963—1965年国际赤道大西洋合作调查；1965—1970年(后又延至1972年)黑潮及其毗邻海区合作调查等。其中1960—1964年国际印度洋调查是由联合国教科文组织发起的，有13国、36艘调查船参加，是迄今为止对印度洋规模最大的一次调查。

1970年，苏联应用几十个资料浮标站，五六艘配备有最新仪器的调查船在大西洋东部进行以海流为主的调查，由于浮标阵是按多边形方式布置的，这次调查代号取名为"多边形"。经过半年多的观测，发现在这个弱流区域内(平均流速为1cm/s)，存在着流速达10cm/s，空间尺度约为100km，时间尺度为几个月的中尺度涡旋。这一发现，立即引起海洋学界的重视。1973年3月至6月，美、英、法三国的15个研究所，利用几十个浮标、六艘调查船和两架飞机组成联合观测网，对北大西洋西部的一个弱流海区，进行了一次代号为MODE的大洋动力学实验，观测结果表明那里也存在中尺度的涡旋。

1986—1992年中、日黑潮合作调查，对台湾暖流、对马暖流的来源、路径和水文结构等提出了新的见解，对海洋锋、黑潮路径和大弯曲等有了进一步的认识。

1990年之后，世界大洋范围内的环流调查，即"WOCE"计划逐步展开；同时，热带海洋与全球大气-热带西太平洋海气耦合响应试验，即"TOGA-COARE"也在进行，调查旨在了解热带西太平洋"暖池区"通过海气耦合作用对全球气候变化的影响，从而进一步改进和完善全球海洋和大气系统模式。

无人浮标站的应用可以取得全天候的连续资料，特别是海洋卫星遥感资料问世，开创了空间海洋学时代，海洋立体化调查终于登上历史舞台。

海洋立体观测系统是利用多种技术手段，进行综合的、三维空间的观测组合系统。它应用卫星、飞机、调查船、浮标、岸边测站、潜器、水下装置等作为观测平台，通过各种测量仪器和传输手段，实现资料的同步(或准同步)采集、实时传递和自动处理。海洋立体观测系统可以获取多参数的、完整的海洋资料，实现对海洋大面积、多层次监测，是人类深入了解海洋现象、掌握海洋时空变化规律的重要技术手段。

1.3　水文测量要素

海洋水文测量的对象是海洋，而海洋与陆地的最大差别是海底以上覆盖着一层动荡不定的、深浅不同的、所含各类生物和无机物质有很大区别的水体。这一水体的存在，使海洋测量在内容、仪器、方法上有明显不同于陆地测量的特点；这一水体，使目前海洋测量工作只能在海面航行或在海空飞行中展开，而难以在水下活动。海洋测量的内容主要是探测海底地貌和礁石、沉船等地物，没有陆地那样的水系、居民地、道路网、植被等要素，而且海底地貌也比陆地地貌要简单得多，地貌单元巨大，很少有人类活动的痕迹。但这并不是说海洋测量比陆地测量要简单得多，相反，海洋测量在许多方面比陆地测量要困难。

人们熟知海洋之大，却未必知道需要监测的海洋参数之多。海洋监测对象可以分为动力参数和生态环境参数两大类：

需要监测的动力参数主要有：温度、盐度、潮汐、潮流、海流（流速、流向）、海浪（波高、周期、波向）、海冰、海底地貌等。

需要监测的生态环境参数主要有：海水透明度、泥沙、黄色物质、叶绿素、溶解氧、化学耗氧量、生物耗氧量、有机氮、重金属等。

本书将针对海洋水文要素，介绍其概念、测量方法及其案例。

1.4 水文测量的现状与发展

海洋水文测量是测绘科学研究的一个重要组成部分，它的主要任务是对海洋几何场和物理场参数进行精密测定和描述，其目的是为人类的活动提供必要的海洋空间信息。20世纪50年代以来，随着计算机技术和信息获取手段的改进和发展，海洋测量突破了传统海道测量的内容和范围，发展成对海面、水体、海底全方位、多要素的综合测量，获取包括大气（气温、风、雨、云、雾等）、水文（海水温度、盐度、密度、潮汐、波浪、海流等）以及海底地形、地貌、底质、重力、磁力、海底扩张等各种信息数据。传统海洋测量仅局限于基于船载设备的点测量，如单波束测深系统，难以实现面扫描。机载激光测深、多波束测深以及侧扫声呐系统等一批具有全覆盖、高效率和高精度特点的高新技术测量设备的出现，已经使海洋测量从过去的点线测量模式转变为带状测量模式。同时，LiDAR系统、航空重力或磁力测量以及水深遥感的发展和应用，使海洋测量呈现现代化、立体化的态势，海洋测量正在突破传统的时空局限，进入以数字测量为主体、以计算机技术为支撑、以3S（GPS、GIS、RS）技术为代表的现代海洋测量新阶段。

海洋水文测量内容随着工程需求的拓展，涉足的领域也越来越广。卫星遥感、扫测技术、水下摄影、水下电视等非接触式测量技术在海洋测量中的广泛应用，使得遥感技术与海洋测量密切相关。

海洋水文测量是海洋调查中重要的作业内容，与现代海洋测绘的实际需求密切相关。随着走航式温盐深计的出现，动态情况提取不同水层的温度和盐度，为立体海洋温度、盐度分布研究提供了丰富的数据，彻底打破了当前点测量的局限。在遥控、遥报潮位观测和GPS航潮位测量方法出现后，潮位观测自动化和精确性均得到很大程度的提高。海流的流速和流向目前通过测站式或走航式ADCP测定，相较于传统方法，ADCP加快了测量速度，体现了三维流速和流向的特性，从而提高了测量精度和范围。

近年来，随着水下GPS技术的发展，利用GPS实现海底控制点（网）坐标的联测已成为现实。在测深技术方面，与传统的单波束测深相比较，多波束系统具有测量范围大、速度快、精度高、记录数字化以及成图自动化等诸多优点，将测深技术从传统的点、线扩展到面，并进一步发展到立体测图和自动成图，从而使海底地形测量技术发展到一个较高的水平。LiDAR因其具有测量速度快、精度高等特点，在定位、定姿、归位计算和数据融合方面都取得了长足的发展。无论是多波束系统还是侧扫声呐系统，均朝着高分辨率、精确定位和同步提供测深及声呐图像方面发展，这为实现海底地貌的详细勘察提供了重要手段。

我国海洋水文测量未来主要向以下几个方向发展：

(1)服务对象将向全方位、多层次转化

20世纪海洋水文测量的服务对象主要是保障海面航行船只的安全，今后海洋水文测量的服务对象将不断扩展。

海洋水文测量的基准面也将逐步与陆地地形测量基准面统一，建立以海洋大地水准面为基准面是势在必行的，因此，未来海洋水文测量技术的主攻方向是：继续研制新型精密测量仪器设备；统一陆地和海洋地形基准面；精化海洋大地水准面。

随着信息化技术的高速发展，多种海洋水文测量数字产品、数据库和地理信息系统将集成一体，为多学科的多种使用目的提供全方位服务。

(2)信息获取和表示将向集成综合式转化

未来无论是信息获取还是信息体现都会以多系统集成为主体。在信息获取领域，一个系统多种功能的集成和多个系统的有机集成是未来海洋测量发展的必然趋势，将各种测量系统的优点集成在一起，会使海洋水文测量技术得到突飞猛进的发展。

在信息表示领域，多源、多分辨率信息的有机集成也是发展的必然趋势，未来会实现将各种途径获取的信息有机结合起来，多角度、多层次、全方位地展现海洋的全貌。

(3)信息服务形式将由三维静态向四维动态转化

随着科学技术的发展，未来社会对海洋水文测量成果的需求将趋向于动态变化和实时性。因此，研究海洋几何要素和物理要素的时变规律十分重要，尤其是对海洋潮汐现象的全面、透彻的研究。

电子海图显示系统的发展，使得电子海图的显示由最初的二维发展为三维显示，继而发展到叠加潮汐预报的实时四维动态显示。目前我国的电子海图还不具备叠加水文气象要素功能，但可以预料该功能将会添加到电子海图中。

(4)遥感技术的深化

近年来，海洋遥感技术以其常规海洋调查手段所没有的优越性，呈现着良好的发展前景，该技术是基于遥感技术对海洋进行观测研究。从海洋状态波谱分析到海洋现象判读等一整套完整的理论与方法，在海洋研究中起着巨大的作用，也是现代测绘科学技术在海洋研究方面作出贡献的体现。海洋遥感技术主要包括以光、电等信息载体和以声波为信息载体的两大遥感技术。其中海洋声学遥感技术是探测海洋的一种十分有效的手段。利用声学遥感技术，可以探测海底地形、观测海洋动力现象和探测海底地层剖面，以及为潜水器提供导航、避碰、海底轮廓跟踪的信息。

海洋遥感主要应用于调查和监测大洋环流、近岸海流、海冰、海洋表层流场、港湾水质、近岸工程、围垦、悬浮沙、浅滩地形、沿海表面叶绿素浓度等海洋水文、气象、生物、物理及海水动力、海洋污染、近岸工程等方面。目前常用的海洋卫星遥感仪器主要有雷达散射计、星载雷达高度计、合成孔径侧视雷达(SAR)、微波辐射计及可见光/红外辐射计、海洋水色扫描仪等。雷达散射计是一种主动式斜视观测微波装置，可以演算出海面风速、风向、风应力以及海面波浪场，用于研究海洋工程和预报海浪、风暴。星载雷达高度计也是一种主动式微波传感器，可用于测量大地水准面、海冰、潮汐、水深、海面风强度和有效波高，观测厄尔尼诺现象和海洋大中尺度环流，对地质深测和海洋测绘、全球海平面和气候变化研究、大洋环境监测等有着重大意义。合成孔径侧视雷达(SAR)可以用于研究波浪谱及海表面波，影响国民经济建设和军事应用；可以提取到海冰相关信息，发现海洋中较大面积的石油污染，还可进行浅海水深和水下地形测绘，对环境监控、海洋勘探开发、海上交通运输与军事活动等具有重大意义。微波辐射计是被动微波传感器，根据海面反射的热辐射温度来测量海面的温度，而海面温度则是海洋学研究必测的最基本参数之一。划分水团，分析海洋峰和流系，海水凝絮、沉积、热污染等无一不和海面温度息息相关。可见光/近红外波段中的多光谱扫描仪和海岸带水色扫描仪均为被动式传感器，能测量海水水色、悬浮泥沙、水质等，在海洋渔业、海洋污染检测、海岸带开发、全球尺度海洋科学研究等方面发挥重要作用。

　　未来我国的海洋测绘必须进一步拓宽领域、加快速度、提高精度，在现势性和时效性方面有一个重大突破，全方位、全过程、多层次、多环节提供动态化的信息服务，更好地为国防和国民经济建设作出贡献。

第2章 水深测量

水深是指从海平面至海底的垂直距离，水深又可分为现场水深(即瞬时水深)和海图水深。现场水深是指现场测得的自海平面至海底的铅直距离，而海图水深是从深度基准面起算到海底的水深。海洋水文测量中的水深测量是配合或服务于其他海洋要素观测的内容。观测得到的水深是瞬时水深，测量船到位后，首先确定测站水深，由此确定海洋要素的观测层次，然后再进行海洋要素的观测。水文测量中的深度信息获取应具备简单、快捷、准确等特点。目前，满足上述特点的深度测量方法主要有测深杆法、测深锤(铅锤、水砣)法、铅鱼测深法、单波束测深法、多波束测深法、机载激光测深法、ADCP 测深法、深度计算法。下面分别介绍这些方法的设备组成、测量原理以及数据处理原理。

2.1 测深杆测深法

测深杆测深法是借助标有刻度的测深杆垂直量测海床到水面间垂直距离的一种测深方法，如图 2.1 所示。测深杆可用金属或其他材料制成，具有一定的强度与刚度，当受水流冲击时无明显的弯曲和抖动，底部装有直径约 20cm 的带孔底盘，如图 2.2 所示。测深杆标有刻度，刻度间隔应考虑所测水深及水面波幅的大小，在杆身上由小到大分段刻画。刻度标记无论湿水与否都能够明显清晰，可从任何角度获得水面在测深杆上的明确读数，一般测杆的刻度标记都会着以颜色。

图 2.1 测深杆测深

 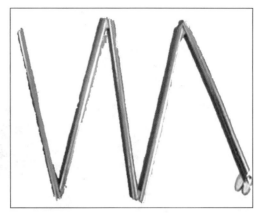

图 2.2 木质直测深杆及可折叠金属测深杆

测深杆测深适合在浅水、测量船锚泊或静止状态下实施，其测深精度受测深杆测深时是否垂直、水面波浪等因素影响。

测深杆测深方法：

①采用测深杆测深，当海底比较平整时，每测站的水深应连续测两次，当两次测得的水深差值不超过最小水深值的2%时，取两次水深读数的平均值，当两次测得的水深差值超过2%时，应增加测次，取符合限差2%的两次测深结果的平均值；当多次测量达不到限差2%的要求时，可取多次测深结果的平均值。

②在测量船上采用测深杆测深，可在距船头的1/3处作业，以减少波浪对读数的影响。测量时，测深杆应斜向测深垂线位置的上游插入水中，当测深杆到达测深垂线位置成垂直状态时，立即读得水深。

2.2 测深锤测深法

测深锤测深是一种借助系有铅锤（水砣）的测深绳（钢丝、高强有光涤纶或尼龙）来实施水深测量的方法，如图2.3所示。整个测深系统主要由牵引系统、测深绳，以及铅锤（水砣）组成，如图2.4所示，是在测深杆基础上演变而来的测深方法，较测深杆测深法适用的测量深度更深。对于深水区测深，需要绞车作为牵引，对于浅水则可借助手持转轮牵引；铅锤（水砣）大小与测量水域的深度相关，大水深水域深度测量需要较重的铅锤，需配套钢丝绳作为量测水深的工具；浅水区深度测量时较小重量的铅锤和测深绳即可满足测深要求。在传统的测深锤测深中，深度计量通过读取在测深绳上标记的刻度来实现，随着技术的革新，现在多用绳索计数器读取刻度，从而提高了读数效率与精度。

测深锤深度测量精度主要取决于以下3个因素：

①铅锤（水砣）是否触底：深度测量主要测量铅锤到水面之间的垂直距离，若铅锤触底，则实测距离即为水深。在实际作业中，铅锤是否触底多通过测深绳的弹性变化或准直变化来人为判断，显而易见，人为因素会给测深带来误差。

图 2.3　测深锤测深

图 2.4　手持测深锤、测深绳及铅锤

②测深绳的铅垂程度。受测量水域流速、测量船的不稳定性等因素影响，测深绳在水下可能呈弧形，会给深度测量带来误差。

③测深绳材料。为确保安全测深，测深时会对测深绳的强度有一定的要求，但为确保测深精度，对其弹性系数也应给予规定，以减少纵向弹性变化给测深带来的误差。

测深锤测深方法具体如下：在测量船上采用测深锤测深，应将测深锤抛向测深垂线的上游，当到达垂线站位时，测深锤正好触及海底且测绳成垂直状态，立即读得水深。

2.3　铅鱼测深法

铅鱼测深法是在水文绞车上采用悬索(钢丝绳)悬吊铅鱼，测定铅鱼自水面下放至海底时绳索放出的长度，如图 2.5 所示。该法适用范围广泛，因此它是目前海洋水文测量中深度测量的主要方法。

铅鱼测深方法具体要求如下：

(1)铅鱼要求

在水深流急时，水下部分的悬索和铅鱼受到水流的冲击而偏向下游，与铅垂线之间产生一个夹角，称为悬索偏角。为减小悬索偏角，铅鱼形状应尽量接近流线型，表面光滑，尾翼大小适宜，确保阻力小，定向灵敏。同时，要求铅鱼根据水深和流速的大小而具有足够的重量。

图 2.5 铅鱼测深

（2）悬索要求

悬吊铅鱼的钢丝绳尺寸，应根据水深、流速的大小和铅鱼重量以及起重设备的荷重能力确定，采用不同重量的铅鱼测深时，钢丝绳尺寸宜作相应的更换。

（3）水深读取

水深的测读方法宜采用直接读数法和计数器计数法等。

直接读数法是在有分划标志的悬索上直接读取水深。计数器计数法是在绞车上安装计数器，当铅鱼触及水面及海底时，利用计数器测得水深。

（4）偏角测量

当悬索倾斜时，应用倾角器测量悬索倾角；当悬索倾角过大时，应在可能的条件下加重铅鱼，使得倾角尽量减小。当加重铅鱼后，悬索倾角≥10°时，应进行偏角改正。

（5）计数器器差校正

计数器在制作和使用中因机械磨损，存在一定的误差，因此，在使用前必须进行器差校正。一般校正方法是将钢丝绳通过计数器，自绞车上放出来，当钢丝绳的起端通过计数器时，将指针拨到"0"处，在放到一定数量后，用圈尺量取经过计数器的钢丝绳实际长度。校正系数用 A 表示，即

$$A = \frac{L}{l}$$

式中：L 为所放出钢丝绳长度，l 为计数器的示数。

计数器的校正值 α 按下式计算：

$$\alpha = l(A-1)$$

式中：α 正负值由 A 决定，A 大于 1 是正号，小于 1 是负号。

根据上面的公式，可以预先计算出该计数器各示数的校正值。在进行测量时，将计数器所指示的钢丝绳长度加上校正值后，即实际钢丝绳长度。

2.4　单波束测深

单波束同声测深（简称单波束测深）是利用声波在水中的传播特性，通过测量声波在水体中的往返传播时间，结合声速，计算得到深度的一种深度测量方法。

声波在均匀介质中作匀速直线传播，在不同介面上会产生反射。利用这一原理，选择对水的穿透能力最佳、频率在 1500Hz 附近的超声波，在海面垂直向海底发射声信号，并记录从声波发射到信号由水底返回的时间间隔，通过模拟或直接计算，测定水体的深度。如图 2-6 所示，安装在测量船下的发射机换能器垂直向水下发射一定频率的声波脉冲，以声速 C 在水中传播到水底，经反射或散射返回，被接收机换能器所接收。设自发射脉冲声波的瞬时起至接收换能器收到水底回波时间为 t，换能器吃水深度为 D，则水深 H 为：

$$H = \frac{1}{2}Ct + D \tag{2.1}$$

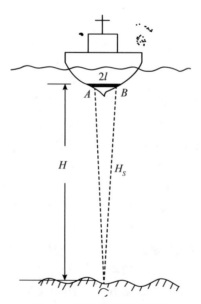

图 2.6　单波束测深原理图

单波束测深仪由发射机、接收机、发射换能器、接收换能器、显示设备和电源部分组成，如图 2.7 所示。发射机在中央控制器的控制下周期性地产生一定频率、一定脉冲宽度、一定电功率的电振荡脉冲，由发射换能器按一定周期向海水中辐射。发射机一般由振荡电路、脉冲产生电路、功放电路组成。接收机将换能器接收的微弱回波信号进行检测放大，经处理后送入显示设备。在接收机电路中，采用了相关检测技术和归一化技术、回波信号自动鉴别电路、回波水深抗干扰电路、自动增益电路、时控放大电路，使放大后的回波信号能满足各种显示设备的需要。发射换能器是一个将电能转换成机械能，再由机械能通过弹性介质转换成声能的电—声转换装置。它将发射机每隔一定时间间隔送来的有一定脉冲宽度、一定振荡频率和一定功率的电振荡脉冲，转换成机械振动，并推动水介质以一定的波束角向水中辐射声波脉冲。接收换能器是一个将声能转换成电能的声—电转换装置。它可以将接收的声波回波信号转变为电信号，然后再送到接收机进行信号放大和处理。现在许多水声仪器都采用发射与接收合一体的换能器。为防止发射时产生的大功率电脉冲信号损坏接收机，通常在发射机、接收机和换能器之间设置一个自动转换电路。当发射时，将换能器与发射机接通，供发射声波用；当接收时，将换能器与接收机接通，切断与发射机的联系，供接收声波用。显示设备可直观地显示所测得的水深值。目前常用的显示设备有指示器式、记录器式、数字显示式、数字打印式等。显示设备的另一项功能是产生周期性的同步控制信号，控制与协调整机的工作。电源部分为全套仪器提供所需要的各种电源。

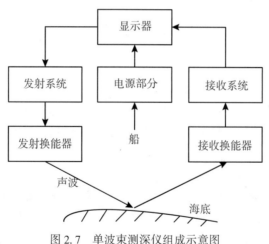

图 2.7　单波束测深仪组成示意图

为了获得实际水深，需对单波束测深仪实测深度数据加以改正，所有的改正之和即为单波束测深仪总改正数。这种改正主要是由单波束测深仪在设计、生产制造和使用过程中产生的误差造成的。单波束测深仪总改正数的求取方法主要有水文资料法和比测法。前者适用于水深大于 20m 的水深测量，后者适用于小于 20m 的水深测量。

（1）水文资料法

水文资料法改正包括吃水改正 ΔD_b、转速改正 ΔD_n、声速改正 ΔD_c 和姿态改正 ΔD_a。

①吃水改正 ΔD_b。测深仪换能器有两种安装方式，一种是固定式安装，即将体积较大的换能器固定安装在船底；另一种是便携式安装，即将体积较小的换能器进行舷挂式安装。无论哪种换能器，都安装在水面下一定的距离，由水面至换能器底面的垂直距离称为换能器静吃水改正数 ΔD_{bs}。动态吃水则是由于测量船的运动，使得换能器与水面的距离在静态吃水的基础上产生的附加变化，将这种相对静吃水的变化称为动吃水 ΔD_{bd}。静吃水与动吃水之和称为换能器在水下的实际吃水 ΔD_b。若 D 为水面至水底的深度，D_S 为换能器底面至水底的深度，则 ΔD_b 为：

$$\Delta D_b = D - D_S \tag{2.2}$$

②转速改正 ΔD_n 是由于测深仪的实际转速 n_s 不等于设计转速 n_0 所造成的。记录器记录的水深是由记录针移动的速度与回波时间所决定的。当转速变化时，则记录的水深也将改变，从而产生转速误差。转速改正数 ΔD_n 为：

$$\Delta D_n = D_S\left(\frac{n_0}{n_s} - 1\right) \tag{2.3}$$

③声速改正 ΔD_c 是因为输入到测深仪中的声速 C_m 不等于实际声速 C_0 造成的测深误差。

$$\Delta D_c = D_S\left(\frac{C_0}{C_m} - 1\right) \tag{2.4}$$

④姿态改正 ΔD_a 是由于船体姿态变化导致测深仪测量结果，实则为斜距而非水深带来的误差，可借助姿态参数来修正：

$$\Delta D_a = \boldsymbol{R}(p)\boldsymbol{R}(r)\begin{bmatrix} 0 & 0 & D_S \end{bmatrix} \tag{2.5}$$

其中，$\boldsymbol{R}(p)$ 和 $\boldsymbol{R}(r)$ 为纵倾角 p 和横摇角 r 构成的旋转矩阵，p 和 r 可借助姿态传感器来实时测量获得。

综上所述，测深仪总改正数 ΔD 为：

$$\Delta D = \Delta D_b + \Delta D_n + \Delta D_c + \Delta D_a \tag{2.6}$$

上述改正中，声速改正数 ΔD_c 对总改正数 ΔD 影响最大。对于现代单波束测深仪，可以不计转速改正；在水面波浪较小以及测量船匀速行驶的情况下，可以不计测量船姿态对测深的影响。

（2）比测法

比测法通过单波束测深仪实测水深与真实水深的比较来获得。在浅水区，真实水深可借助如前所述的测深杆测深法、测深锤或检查板测深法获得。若真实水深为 D_0，实测水深为 D，则总改正数 ΔD 为：

$$\Delta D = D - D_0 \tag{2.7}$$

2.5 ADCP 测深

ADCP（Acoustic Doppler Current Profiler，声学多普勒流速剖面仪）主要根据多普勒原理，利用矢量合成法，测量水流的垂直剖面分布。ADCP 借助 4 个声柱首先测量的是相对换能器的流速，如图 2.8 所示，为了得到绝对流速，需要获得测量船的绝对速度，然后在地理坐标系下通过绝对船速减去相对流速即可获得绝对流速。

图 2.8　4 个换能器斜正交配置的 ADCP 系统

绝对船速测量是通过 ADCP 底跟踪来实现的。ADCP 底跟踪是根据回波强度沿深度变化曲线在海底处突起的峰值来识别海底。获得了海底后，可从回波时序中检测出波束打击到海底，再由海底到接收换能器之间的时间，采用类似单波束距离(深度)计算方法获得深度。

$$S_{\text{ADCP}-i} = \frac{1}{2}Ct_i \qquad (2.8)$$

式中，若第 i 个声柱的测量时间为 t_i，则实测斜距为 $S_{\text{ADCP}-i}$。

实际水深 D 可借助 ADCP 的 4 个声柱实测的斜距 $S_{\text{ADCP}-i(i=1,2,3,4)}$ 及其与 ADCP 换能器垂直方向的夹角(30°)计算获得:

$$D = \Delta D_{\text{ADCP}} + \frac{1}{4}\sum_{i=1}^{4} D_i = \Delta D_{\text{ADCP}} + \frac{1}{4}\sum_{i=1}^{4} S_{\text{ADCP}-i}\cos 30° \qquad (2.9)$$

由于海底介质密度较高，当水体中含沙量较低时，通常海底处的回波强度会大大高于水体中颗粒的回波强度(图 2.9(a))。然而当水体中含沙量高到一定程度，水体中颗粒的回波强度会增大到与河底处的回波强度相接近。这时，回波强度沿深度变化曲线在海底处不出现突起的峰值，ADCP 不能从该曲线上识别海底的位置(图 2.9(b))。高含沙量的影响程度与 ADCP 的系统频率有很大的关系。系统频率越高，声波穿透能力越差，对含沙量越敏感。系统频率越低，声波穿透能力越强，对含沙量越不敏感。例如在美国密西西比河的试验表明:在试验期间，1200kHz ADCP 和 300kHz ADCP 对河底的回波强度基本相同;但 300kHz ADCP 对高含沙量水体的回波强度比 1200kHz ADCP 低 12 至 20 分贝。试验期间 300kHz ADCP 能够正常进行河底跟踪，而 1200kHz ADCP 则不能。因此，对于含沙量高的河流，应选用频率较低的 ADCP。

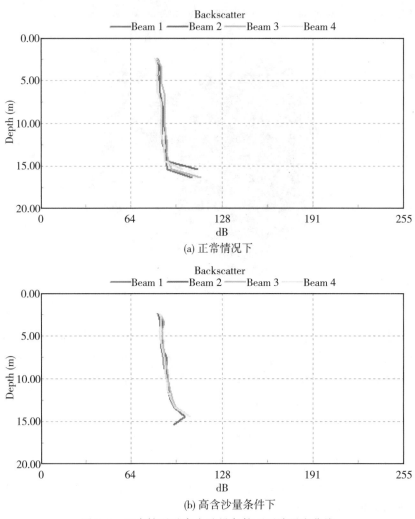

(a) 正常情况下

(b) 高含沙量条件下

图 2.9 正常情况及高含沙量条件下回波强度曲线

2.6 多波束测深

多波束测深系统在与航向垂直的平面内一次能够给出数十个乃至上百个测深点,获得一条一定宽度的全覆盖水深条带,所以它能够精确快速地测出沿航线一定宽度范围内水下目标的大小、形状和高低变化,从而比较可靠地描绘出海底地形地貌的精细特征。与单波束回声测深仪相比,多波束测深系统具有测量范围大、速度快、精度和效率高、记录数字化和实时自动绘图等优点,将传统的测深技术从原来的点、线扩展到面,并进一步发展到立体测深和自动成图,大大提高了海底地形测量的精度和效率。这使得水深测量又经历了一场革命性的变革,深刻地改变了海洋学科领域的调查研究方式及最终的成果质量。

实际测量时,换能器的发射和接收是按照一定的模式进行的。通常,发射波束的宽度横向大于纵向,接收波束宽度纵向大于横向。如对于波束为 16,波束宽度为 2°×2° 的多波束而言,其发射波束在横向为44°,纵向为2°;而对于每个接收波束,横向为2°,纵向为20°。将发射波束在海底的投影区同接收波束在海底的投影区相重叠,对于每个接收波束,在海底实际有效接收区为长宽均为2°的矩形投影区,即波束脚印。多波束波束的几何构成如图2.10所示。

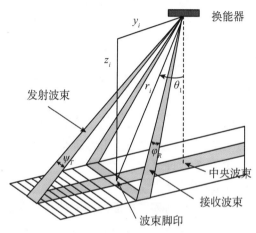

图 2.10　多波束波束的几何构成

由于多波束的最终测量成果需要在地理框架下表达,因此波束在海底投射点的位置计算便成为多波束数据处理中的一个关键问题。多波束采用广角度定向发射、多阵列信号接收和多个波束形成处理等技术,为了更好地确定波束的空间关系和波束脚印的空间位置,必须首先定义多波束船体参考坐标系 VFS(Vessel Frame System),如图2.10和图2.11所示,并根据船体坐标系同当地坐标系 LLS(Local Location System)之间的关系,将波束脚印的船体坐标转化到地理坐标系(或当地坐标系)和某一深度基准面下的平面坐标和水深。该过程即为波束脚印的归位。船体坐标系原点位于换能器中心,x 轴指向航向,z 轴垂直向下,y 轴指向侧向,与 x、z 轴构成右手正交坐标系。当地坐标系原点为换能器中心,x 轴指向地北子午线,y 轴同 x 轴垂直指向东,z 与 x、y 轴构成右手正交坐标系。

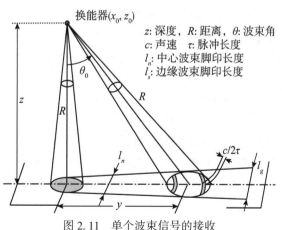

图 2.11　单个波束信号的接收

波束在海底投射点位置的计算需要船位、潮位、船姿、声速剖面、波束到达角和往返程时间等参数。计算过程包括以下 4 个步骤：

（1）姿态改正

换能器的动吃水对深度有着直接影响。横摇对波束到达角有一定的影响，对于补偿性多波束系统，船体的横摇在波束接收时已经得到改正；对于无补偿性系统，通过扩大扇面角来实现回波的接收。纵摇一般较小，可以不考虑，但当纵摇达到一定程度，深度和平面位置的计算均会受到影响，因此必须考虑。

（2）船体坐标系下波束投射点位置的计算

根据波束到达角（即波束入射角）、往返程时间和声速剖面，计算波束投射点在船体坐标系下的平面位置和水深。

（3）波束投射点地理坐标的计算

根据航向、船位和姿态参数计算船体坐标系和地理坐标系之间的转换关系，并将船体坐标系下的波束投射点坐标转化为地理坐标。

（4）波束投射点高程的计算

根据船体坐标系原点与某一已知高程基准面之间的关系，将船体坐标系下的水深转化为高程。

波束脚印船体坐标的计算需要用到三个参量，即垂直参考面下的波束到达角、传播时间和声速剖面。由于海水的作用，声线在海水中不是沿直线传播，而是在不同介质层的界面处发生折射，因此波束在海水中的传播路径为一折线。为了得到波束脚印的真实位置，就必须沿着波束的实际传播路线跟踪波束，该过程即为声线跟踪。通过声线跟踪得到波束投射点在船体坐标下坐标的计算过程称为声线弯曲改正。在声线弯曲改正中，声速剖面扮演着十分重要的作用，为了计算方便，对声速剖面作如下假设：

①声速剖面是精确的，无代表性误差。声速剖面反映的是测量海域海水中声速的传播特性。因而在每次测量前后需对声速剖面进行测定，遇到水域变化复杂的情况，需要加密声速剖面采样站和减小站内声速断面采样的层间隔，全面、真实地反映测区内海水中的声速变化特性。

②声速在波束传播的垂面内发生变化，不存在侧向变化。对于不满足该要求的水团，需要加密声速剖面采样站和减小采样层的深度间隔。

③声速在海水中的传播特性遵循 Snell 法则。

下面采用层内常声速假设，给出波束在海底投射点的计算模型。

Snell 法则如下：

$$\frac{\sin\theta_0}{C_0} = \frac{\sin\theta_1}{C_1} = \cdots = \frac{\sin\theta_n}{C_n} = p \tag{2.10}$$

式中，C_i 和 θ_i 分别为层 i 内声速和入射角。

设多波束换能器在船体坐标系下的坐标为 (x_0, y_0, z_0)，则根据水层内常声速变化假设，采用常声速（零梯度）层追加思想，波束脚印的船体坐标 (x, y, z) 为：

$$\begin{cases} x = 0 \\ y = y_0 + \sum_{i=1}^{N} C_i \sin\theta_i \Delta t_i \\ z = z_0 + \sum_{i=1}^{N} C_i \cos\theta_i \Delta t_i \end{cases} \tag{2.11}$$

式中, θ_i 为波束在层 i 表层处的入射角, C_i 和 Δt_i 为波束在层 i 内的声速和传播时间。结合图 2.9, 其一级近似式为:

$$\begin{cases} x = 0 \\ y = y_0 + C_0 T_p \sin\theta_0 /2 \\ z = z_0 + C_0 T_p \cos\theta_0 /2 \end{cases} \tag{2.12}$$

式中, T_p 为波束往返程时间, θ_0 为波束初始入射角, C_0 为表层声速。

波束脚印的船体坐标确定后, 下一步便可将之转化为地理坐标。转换关系为:

$$\begin{bmatrix} x \\ y \end{bmatrix}_{LLS} = \begin{bmatrix} x_0 \\ y_0 \end{bmatrix}_G + R(r, \ p, \ h) \begin{bmatrix} x \\ y \end{bmatrix}_{VFS} \tag{2.13}$$

式中, 下脚标 LLS、G、VFS 分别代表波束脚印的地理坐标(或地方坐标)、GPS 确定的船体坐标系原点坐标(也为地理坐标系下坐标, 是船体坐标系和地理坐标系间的平移参量)和波束脚印在船体坐标系下的坐标; $R(r, \ p, \ h)$ 为船体坐标系与地理坐标系的旋转关系, 航向 h、横摇 r 和纵摇 p 是三个欧拉角。

若换能器活性面中心被选作船体坐标系的原点, 式(2.12)确定的深度 z 仅为换能器面到达海底的垂直距离, 实际深度还应考虑换能器的静吃水 h_{ss}、动吃水 h_{ds}、船体姿态对深度的影响 h_a, 若潮位 h_{tide} 是根据某一深度基准面或者高程基准面确定的, 则波束在海底投射点的高程为:

$$h = h_{\text{tide}} - (z + h_{ss} + h_{ds} + h_a) \tag{2.14}$$

换能器的静吃水在换能器被安装后量定, 作为一个常量输入到多波束数据处理单元中; 动吃水是因船体的运动而产生的, 它可通过姿态传感器 Heaven 参数确定。船体姿态对波束脚印地理坐标也有一定的影响, 它会使 ping 扇面绕 x 或 y 轴产生一定的旋转, 其旋转角量可通过姿态传感器的横摇 r 和纵摇 p 参数确定。上述参数的测定及其对波束脚印平面位置和深度的影响和补偿请参见相关参考书。

当测区处于验潮站或水文站的有效作用距离范围内时, 潮位 h_{tide} 的变化可以通过潮位观测获得, 否则需通过潮位模型或其他方法获得。由于潮位是相对某一深度或高程基准面确定的, 因而经过潮汐改正后, 即实现了相对水深向绝对高程的转换。

经上述处理后, 可得到实测海底点的三维坐标, 利用这些散点的三维坐标, 可以绘制海底水深图和构造海床 DEM, 如图 2.12 所示。

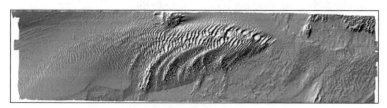

图 2.12　多波束测量获得的水下地形 DEM

2.7　机载激光测深

激光是一种具有高度单色性，良好的相干性和较高亮度的彩色光源。机载激光测深原理与回声测深的原理相类似。

如图 2.13 所示，从飞机上向海面发射两种波段的激光，其中一种为波长 1064nm 的红外光，另一种为波长 532nm 的绿光，红外光被海面反射，绿光则透射到海水中，到达海底后被反射回来。这样，两束反射光被接收的时间差等于激光从海面到海底的传播时间的两倍。考虑海水折射率后，激光测深的公式为：

$$Z = \frac{1}{2} G \cdot \Delta T / n \qquad (2.15)$$

式中：G 为光速，3×10^8m/s；n 为海水折射率，无量纲；ΔT 为所接收红外光与绿光的时间差(s)。

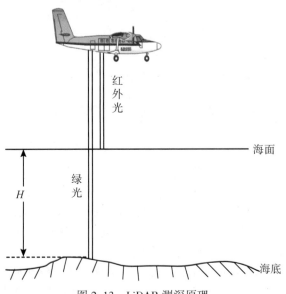

图 2.13　LiDAR 测深原理

不同的机载激光测深系统所发射的红外激光和绿光的波长稍不相同，如澳大利亚的 LADS II 系统的红外激光波长为 1064nm，绿光为 532nm。美国的 HALS 系统则相应为 1060nm 和 530nm。海水对 520~535nm 间的绿光波段的光吸收最弱，因此，这一波段称为"海洋光学窗口"。机载激光测深系统的最大探测深度，理论上可以表达为：

$$L_{\max} = \frac{\ln(P'/P_B)}{2\varGamma} \qquad (2.16)$$

式中：P' 是一个系统参量，定义为 $P' = P_L \cdot \rho \cdot A \cdot E / \pi H^2$，无量纲。其中 P_L 为激光峰值功率；ρ 为大气-海水界面的反射率，无量纲；A 为光探测器接收面积，m²；H 为深度，m；E 为接收机的效率，W；P_B 为背景噪声功率，W；Γ 为海水有效衰减系数。P_B 和 Γ 取决于海区自然条件与海水特性，背景噪声 P_B 还与阳光有关。

机载激光测深系统主要包括 5 个部分：

①激光扫描系统。该系统通常由激光发射器、回波探测器、光导管、记录器、电源装置、稳定平台装置等部分组成，主要完成深度探测。激光发射器使用两组激光脉冲，红外光束向海面垂直发射，获取飞机离海面的高度。绿光脉冲按照一定的扫描方式，在飞机的下方形成一系列的扫描光斑，通过激光在海水中的传播时间获得测点处的水体深度。激光的发射扫描一般采用直线、弧线、圆形和椭圆形扫描。

②导航定位系统，多采用全球导航卫星系统(Global Navigation Satellite System，GNSS) 和惯性导航系统(Inertial Navigation System，INS)组合定位系统。GNSS 提供飞机的水平位置，惯性导航系统提供飞机的高度、姿态和垂直加速度等信息。

③控制—监视系统。该系统由计算机、显示器等一系列硬件和相应的软件组成，由系统操作员在控制台对系统进行实时控制和监视。

④数据采集处理系统。该系统由计算机、显示器、记录器等一系列硬件和相应的软件组成。用来处理、记录飞机的位置和测点的水深数据，以及系统操作所需的其他数据。

⑤地面处理分析系统。该系统主要完成对所记录的红绿光束进行波形识别，进行滤波和内插处理。计算各个点的深度并进行飞机姿态校正、波浪改正、潮汐改正及其他一些环境参数改正，最终获得海底地形数字成果，并利用此数据经过抽稀后绘制水深成果图。

机载激光测深具有速度快、覆盖率高、灵活性强等优点，因此在某些领域大有可为。机载激光测深可作常规海道测量之用，这也是研制机载激光测深系统的始动力。机载激光测深具有快速实施、大面积测量的优点，被海洋大国广泛应用于沿岸大陆架海底地形测量。如澳大利亚利用机载激光测深系统对其 $2.10×10^6 km^2$ 的大陆架进行测量，使用情况表明测量成果良好可靠。加拿大用其 ARSEN-500 测量北极海域，克服了天气恶劣、海况复杂等困难，效益明显。其他各国的海试表明，机载激光测深是测深技术的一次革命，虽然它不能替代回声测深，但其潜力不可低估。除了常规的海底地形测量之外，机载激光测深系统的高覆盖率决定了它还能提高探测航行障碍物的探测率。同时，机载激光测深还能提高水下运动目标(如潜艇)的发现概率。对无深度信息的登陆场，机载激光测深系统可迅速、安全地获取信息，从而提高快速反应部队的作战能力。机载激光还可用来测量海区的混浊度，测定温度、盐度。在海洋工程中，机载激光测深可以测定港口的淤积情况等。

一般而言，机载激光测深系统的地面光斑间距在 2~4m 不等。通常，机载激光测深所能测量的最深海水深度为 50m，此深度随水质清晰度的不同而变化。

水下地形成果实际上是通过潮位减去水深的方式计算得到的，若具备水下地形图或者数据，可借助当前水位，通过逆运算得到当前的水深。

$$D = H - T \tag{2.17}$$

式中，D 为水深，H 为从地形数据中得到的海床或河床上测点的高程，T 为当前水位。

第 3 章　海水物理性质测量

海水有三种物理状态，即固态海冰、液态海水和气态海雾，其中数量最多的是液态海水（$13.7 \times 10^8 km^3$）。本章以液态海水的相关物理性质测量为主，主要介绍海水温度、盐度、透明度、水色和海发光及海冰的观测。

3.1　海水温度测量

海洋的热量绝大部分来自太阳辐射能，它们几乎全部通过海气界面到达海洋。通过海底向大洋输送的热量，除在个别热活动比较强烈的区域外，整体影响不大；由海洋内部放射性物质的裂变以及生物、化学过程与海水运动所释放出来的热量更是微不足道。

海洋由于吸收了大量太阳辐射能导致海水温度升高。海水温度有的地方高，有的地方低；有的时候高，有的时候低。海水的温度是海洋水文性质中的基本要素之一，水温的分布与变化影响并制约着其他水文气象要素的变化，如海水密度的大小和温度的高低密切相关；水温分布的不均匀，导致海水发生水平方向与垂直方向的运动。

掌握海水温度的分布和变化规律对于人类的生产活动具有重要意义。例如，水面舰船的主机和冷却系统需要根据海水温度的高低来设计；滨海电厂的取水口、排水口的选择与水温的分布变化规律也有关系；水温分布变化能够影响生物的生长与活动状况，水温的变化对海水养殖是至关重要的；水温分布对敷设海底电缆、温差发电、海气交互作用的研究等都具有重要的意义。

3.1.1　海水温度的分布特征

海水温度简称水温，是表示海水冷热的物理量，用摄氏度（℃）表示。水温升高或降低，标志着海水内部分子热运动平均动能的增加或减少。水温的高低，决定了海-气之间的热量交换和蒸发等动力学过程。

1. 水温的水平分布

进入海洋中的太阳辐射能，除很少部分返回大气外，其余全部被海水吸收，并转化为海水的热能。海水吸收的辐射能约 60% 被表层 1m 厚的水层吸收，因此海洋表层水温较高。

大洋表层水温位于 -2℃ ~ 30℃，年平均值为 17.4℃，比陆地气温的年平均值 14.4℃ 高 3℃，其中太平洋年平均表层水温为 19.1℃，印度洋为 17℃，大西洋为 16.9℃。

各大洋表层水温的差异，是由其所处地理位置、大洋形状以及大洋环流的配置等因素决定的。太平洋水温高是因为太平洋的热带、亚热带面积宽广，其 3/5 面积位于南、北纬 30°之间，因此其表层温度高于 25℃的面积约占 66%；大西洋热带区域面积较小，表层水温高于 25℃的面积仅占 18%；印度洋介于两者之间。太平洋水温高的另一原因是太平洋北部的大陆块使其与北冰洋分隔，阻碍了大量北冰洋冷水的进入，而大西洋的北部与北冰洋连通。在南半球，三大洋与南大洋相通，情况相似。

南、北两半球的大洋表层水温有明显差异。北半球的年平均水温比南半球相同纬度带内的温度高 2℃左右，尤其在大西洋南、北半球 50°~70°纬度范围特别明显，相差 7℃左右。造成这种差异的原因，一方面是由于南赤道流的一部分跨越赤道进入南半球；另一方面是由于北半球的陆地阻碍了北冰洋冷水的流入，而南半球则与南极海域直接连通。图 3.1 为全球表层水温平均值图。

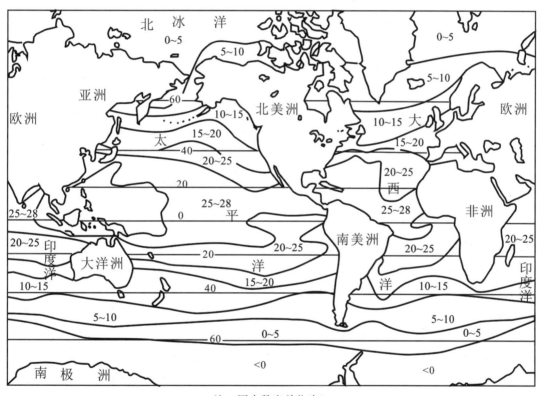

注：图中数字单位为℃

图 3.1 全球海洋表层水温平均值图（Thurman，1988）

2. 水温的垂直分布

图 3.2 表明，海洋表层海水温度不均匀向深处递减；在南、北纬 45°之间，海水温度大致可分为上、下两层，自表层至 600~1000m 深处为对流层，对流层之下为平流层。在对流层中，上部 0~100m 深处，由于大气与水体交换，风和波浪的扰动，温度无垂直梯度变化；这层之下，形成一个明显的温度梯度，1000m 深处，海水温度为 4℃~5℃。平流层

中，垂直温度梯度小，2000m 深处，水温为 2℃ ~ 3℃，3000m 深处，水温为 1℃ ~ 2℃，因而占大洋体积 75% 的海水温度在 0℃ ~ 6℃，全球海水平均温度为 3.5℃。

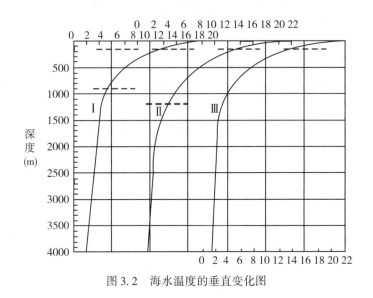

图 3.2　海水温度的垂直变化图

3.1.2　仪器、设备

用于海水温度测量的仪器设备较多，如早年使用较多的测温计（液体和机械式温度计、电子温度计）、玻璃液体温度计、表面温度计、颠倒温度计等。下面对当前使用较多的温深系统作简要介绍。

温深系统可以测量水温的铅直连续变化。常用的仪器有温盐深（CTD）测量仪、抛弃式温深（XBT）测量仪、抛弃式温盐深（XCTD）测量仪、走航式温盐深测量仪（MVP300）等。利用温深系统测水温时，每天至少应选择一个比较均匀的水层与颠倒温度计的测量结果对比一次。如发现温深系统的测量结果达不到所要求的准确度，应调整仪器零点或更换仪器探头。对比结果应记入观测值班日志。

1. 温盐深测量仪

温盐深（Conductivity Temperature Depth，CTD）测量仪用于测量水体的电导率、温度及深度三个基本的水体物理参数。根据此三个参数，还可以计算出其他各种物理参数，如声速等。温盐深测量仪是海洋及其他水体调查的必要设备。

CTD 测量仪自 1974 年问世后很快被用于海洋调查中。在多国联合进行的大规模调查中作出了贡献。我国的海洋调查也日益广泛地使用 CTD 测量仪。CTD 测量仪和其他一些高准确度、快速取样仪器以及卫星观测手段的联合应用，使得海洋调查和海洋学研究进入了一个全新的阶段，并推动了海洋中、小尺度过程和海洋微细结构的研究。

温盐深测量仪主要由水中探头和记录显示器及连接电缆组成。探头，由热敏元件和压敏元件等构成，与颠倒采水器一并安装在支架上，可投放到不同深度；记录显示器，除接收、处理、记录和显示通过铠装电缆从海水中探头传来的各种信息数据外，还能起到整套设备的操纵器功能。盐温深测量仪可测定海洋不同水层或深度的海水水温、盐度、氧含量、声速、电导率及压力，用以研究海水物理化学性质、水层结构和水团运动状况。

当前，市场上的温盐深测量仪型号较多，下面以 CTD90M 温盐深测量仪为例作简要介绍。

CTD90M 温盐深测量仪用内置电池组供电，在预设的时间间隔或者深度间隔上采集的数据存储在 128M 存储卡上。通过标准 RS-232 接口进行数据采集程序的设计和数据读取。SST 提供的标准数据读取软件包（SST-SDA），可在 Windows 95/98/Me/2000/XP 系统中使用，可以处理数据记录过程，并通过一个共享的图形用户界面显示实时获得的数据或存储的数据。

（1）CTD90M 温盐深测量仪集成的传感器

CTD90M 温盐深测量仪可以同时集成以下传感器：压力（深度）、温度、电导率、pH、氧化还原电位（ORP）、浊度、溶解氧/快速响应溶解氧、硫化氢、光合有效辐射、叶绿素 a、流速及其他需要的传感器，所有传感器在钛舱室中得到保护。

（2）尺寸和重量

长度（框架）：约 350mm，直径（框架）：90mm，长度（总长）：460mm，重量（在空气中）：约 4kg，内置电池：碱性电池 8Ah。

（3）主要特性

光学窗口显示传感器的实际状况，底部最多 9 个探头，最多 4 个外部单元，深度范围最深可达 6000m，可以控制和操作 HYDRO-BIOS 多通道水样采集器或浮游生物连续采样网，SDA 数据读取软件可在 Windows 95/98/Me/XP 系统中使用，计算采用联合国教科文组织（UNESCO）的公式。

（4）工作模式

直读式工作，自容式工作。

（5）数据记录模式

直读式工作时，数据可及时观测并全部记录。

自容式工作时，数据记录模式有 3 种：①连续模式，每一组数据都存储下来；②时间间隔模式，采用数个可选方案，按照设定的时间间隔记录数据；③深度间隔模式，按照设定的深度间隔记录数据。

（6）数据处理

CTD90M 温盐深测量仪集成了一个由精确的微处理器所控制的 4 通道 20 位的模/数转换器，可以把模拟信号转换成数字信号，数据以 RS-232 格式传输（通过多芯电缆）到计算机中。在利用 RS-232 格式传输时，CTD90M 温盐深测量仪可以利用电池，也可以利用直流电（7~15V）进行供电。

（7）CTD90M 温盐深测量仪标准传感器配置

CTD90M 温盐深测量仪/温盐深剖面测量仪直读模式的系统配置见表 3.1：FSK 遥测和 RS-232。

表 3.1　　　　　　　　　　**CTD90M 温盐深测量仪标准传感器配置**

传感器	原理	测量范围	精度	分辨率	响应时间
压力(哈司特镍合金,耐盐酸、耐蚀、耐热)	piezo-resistive full bridge	0~2.5,10,20,50,100,200,400,600 bar(1bar=10m)	±0.1% FS	0.002% FS	150ms
温度	Pt 1004 pol	-2~+36℃	±0.005℃	0.001℃	150ms
温度(60℃)	Pt 1004 pol	-2~+60℃	±0.010℃	0.0009℃	150ms
电导率	7-pole platinum cell	0~70ms/cm	±0.010ms/cm	0.001ms/cm	150ms
电导率	7-pole platinum cell	0~7ms/cm	±0.005ms/cm	0.001ms/cm	150ms
电导率	7-pole platinum cell	0~1ms/cm	±0.003ms/cm	0.001ms/cm	150ms
声速	计算所得	1400~1600m/s	±0.1m/s	0.01m/s	150ms
快速响应溶解氧	galvanic	0~20mg/L	±2%	0.1%	200ms
		0~200%sat.	±2%	0.1%	200ms
溶解氧	Clark-microcath	0~20mg/L	±2%	0.1%	10s(63%)
		0~150% sat.	±2%	0.1%	30s(90%)
pH(60℃)	single rod electr.	1~10	±0.05	0.002	1s
浊度	Seapoint,4 automatic ranges	0~25NTU	±0.1%	0.1NTU	1s
		0~125NTU	±0.1%	0.1NTU	1s
		0~500NTU	±0.1%	0.1NTU	1s
		0~1000NTU	±0.1%	0.1NTU	1s
氧化还原电位	single rod electr.	±2Volt	±20mV	1.0mV	1s
硫化氢	Amperometric micro-sensor	10μg/L~3mg/L	2%	<0.1%	<1s
		50μg/L~10mg/L	2%	<0.1%	<1s
		500μg/L~50mg/L	2%	<0.1%	<1s
叶绿素 a	LED Cyclopse 7	0~500μg/L	±3%	0.03ug/L	<1s
光合有效辐射	LICOR PAR Sensor	0~10000μmol/s · m²	±1μmol/s · m²	1μmol/s · m²	10μs

2. 抛弃式温深测量仪

抛弃式温深测量仪 XBT 是一种常用的测量温深系统。它由探头、信号传输线和接收系统组成。探头通过发射架投放。探头感应的温度通过导线输入接收系统并根据仪器的下沉时间得到深度值。在船舶航行时使用的 XBT,称为船用投弃式温深计(SXBT);利用飞机投弃的 XBT,称为航空投弃式温深计(AXBT)。XBT 易投放,并能快速地获得温深资料,因而应用广泛。

探头深度根据记录时间,由下降关系式计算得出:

$$d = 6.472t - 0.00216t^2 \tag{3.1}$$

式中,d 为深度,m;t 为时间,s。

t 的二次项表示下降速度随时间增加而减小。这是由于导线逐渐释放，探头重量减少所致。装在探头上热敏电阻时间常数为 0.1s，把它代入式(3.1)，可得深度的分辨率为 65cm。最通用的两种探头分别可测到 450m 和 700m 以浅的温度数据。

XBT 的主要优点是使用成本低。它可以接装在各种船只上。缺点是容易发生多种故障：①由于导线通过海水地线形成回路，如果记录仪接触不良，就记录不到信号；②如果导线碰到船体边缘，将绝缘漆磨损，就可能使记录出现尖峰或上凸等，导致数据失真；③如果导线暂时被挂住，导线拉长，也会出现记录温度升高的现象。

美国海军使用的机载投弃式温深计 AXBT，能够测量 300～500m 水深的海水温度剖面。从飞机上发射的投掷体在空中下降过程中利用自旋稳定旋浆(或用降落伞)放慢下降速度。当它触及海面时，其底盘和旋浆脱落，天线伸出；大约 5s 后开始发射未调制的连续无线电载波；10～100s 以后，位于下端的热敏传感器探头从飘浮的 AXBT 壳体上脱落，与此同时用音频对载波进行调制。音频与热敏电阻感应的温度成比例地变化，其变化关系由仪器制造者给出：

$$f = a + bT \tag{3.2}$$

式中，f 为音频，Hz；T 为温度；a，b 分别为常数。

音频信号产生后，通过导线传输到 AXBT 投掷体。然后再把调制载波信号送到飞机上，转换成直流电压信号，并把该信号与时间函数记录在长图记录器上。温度准确度达 0.5℃。探头下降速度为 1.52m/s。大约需要 200s 才能测出 300m 水深的温度。AXBT 体长为 92cm，直径为 12.5cm，重 8.2kg，到达海面后 7 分钟沉入水底。这种仪器的优点是成本低(与用船投放相比)，能够从飞机上投放，可为海洋专家提供大范围真实海温。但是，飞机飞行高度和速度都受限制，一般飞行高度低于 3000m，飞行速度小于 463km/h，从而缩短了飞机有效航程。

3. 抛弃式温盐深测量仪

抛弃式温盐深(XCTD)测量仪的工作原理如下：XCTD 测量仪探头由船上的探头发射装置发射入水，实时采集温度与电导率数据，信号通过传输导线传到观测室内的数据接收装置中，接收装置对接收到的数据进行分析计算。上位机检测到探头的入水信号后，开始对接收到的数据进行解析并实时显示、存储。探头内部和发射装置中分别有一个传输线线轴，随着探头的下降，两个线轴自然展开。当导线达到最大长度后，导线拉断，探头沉入海底，整个测量过程结束。

XCTD 测量仪由 4 部分组成，包括投弃式探头、探头发射装置、数据接收装置(PCI 数据采集卡)和上位机数据处理软件，其中发射装置位于甲板上，数据接收装置和数据处理软件都位于船舱的观测室内，组成结构如图 3.3 所示。

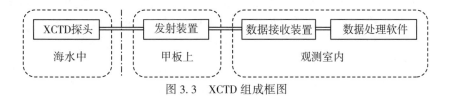

图 3.3 XCTD 组成框图

（1）测量探头

XCTD 探头由温度传感器和电导率传感器完成海水温度和电导率的测量，模数转换之后通过发射电路将数字信号发到传输线上。

（2）发射装置

发射装置是一个枪状装置，用户扣动扳机，装置中探头就会像子弹一样射入水中。发射装置中有一个同探头中一样的传输导线线轴，此线轴连接探头中的线轴与数据接收装置，探头在下降的过程中，两个线轴同时展开，这样就避免了由于船舶走航和探头下降导致传输线拉力过大而断裂。

（3）数据接收装置

对经过传输线传输到船上的信号进行处理，主要分为数据恢复、数据处理和数据传输三个模块。由于经过导线的传输，信号发生了严重的失真，采用相应数据恢复电路，恢复出与发送端一样的数字基带码型，为后面的数据处理做好准备。数据处理模块负责把接收到的数据进行计算，由电导率值计算出盐度，由时间和下降速度计算出深度，以及按照提前设计好的传输协议对数据进行打包。数据传输模块实际上是一个 UART 接口，将并行数据变为串行，并发送给上位机的串口。

（4）实时数据处理软件

探头入水进行信号判断，对接收到的数据帧进行解析，然后将温、盐、深三路探头发射装置发射入水，实时采集温度与电导率数据，信号通过传输导线传到观测室，实时数据处理软件是对数据进行实时显示，并有数据存储功能。

4. 走航式 CTD 测量仪

走航式 CTD 测量仪（MVP300）是一个走航式海水剖面测量系统，在船速为 12kn 时，测量深度可达 300m，随着船速的减小，测量深度增大。该系统能够连续提供声速、温度、盐度等海洋参数的垂直剖面和水平梯度。MVP300 是完全自动化的测量系统，系统测量由计算机直接控制。系统组成包括拖鱼、甲板卷缆筒、液压系统、拖曳杆、有远程控制接口的控制器。图 3.4 所示为 MVP300 系统框图。

开始测量时，系统拖鱼处于拖曳状态，使卷缆筒处于自由模式并松开刹车，拖鱼将在海水中作近似垂直下落，速度大约为 3m/s。一旦到达预先设定的深度，系统启动刹车，停止放缆。接着，马达启动收缆，直至拖鱼到达拖曳深度。以后拖鱼的投放就从这里开始，无论连续投放或间隔投放，都由控制计算机控制。

MVP300 温盐深测量系统的电导率传感器灵敏度高，在传感器以 7m/s 的速度下落时仍可以正常测量。母船通过拖曳电缆为传感器供电，同时数据也通过这根电缆实时传送到控制计算机，计算机经简单处理后保存在硬盘上。MVP300 系统的拖鱼采用流体设计，绞车采用全自动液压装置的先进设计。该系统绞车的卷缆筒摩擦力特别小，轻轻一拉就能转起来，它的电缆是由凯夫拉的新材料构成，重量轻，不生锈，比同直径的钢缆拉力还大。当拖曳母船以 0~12kn 航速航行时，释放卷缆筒刹车，使拖鱼处于自由状态，由于卷缆筒摩擦力很小，拖缆又轻，再加上拖鱼的流线形设计，拖鱼在自身重力的作用下，几乎以自由落体的垂直方式下落，这就保证了测量数据几乎都在一个垂直直线上。

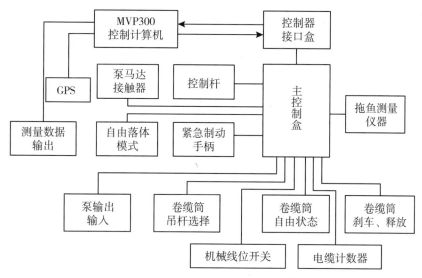

图 3.4　MVP300 系统框图

MVP300 温盐深测量系统和传统的 CTD 相比较,其有可以自动控制的液压绞车,整个系统的吊放、回收、系统检查都可以通过计算机自动控制进行,而且设有多种安全保护装置,在出现紧急情况时可以立即制动,保护系统免受破坏。

MVP300 系统测量时的参数设定:

(1)拖曳深度

拖曳深度是指每次剖面测量之间拖鱼在水中的深度。

拖曳深度一般设为 10~20m,也可以根据具体的测量进行调整。拖曳深度由拖曳速度、拖缆长度、海流和海况决定,在缆长一定的情况下,船速越快拖鱼就越浅,船速越小拖鱼就越深,但不会超过这时的缆长。拖曳速度在 6kn 以上时,拖鱼深度一般都能保持在 10m 左右。当拖曳速度低于 6kn 时,拖鱼的重力相对于船的拖曳力大很多,拖缆与水平面的夹角一般大于 60°,这时拖缆不能放得太长,尤其在进行海表面各项参数的测量时。

(2)拖曳速度

拖曳速度是指测量时测量母船的船速。

拖曳速度主要由测量间隔、海水深度、海流等决定。在拖缆长度确定的情况下,拖曳深度就由拖曳速度来控制,速度变化范围是 0~12kn。在拖曳测量间隔确定的情况下,拖曳速度就由海区的深度来确定。

另外,系统还有一个限制,就是拖曳速度和最大出缆长度的限制,当拖曳速度一定时,出缆长度有一个最大限制,这主要与拖缆能承受的拉力有关。表 3.2 为拖曳速度与最大出缆长度的关系。

表 3.2　　　　　　　　　　　　拖曳速度与最大出缆长度的关系

速度(kn)	最大出缆长度(m)	速度(kn)	最大出缆长度(m)
1	3400	2	3400
3	3400	4	3400
5	3400	6	3200
7	2600	8	2100
9	1700	10	1400
11	1200	12	1000
13	800	14	700
15	600		

（3）拖曳最大深度

拖曳最大深度是指拖鱼能够到达的最大深度，在这个深度，拖曳绞车自动进行回收。

拖曳最大深度一般由海区深度确定，保证最少离海底 20m，这样可以保证拖鱼不碰底。在船速较快的情况下，虽然设置最大深度可以保证测量要求，实际上却达不到要求的测量深度，这时，就要减慢船速，甚至进行定点测量。例如，在船速为 10kn 的情况下，要求测到 1000m，可是最大出缆长度只有 1400m，加上拖缆倾斜，可能实际测量海深还不到 500m，这时就要减慢拖曳速度。

最大深度、拖曳速度、出缆长度这 3 个量是相互关联的，在设备安全的情况下，可以互相调整这 3 个量，满足实际测量要求。

5. 卫星海表温度遥感

卫星海洋遥感，是基于电磁波与大气和海洋的相互作用原理，利用卫星捕获海洋反射回的电磁波信息，加以分析获取海洋参数，属于多学科交叉的学科，其内容涉及物理学、海洋学和信息学，并与空间技术、光电子技术、计算机技术、通信技术密切相关。卫星海洋遥感是 20 世纪后期海洋科学取得重大进展的观测技术之一。

与传统的船舶、浮标数据相比，海洋遥感资料具有以下无可比拟的优点：

①大面积同步测量，且具有很高或较高的空间分辨率。可满足区域海洋学研究乃至全球变化研究的需要。20 世纪后期国际海洋界执行和参与的大型研究计划，如世界气候研究计划（WCRP），热带海洋与全球大气研究计划（TOGA），世界大洋环流实验（WOCE），全球海洋通量联合研究计划（JGOFS），海岸带海陆相互作用计划（LOICZ）等，都采用了卫星海洋遥感所提供的数据集。

②可满足动态观测和长期监测的需求。20 世纪 90 年代，各国海洋卫星计划已构成 10~20 年时间尺度的连续观测，以满足海洋环境业务化监测和气候研究的迫切要求。

③实时或准实时性。可满足海洋动力学观测和海洋环境预报的需要。目前，卫星对于同一海域的观测时间间隔为半个小时至一个月。

④卫星资料不仅具有大面积同步测量的特点，同时具有自动求面积平均值的特点，尤其适用于数值模型的检验和改进。卫星资料在海洋数值模式中的数据同化是当今的前沿研

究课题之一。

⑤卫星观测可以涉及船舶、浮标不易抵达的海区。

卫星海表温度测量主要是基于海面热红外辐射的原理。卫星海表温度（Sea Surface Temperature，SST）是最早从卫星上获取的海洋环境参数，是卫星海洋遥感中最为成熟且应用最为广泛的技术。卫星海表温度测量已实现业务化，在大中尺度海洋现象和过程、海洋-大气热交换、全球气候变化以及渔业资源、污染监测等方面有重要应用。

卫星 SST 常分为海表皮温和海表体温。前者指海表微米量级海水层的温度，后者指海表 0.5~1.0m 海水层的温度。

利用红外波段测温的物理基础是普朗克辐射定律。温度为 $T(\mathrm{K})$ 的黑体的辐射率由普朗克函数给出

$$B(\lambda，t) = \frac{2hc^2}{\lambda^5} \frac{1}{\exp(hc/k\lambda T) - 1} \tag{3.3}$$

其中，普朗克常数 $h = 6.6262\times10^{-34}\mathrm{J\cdot s}$，玻尔兹曼常数 $k = 1.3806\times10^{-23}\mathrm{J/K}$，光速 $c = 3\times10^8\mathrm{m/s}$。地球表面平均温度约为 300K，其黑体辐射峰值波长在 8~14μm。实际物体的辐射还与比辐射率有关，在红外谱段，海洋的比辐射率 $e\approx0.98$，随波长、海水温盐、海况的变化极小。

在红外谱段，大气存在两个窗口，即 3μm~5μm 波段和 8μm~13μm 波段，如图 3.5 所示。图中，7mm、29mm、54mm 总可降水量（total precipitable water）分别对应极地、中纬度、热带。可见，热带大气透射率最低，证明水汽是主要的吸收因子。11μm、12μm 为海水辐射峰值区。3.7μm 波长水汽吸收弱，透射率高。因此，红外辐射计的光谱通道设在 3.7μm、11μm、12μm。

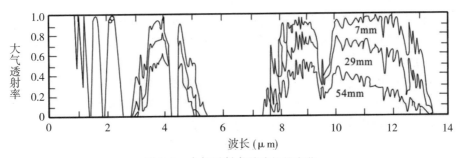

图 3.5　大气透射率随波长的变化

这里，仅介绍从 AVHRR（美国国家海洋和大气管理局（NOAA）系列卫星的主要探测仪器）原始数据反演海表温度，包括读带、辐射量定标、几何校正、云检测、海表温度反演，流程如图 3.6 所示。

图 3.6　从 AVHRR 原始数据反演海表温度流程框图

NOAA 采用的业务化海表温度反演算法有 MCSST、CPSS 和 NLSST 三类，其中 MCSST 包括劈通道算法和三通道算法。

劈通道算法：

$$SST = a_1 T_{11} + a_2 (T_{11} - T_{12}) + a_3 (T_{11} - T_{12})(\sin\theta - 1) - a_4 \tag{3.4}$$

三通道算法：

$$SST = a_1 T_{11} + a_2 (T_{3.7} - T_{12}) + a_3 (T_{3.7} - T_{12})(\sin\theta - 1) - a_4 \tag{3.5}$$

卫星海表温度广泛应用于海洋动力学、海气相互作用、渔业经济研究和污染监测等方面。

在海洋动力学方面利用海表温度研究了黑潮和湾流的特征，赤道海域 Kelvin 波、Rossby 波的传播过程。此外，还利用卫星海表温度发现了诸多中尺度涡旋，并研究了中尺度涡旋、上升流、锋面的变化。小尺度海洋动力特征方面，主要研究了湍动的精细结构。

海气相互作用方面，利用卫星海表温度结合其他数据研究全球气候变化，计算海洋热收支、CO_2 气体交换系数等。特别值得一提的是，卫星海表温度已进入天气、海洋数值预报业务。

渔业方面，卫星海表温度可为渔业部门提供鱼类的洄游路线和渔场的有关信息。

污染监测方面，利用卫星反演技术可以监测石油污染、大型电站冷却水排放造成的热污染等。

3.1.3　技术方法

1. 技术指标

(1) 水温观测的准确度

目前，世界上海洋学家关于水温观测的准确度达成如下共识：

对于大洋，因其温度分布均匀，变化缓慢，观测准确度要求较高。一般温度应精确到 1 级，即 ±0.02℃。

在浅海，因海洋水文要素时空变化剧烈，梯度和变化率比大洋的要大百倍乃至千倍，水温观测的准确度可以放宽。对于一般水文要素分布变化剧烈的海区，水温观测准确度为 ±0.1℃。对于那些有特殊要求的细微结构的调查(如水团界面、跃层)以及海洋与大气小尺度能量交换的研究等，应根据各自的要求确定水温观测准确度。

在实际工作中，主要根据项目的要求和研究目的，同时兼顾观测海区和观测方法的不同以及仪器的类型，按表 3.3 确定水温观测的准确度和分辨率。

表 3.3　　　　　　　　　　　　　水温观测的准确度和分辨率

准确度等级	准确度(℃)	分辨率(℃)
1	±0.02	0.005
2	±0.05	0.01
3	±0.2	0.05

（2）观测时次

大面或断面测站，船到站观测一次；连续测站，一般每小时观测一次。

（3）水温观测的标准层次

表3.4为标准观测层次。

表3.4   **标准观测层次**   单位：m

水深范围	标准观测水层	底层与相邻标准层的最小距离
<50	表层，5，10，15，20，25，30，底层	2
50~100	表层，5，10，15，20，25，30，50，75，底层	5
100~200	表层，5，10，15，20，25，30，50，75，100，125，150，底层	10
>200	表层，5，10，15，20，25，30，50，75，100，125，150，200，250，300，400，500，600，700，800，1000，1200，1500，2000，2500，3000（水深大于3000m时，每千米加一层），底层	25

注1：表层指海面下3m以内的水层。

注2：底层的规定如下：水深不足50m时，底层为离底2m的水层；水深在50m~200m范围内时，底层离底的距离为水深的4%；水深超过200m时，底层离底的距离，根据水深测量误差、海浪状况、船只源移情况和海底地形特征综合考虑，在保证仪器不触底的原则下尽量靠近海底。

注3：底层与相邻标准层的距离小于规定的最小距离时，可免测接近底层的标准层。

2. 观测方法

1）颠倒温度计测温方法

标准层水温通常用颠倒温度表和颠倒采水器配合进行观测。颠倒温度表分为闭端颠倒温度表和开端颠倒温度表。闭端颠倒温度表用以测量海水温度；开端颠倒温度表与闭端颠倒温度表配合使用，可测量颠倒处的深度。颠倒温度表系列主要技术指标见表3.5。

表3.5   **颠倒温度表系列主要技术指标**

型式	型号	最大使用深度（m）	主温度表（℃）		副温度表（℃）	
			分度值	示值范围	分度值	示值范围
闭端颠倒温度表	SWC_1-1	2500	0.1	−1~+32	0.5	−20~+50
	SWC_1-2	6000	0.05	−2~+15		
	SWC_1-4	1000	0.1	"0"，+15~+40		
开端颠倒温度表	SWC_2-1	250	0.1	−2~+32	0.5	−20~+50
	SWC_2-2	6000	0.2	−2~+60		
	SWC_2-3	6000	0.1	"0"，+30~+60		

操作使用方法：

（1）使用前的检查

使用前应进行以下各项检查：检查颠倒温度表的检定证书，内容应完整，在有效期内。

检查所用颠倒温度表是否合格。

经检查确认合格的颠倒温度表，在同一采水器上放两支闭端颠倒温度表的情况下，要做配对工作。挑选 V_0 值接近、外形尺寸相近的两支配对使用。

（2）安装和测量

使用颠倒温度表测量海水温度按以下步骤和要求实施：

将选好的颠倒温度表安装到采水器上，观测 100m 以浅（含 100m）各标准层的水温时，使用双管式温度表套管，安装两支 V_0 值相近的闭端颠倒温度表；观测 100m 以深各标准层的水温时，使用三管式温度表套管，安装两支 V_0 值相近的闭端颠倒温度表和一支开端颠倒温度表。

将装好温度表的采水器从表层至深层依次安放在采水器架上。根据测站水深确定观测层次。将各层采水器编号、颠倒温度表器号和 V_0 值记入表 3.6（水深小于或等于 100m）和表 3.7（水深大于 100m）中。

表 3.6　　　　　　　　　　　　　　**颠倒温度表测温记录表（I）**

调查海区　　　　　调查船　　　　　站号　　　　站　　纬度
调查机构　　　　　航次号　　　　　准确度等级　　位：经度
观测日期　　年　月　日　　　　　颠倒时间

采水器号	温度表器号	V_0 ℃	读数 I		读数 II											水温 T_w ℃	深度订正值 m	实际深度 m
			副温 ℃	主温 ℃	副温 ℃	器差 ℃	t ℃	主温 ℃	器差 ℃	T ℃	$T+V_0$ ℃	$T-t$ ℃	K ℃	$T+K$ ℃				
备注																	

观测者＿＿＿＿＿　　　　计算者＿＿＿＿＿　　　　校对者＿＿＿＿＿

表 3.7　　　　　　　　　　　　　　　颠倒温度表测温记录表(Ⅱ)

调查海区　　　　　　调查船　　　　　　站号　　　　站　　纬度
调查机构　　　　　　航次号　　　　　　准确度等级　　位：经度
观测日期　　年　月　日　　　　　　　颠倒时间

采水器号	温度表号	V_0 (V_0') ℃	读数Ⅰ				读数Ⅱ							Tw (Tu) ℃	$Tu-Tw$	计算深度 m
			副温 ℃	主温 ℃	副温 ℃	器差 ℃	t (t') ℃	主温 ℃	器差 ℃	T (T') ℃	$T+V_0$ $(T'+V_0')$ ℃	$T-t$ $(Tw-t')$ ℃	K (k) ℃	$T+K$ $(T'+K)$ ℃	ρ_m	
															Q	
备注																

观测者＿＿＿＿＿　　　　　计算者＿＿＿＿＿　　　　校对者＿＿＿＿＿

观测时,将绳端系有重锤的绞车钢丝绳移至舷外,将底层采水器挂在重锤以上 1m 处的钢丝绳上。然后根据各观测水层之间的间距下放钢丝绳,并将采水器依次挂在钢丝绳上。若存在温跃层时,在跃层内应适当增加测层。

当水深为 100m 以浅时,在悬挂表层采水器之前,应先测量钢丝绳倾角。倾角大于 10°时,应求得倾角订正值。若订正值大于 5m,应每隔 5m 增挂一个采水器,直到底层采水器离预定的底层在 5m 以内再挂表层采水器,最后将其下放到表层水中。

颠倒温度表的感温时间自最上层(表层)采水器沉入水中后开始计时,感温 7~10min后,测量钢丝绳倾角,投下"使锤"(连续观测时正点打锤),记下钢丝绳倾角和打锤时间。并用手轻触钢丝绳,凭感觉到的振动次数(每个采水器振动两次)来判断最下层采水器是否已经颠倒。待各层采水器全部颠倒后,依次提取采水器,并将其放回到采水器架原来的位置上,立即读取各层温度表的主、副温值,记入颠倒温度表测温记录表的第一次读数栏内。

如需取水样,待取完水样后,第二次读取温度表的主、副温值,并记入观测记录表的第二次读数栏内。第二次读数应换人复核,若同一支温度表的主温读数相差超过 0.02℃时,应重新复核,以确认读数无误。

若某预定水层的采水器未颠倒或某层水温读数有疑,应立即补测;如某水层的测量值经计算整理后,两支温度表之间的水温差值多次出现超过 0.06℃,应考虑更换其中可疑的温度表。

颠倒温度表不宜长期倒置，每次观测结束后必须正置采水器。

如因某种原因，不能一次完成全部标准层的水温观测时，可分两次进行。但两次观测的时间间隔应尽量缩短。

（3）资料处理

资料处理按以下步骤和要求实施：

利用颠倒温度表测标准层水温时，温度表读数须作器差订正。订正时先根据主、副温度表的第二次读数，从温度表检定书中分别查得相应的订正值，再计算闭端颠倒温度表的 t（副温+副温器差）和 T（主温+主温器差）及开端颠倒温度表的 t'（副温+副温器差）和 T'（主温+主温器差）。

颠倒温度表读数经器差订正后，还应作还原订正。

确定观测水温时，若某观测层两支颠倒温度表实测水温的差值小于 0.06℃，取两支温度表实测水温的平均值作为该层的水温，当两支颠倒温度表实测水温的差值大于 0.06℃时，可根据相邻两层的水温或前后两次观测的水温（连续观测时）的比较，取两者中合理的一个温度值，并加括号。若无法判断时，可将两个水温值都记入记录表的 T_w 档内。

确定温度表测温的实际深度时，对于 100m 以浅的水层（含 100m），当钢丝绳倾角在 10°以内时，放出绳长即可作为温度表测温的实际深度；钢丝绳倾角超过 10°时，应作钢丝绳的倾角订正，求得温度表测温的实际深度。对于 100m 以深的水层，可根据开、闭端颠倒温度表的 T_u 和 T_w 值求得各温度表的计算深度，即为温度表测温的实际深度。

2）温盐深测量仪测温

温盐深（CTD）测量仪分实时显示和自容式两大类。

CTD 测量仪操作主要包括室内和室外操作两大部分。前者主要是控制作业进程，后者则是收放水下单元，但两者应密切配合、协调进行。具体观测步骤和要求如下：

①观测期间首先应按表 3.8 的格式记录有关信息，并在计算机中输入观测日期、文件名、站位（经度、纬度）和其他有关的工作参数。

②投放仪器前应确认机械连接牢固可靠，水下单元和采水器水密情况良好。待整机调试至正常工作状态后开始投放仪器。

③将水下单元吊放至海面以下，使传感器浸入水中感温 3~5min。对于实时显示 CTD，观测前应记下探头在水面时的深度（或压强值）；对自容式 CTD，应根据取样间隔确认在水面已记录了至少三组数据后方可下降进行观测。

④根据现场水深和所使用的仪器型号确定探头的下放速度。一般应控制在 1.0m/s 左右。在深海季节温跃层以下下降速度可稍快些，但以不超过 1.5m/s 为宜。在一次观测中，仪器下放速度应保持稳定。若船只摇摆剧烈，可适当增加下放速度，以避免在观测数据中出现较多的深度（或压强）逆变。

⑤为保证测量数据的质量，取仪器下放时获取的数据为正式测量值，仪器上升时获取的数据作为水温数据处理时的参考值。

表 3.8   **CTD 观测记录表**

调查船_____ 海 区_____ 航次号_____
水 深_____ 仪器型号_____ 探头号_____

观测日期		现场工作情况
站号		
纬度		
经度		
取样间隔		
入水时间		
出水时间		
下放速度		
电池电压		
海况		

CTD 测量仪采水记录

采水器号	层次	压力 MPa	温度 ℃	电导率	盐度	采水瓶号	盐度计值	备注

观测者_____ 计算者_____ 校对者_____

⑥获取的记录，如磁盘、记录板和存储器等，应立即读取或查看。如发现缺测数据、异常数据、记录曲线间断或不清晰时，应立即补测。如确认测温数据失真，应检查探头的测温系统，找出原因，排除故障。

⑦CTD 测量仪测温注意事项：

a. 释放仪器应在迎风舷，避免仪器压入船底。观测位置应避开机舱排污口及其他污染源。

b. 探头出入水时应特别注意防止和船体碰撞。在浅水站作业时，还应防止仪器触底。

c. 利用 CTD 测量仪测水温时，每天至少应选择一个比较均匀的水层与颠倒温度表的测量结果比对一次。如发现 CTD 的测量结果达不到所要求的准确度，应及时检查仪器，必要时更换仪器传感器，并应将比对和现场标定的详细情况记入观测值班日志。

d. CTD 的传感器应保持清洁。每次观测完毕，须冲洗干净，不能残留盐粒和污物。探头应放置在阴凉处，切忌曝晒。

3）走航测温

仪器设备：抛弃式温深（XBT）测量仪、抛弃式温盐深（XCTD）测量仪和走航式 CTD

（MVP300）测量仪等皆可按观测要求，在船只以规定船速航行下投放。

观测步骤和要求：

使用 XBT、XCTD 和 MVP300 等仪器走航测温的基本步骤和要求如下：

（1）XBT 和 XCTD 测量仪观测步骤

①仪器探头投放前，输入探头编号、型号、时间、站号、经纬度，并进入投放准备状态。

②应用手持发射枪或固定发射架（要求良好接地），将探头投入水中。带有仪器控制器的专用计算机便开始显示采集数据或绘制曲线。

③探头的投放，最好选在船体后部进行，以免导线与船舷磨擦。

（2）走航式 CTD（MVP300）测量仪观测步骤

①绞车系统自检、数据采集及通信软件自检、GPS 数据检测。

②按观测要求，船只以规定船速航行。

③投放 CTD 拖鱼，并储存数据。

④回收 CTD 拖鱼。

4）标准层水温的观测

标准层的水温，可利用 CTD、XBT、XCTD 和走航式 CTD（MVP300）测量仪等仪器测得的标准层上、下相邻的观测值通过内插求得，也可利用颠倒温度表测得。

CTD 观测资料的处理原则上应按照仪器制造公司提供的数据处理软件或通过鉴定的软件实施。其基本规则和步骤如下：

①将仪器采集的原始数据转换成压力、温度及电导率数据；

②对资料进行编辑；

③对资料进行质量控制，主要包括剔除坏值、校正压强零点以及对逆压数据进行处理等；

④进行各传感器之间的延时滞后处理；

⑤取下放仪器时观测的数据计算温度，并按规定的标准层深度记存数据。

现场 XBT、XCTD 和走航式 CTD（MVP300）测量仪资料处理：

走航测温资料处理的规则如下：

①XBT、XCTD 和走航式 CTD（MVP300）测量仪探头测量的原始数据，通过厂家提供的数据处理软件或通过鉴定的软件进行转换和处理；

②XBT 的资料信息也可通过发射机向有关卫星发射；

③XCTD 应通过它的校准系数计算出温度等要素。

3.2　海水的盐度测量

几十亿年来，源自陆地的大量化学物质溶解并贮存于海洋中。如果全部海水都蒸发干，剩余的盐将会覆盖整个地球达 70m 厚。根据测定，海水中含量最多的化学物质有 11 种：钠、镁、钙、钾、锶这五种阳离子；氯、硫酸根、碳酸氢根（包括碳酸根）、溴和氟这五种阴离子和硼酸分子。其中，排在前三位的是钠、氯和镁。为了表示海水中化学物质的多少，通常用海水盐度来表示。海水的盐度是海水含盐量的定量量度，是海水最重要的理化特性之一。它与沿岸径流量、降水及海面蒸发密切相关。盐度的分布变化也是影响和制约其他水文、化学、生物等要素分布和变化的重要因素，海洋中的许多现象和过程都与盐度的分布和变化密切相关，所以海水盐度的测量是海洋水文观测的重要内容。

3.2.1 海水盐度的分布特征

海水盐度是指 1000g 海水中所含溶解的盐类物质的总量，叫盐度(绝对盐度)。单位为‰或 10^{-3}。

世界大洋盐度的空间分布和时间变化，主要取决于影响海水盐度的各自然环境因素和各种过程(降水、蒸发等)。这些因素在不同自然地理区所起的作用是不同的。在低纬区，降水、蒸发、洋流和海水的涡动、对流混合起主要作用。降水大于蒸发，使海水冲淡、盐度降低；蒸发大于降水，则盐度升高。盐度较高的洋流流经一海区时，可使盐度增加；反之，可使盐度降低。在高纬区，除受上述因素影响，结冰和融冰也能影响盐度。在大陆近岸海区，因河流的淡水注入可使盐度降低。例如，我国长江口附近，在夏季因入海流量增加，使海水冲淡，盐度值可降低到 11.5×10^{-3} 左右。

世界大洋绝大部分海域表面盐度变化在 $33 \times 10^{-3} \sim 37 \times 10^{-3}$。海洋表面盐度分布的规律为：①从亚热带海区向高低纬递减，形成马鞍形；②盐度等值线大体与纬线平行，但寒暖流交汇处等值线密集，盐度水平梯度增大；③大洋中的盐度比近岸海区的盐度高；④世界海域最高盐度($>40 \times 10^{-3}$)在红海，最低盐度在波罗的海($3 \times 10^{-3} \sim 10 \times 10^{-3}$)。

大洋表层盐度随时间变化的幅度很小，一般日变幅不超过 0.05×10^{-3}，年变幅不超过 2×10^{-3}。只有大河河口附近，或有大量海冰融化的海域，盐度的年变幅才比较大。

3.2.2 海水盐度的表示

绝对盐度是指海水中溶解物质质量与海水质量的比值。因绝对盐度不能直接测量，所以，随着盐度的测定方法的变化和改进，在实际应用中引入了相应的盐度定义。

1. 克纽森盐度公式

在 20 世纪初，克纽森(Knudsen)等概括了盐度定义，当时的盐度定义是指在 1000g 海水中，当碳酸盐全部变为氧化物、溴和碘以氯代替，所有的有机物质全部氧化之后所含固体物质的总数。其测量方法是取一定量的海水，加盐酸和氯水，蒸发至干，然后在 380℃ 和 480℃ 的恒温下干燥 48h，最后称所剩余固体物质的重量。

用上述的称量方法测量海水盐度，操作十分复杂，测一个样品要花费几天的时间，不适用于海洋调查，因此，在实践中都是测定海水的氯度，根据海水的组成恒定性规律，来间接计算盐度。克纽森盐度公式在使用时，用统一的硝酸银滴定法和海洋常用表，在实际工作中显示了极大的优越性，一直使用了 70 年之久。但是，在长期的使用过程中也发现，克纽森的盐度公式只是一种近似的关系，而且代表性较差；滴定法在船上操作也不方便。于是人们寻求更精确更快速的方法，即根据海水的电导率取决于其温度和盐度的性质，通过测定其电导率和温度就可以求得海水的盐度。

2. 1969 年电导盐度定义

在 20 世纪 60 年代初期，英国国立海洋研究所考克思 (Cox) 等从各大洋及波罗的海、黑海、地中海和红海，采集了 200m 层以浅的 135 个海水样品，首先应用标准海水，准确地测定了水样的氯度值，然后测定具有不同盐度的水样与盐度为 35.000‰、温度为 15℃ 的标准海水在一个标准大气压下的电导比 (R_{15})，从而得到了盐度与相对电导率的关系式，又称为 1969 年电导盐度定义。电导测盐的方法精度高，速度快，操作简便，适于海上现场观测。但在实际运用中，仍存在着一些问题：首先，电导盐度定义的盐度公式仍然是建立在海水组成恒定性的基础上的，它是近似的。在电导测盐中校正盐度计使用的标准海水标有氯度值，当标准海水发生某些变化时，氯度值可能保持不变，但电导值将会发生变化。其次，电导盐度定义中所用的水样均为表层 (200m 以浅)，不能反映大洋深处由于海水的成分变化而引起电导值变化的情况。最后，国际海洋用表中的温度范围为 10℃ ~ 31℃，而当温度低于 10℃ 时，电导值要用其他的方法校正，从而造成了资料误差和混乱。为克服盐度标准受海水成分影响的问题，进而建立了 1978 年的实用盐标。

3. 1978 年实用盐标

实用盐标依然是用电导的方法测定海水的盐度，与 1969 年电导盐度定义不同之处在于，它克服了海水盐度标准受海水成分变化的影响问题。在实用盐标中采用了高纯度的 KCl，用标准的称量法制备了一定浓度 (32.4357‰) 的溶液，作为盐度的准确参考标准，而与海水样品的氯度无关，并且定义盐度：在一个标准大气压下，15℃ 的环境温度中，海水样品与标准 KCl 溶液的电导比。

3.2.3　盐度测量原理

盐度测定，就方法而言，有化学方法和物理方法两大类。

1. 化学方法

化学方法又简称硝酸银滴定法。其原理是，在离子比例恒定的前提下，采用硝酸银溶液滴定，通过麦克伽莱表查出氯度，然后根据氯度和盐度的线性关系来确定水样盐度。此法是克纽森等在 1901 年提出的，在当时，不论从操作，还是就其滴定结果的精确度来说，都是令人满意的。

2. 物理方法

物理方法可分为比重法、折射率法、电导法三种。

比重法测量源自海洋学中广泛采用的比重定义，即一个大气压下，单位体积海水的重量与同温度同体积蒸馏水的重量之比。由于海水比重和海水密度密切相关，而海水密度又取决于温度和盐度，所以比重计的实质是，由比重求密度，再根据密度、温度推求盐度。

折射率法是通过测量水质的折射率来确定盐度。

以上两种测量盐度的方法存在误差较大、精度不高、操作复杂、不利于仪器配套等问题，尽管还在某种场合下使用，但逐渐被电导法所代替。

电导法是利用盐度具有导电特性来确定海水盐度。

1978 年的实用盐标解除了氯度和盐度的关系，直接建立了盐度和电导率比的关系。由于海水电导率是盐度、温度和压力的函数，因此，通过电导法测量盐度必须给予温度和压力对电导率的影响进行补偿，采用电路自动补偿的盐度计为感应式盐度计，采用恒温控制设备，免除电路自动补偿的盐度计为电极式盐度计。

感应式盐度计以电磁感应为原理，它可在现场和实验室测量，在实验室测量中精度可达 0.003。该仪器对现场测量来说是比较好的，特别对于有机污染含量较多、不需要高精度测量的近海来说，更是如此，因此得到广泛应用。然而，由于感应式盐度计需要的样品量很大，灵敏度不如电极式盐度计高，并需要进行温度补偿，操作麻烦，这就导致感应式盐度计又转向电极式盐度计发展。

最先利用电导测盐的仪器是电极式盐度计，由于电极式盐度计测量电极直接接触海水，容易出现极化和受海水的腐蚀、污染，性能减退，这就严重限制了在现场的应用，所以主要用在实验室内做高精度测量。加拿大盖德莱因（Guildline）仪器公司采用四极结构的电极式盐度计（8400 型），解决了电极易受污染等问题，于是电极式盐度计得以再次风行。目前广泛使用的 STD、CTD 等剖面仪均是电极式结构的。

利用现场温盐深仪测量盐度原理。从现场调查的 CTD 仪获取的相对电导率 R、温度、压力数据，必须经过处理后方才得到盐度资料，因为现场测定的相对电导率 R 可分成三部分，即

$$R = \frac{C(S, T, P)}{C(35, 15, 0)} = \frac{C(S, T, P)}{C(S, T, 0)} \cdot \frac{C(S, T, 0)}{C(35, T, 0)} \cdot \frac{C(35, T, 0)}{C(35, 15, 0)} = R_P R_T r_T \quad (3.5)$$

式（3.5）中 $C(35, 15, 0)$ 是一个定标常数，它与定标时实验室的条件有关，Mark Ⅲ 型 CTD 系统 $C(35, 15, 0) = 42.909(\text{ms/cm})$。

R_P、R_T 和 r_T 可用现场观测得到的温度和压力表示。

压力对电导比的影响，布莱德霄（Bradadshow）测得的结果是：

$$R_P = \frac{C(S, T, P)}{C(S, T, 0)} = 1 + \frac{P(C_1 + C_2 P + C_3 P^2)}{1 + d_1 T + d_2 T^2 + (d_3 + d_4 T)R} \quad (3.6)$$

式中，$C_1 = 2.070 \times 10^{-5}$，$C_2 = -6.37 \times 10^{-10}$，$C_3 = 3.989 \times 10^{-15}$；$d_1 = 3.426 \times 10^{-2}$，$d_2 = 4.464 \times 10^{-4}$，$d_3 = 4.215 \times 10^{-1}$；$d_4 = -3.107 \times 10^{-3}$。

r_T 为标准海水的温度系数，多菲尼（Dauphince）等得到的表达式为：

$$r_T = \frac{C(35, T, 0)}{C(35, 15, 0)} = C_0 + C_1 T + C_2 T^2 + C_3 T^3 + C_4 T^4 \quad (3.7)$$

式中，$C_0 = 6.766097 \times 10^{-1}$；$C_1 = 2.00564 \times 10^{-2}$；$C_2 = 1.104259 \times 10^{-4}$；$C_3 = 6.9698 \times 10^{-7}$；$C_4 = 1.0031 \times 10^{-9}$。

由此求得 R_T，

$$R_T = \frac{R}{R_P} r_T \quad (3.8)$$

通过 R_T 就可算出海水的盐度。

利用温盐深测量仪测盐度时，每天至少应选择一个比较均匀的水层，与实验室盐度计对海水样品的测量结果对比一次，如发现温盐深测量仪的测量结果达不到所要求的准确度，应调整仪器零点或更换仪器探头。对比结果应记入观测日志。温盐深测量仪的电导率传感器必须保持清洁，每次观测完毕都须用蒸馏水（或去离子水）冲洗干净，不能残留盐粒或污物。

下面以 SYC2-2 型实验室海水盐度计测盐度为例加以详细说明。

SYC2-2 型实验室海水盐度计是利用电极电导池在实验室测试海水相对电导率的一种仪器。其测量海水电导率为 0.1～1.19999，即相当于盐度 3～34，使用环境温度条件在 0℃ 以上，室温与通常温度条件下均可，被测水样温度范围在 0℃ 以上，40℃ 以下，精确度为 ±0.003，耗水样数量(包括洗涤)共计 60mL。水样采集后可立即测定，用可换海水作温度补偿，因此无需定期校正温度补偿电路，适合在陆上或船上的实验室使用。该仪器采用音频振荡器输入音频电信号供给交流电桥。测量电桥的 R_3、R_4，为简化瓦格纳尔接地支路；r_x(R_T 读数单元)及 r_1(校准定位单元)均为串联十进位标准电阻箱构成交流电桥两个可调臂。C_x 为可调电容器，C_v 为固定电容器。检测电路中设置了性能优良的选频放大器，用以抑制各种外来干扰信号，为了使检测系统具有足够的灵敏度和动态范围，还设置了多档衰减器，采用了对数检波器。

测定时，先用已知电导比标准海水进行校准，将两电导池注入同一盐度的标准海水(盐度不一定正好等于 35)，设电导池(1)、(2)内标准海水的电阻分别为 r'_N 和 r'，开动搅拌器，经 2～3min 后两电导池的温度即与水浴温度一致。根据水浴温度 $t℃$ 及标准海水的盐度查得 R_t，调整 r_x 使其读数等于 R_{tN}，然后再调整 r_1 使电桥平衡，设这时 R_t 的读数为 R_a，根据交流电桥平衡原理有

$$\frac{R_{tN}}{R_a} = \frac{r'_N}{r'} \tag{3.9}$$

式中，r'_N、r' 分别为电导池(1)、(2)，相对电导率为 R_{tN} 的标准海水时的电阻值。

若设电导池(1)和(2)的电导池常数分别为 K_N 和 K_r，标准海水在 $t℃$ 时的电阻率为 P_N，则由式(3.9)可得

$$\frac{R_{tN}}{R_a} = \frac{K_N \cdot P_N}{K_r \cdot P_N} = \frac{K_N}{K_r} \tag{3.10}$$

因电导池的温度系数极小，水浴温度波动对其影响可忽略不计。

所以 $\frac{K_N}{K_r}$ 为一常数，则 $\frac{R_{tN}}{R_a}$ 亦为一常数，即当 R_a 值固定时，R_{tN} 亦固定，不随水浴温度变化而变化。

再将电导池(2)中的标准海水排出，注入待测水样，电导池(1)中的标准海水不换(在测量过程中始终不换)，这样在 R_a 固定的情况下，调整 r_x 旋钮使电桥平衡，设此时 r_x 读数为 b，并设电导池(2)中样品海水 $t℃$ 时电阻为 r''，则根据电桥平衡关系有：

$$\frac{b}{R_a} = \frac{r'_N}{r''} \tag{3.11}$$

由式(3.9)和式(3.10)得：

$$\frac{b}{R_{tN}} = \frac{r'}{r''} \tag{3.12}$$

根据电导盐度定义，水样相对电导率定义为：

$$R_{t待} = \frac{L_待}{L_{35}} = \frac{\dfrac{1}{r''} \cdot K_r}{\dfrac{1}{r_{35}} \cdot K_N} = \frac{r_{35}}{r''} \tag{3.13}$$

$$R_{tN} = \frac{L_N}{L_{35}} = \frac{\dfrac{1}{r'} \cdot K_r}{\dfrac{1}{r_{35}} \cdot K_N} = \frac{r_{35}}{r'} \tag{3.14}$$

式中，L 为电导率。

式（3.14）中 r_{35} 为盐度为 35 的标准海水在 $t\,℃$ 时的电阻，由式（3.11）和式（3.14）得

$$\frac{R_{t待}}{R_{tN}} = \frac{r'}{r''} \tag{3.15}$$

将式（3.12）与式（3.15）比较则得，$R_{t待} = b$。

3.2.4 技术方法

1. 技术指标

（1）盐度测量的准确度

主要根据项目的要求和研究目的，同时兼顾观测海区和观测方法的不同以及仪器的类型，按表 3.9 确定盐度测量的准确度和分辨率。

表 3.9　　　　　　　　　　　　盐度测量的准确度和分辨率

准确度等级	准确度	分辨率
1	±0.02	0.005
2	±0.05	0.01
3	±0.2	0.05

（2）观测时次

盐度与水温同时观测。大面或断面测站，测船到站即观测一次；连续测站，每小时观测一次。

2. 观测方法

（1）温盐深（CTD）测量仪定点测量盐度

基本步骤和要求如下：

①利用 CTD 测量仪测量盐度与测量温度是在同一仪器上实施的，其观测步骤和要求基本相同。

②利用 CTD 测量仪测盐度时，每天至少应选择一个比较均匀的水层，与利用实验室盐度计对海水样品的测量结果比对一次。在深水区测盐度时，每天还应采集水样，以便进行现场标定。如发现 CTD 的测量结果达不到所要求的准确度，应及时检查仪器，必要时更换仪器传感器，并应将比对和现场标定的详细情况记入观测值班日志。

③CTD 的电导率传感器应保持清洁。每次观测完毕，都须用蒸馏水（或去离子水）冲洗干净，不能残留盐粒或污物。

（2）走航测量盐度

利用 XCTD 和走航式 CTD（MVP300）测量仪测盐度与利用这些仪器测温度的观测步骤

和要求相同。

（3）实验室盐度计测量海水样品盐度

操作方法如下：

①利用电极式或感应式实验室盐度计测定水样盐度时，须先行定标，求得温度 $T(℃)$ 时标准海水电导比的定标值，然后将定标调节在 R_T 读数各档上。重复调节定位校准各档，使得两次读数在最后一位相差在 3 以内定标结束。测量海水样品时，定位校准各旋钮不再变动。

②测量海水样品时，先将海水样品注入电导池中，待启动搅拌器搅拌 $1\sim2\text{min}$ 后测量海水样品的温度。调节 R_T 各档旋钮，使表头指针趋于零，读取 R_T 值。若发现读数可疑，必须重测，直至认为数据合理为止。将测量的海水样品温度及 R_T 值记入盐度分析记录表中。记录表格式见表 3.10。

表 3.10 　　　　　　　　　　　　　　盐度分析记录表

调查海区　　　　　　调查船　　　　　站号　　　站　纬度(N/S)　°　′　″
调查机构　　　　　航次号　　　　准确度等级　位：经度(E/W)　°　′　″
采水日期　　年　月　日　　　　分析日期　年　月　日

实测水层	采水时间		瓶号	水浴温度 ℃	电导比 (R_T)	盐度未修正值 (S_0)	盐度修正值 (ΔS)	实用盐度 ($S=S_0+\Delta S$)	定标	备注
	时	分								
									时间 $S=$ 　×10^{-8} $R_{15}=$ 水温 $T=$ 　℃ 定标值	

观测者_____　　计算者_____　　　校对者_____

③连续观测时，每天至少应用标准海水定标一次。定标和测量时，不得在未搅拌的情形下进行，且电导池内不允许存在气泡和其他漂浮物。

④被测海水样品的温度与标准海水的温度相近时方可进行测量。感应式盐度计要求两者相差在 2℃ 以内；电极式盐度计要求在搅拌器启动 $1\sim2\text{min}$，待两者温度基本趋于相等。

⑤工作结束后，电导池应用蒸馏水清洗干净。电极式盐度计应在电导池内注满蒸馏水，以保护电极。

3.3　海水的透明度、水色和海发光观测

透明度表示海水透明的程度（即光在海水中的衰减程度）。水色是表示海水的颜色。

海发光是指夜晚海面生物发光的现象。

透明度、水色、海发光的观测，对保证交通运输的安全、海上作战、水产养殖事业等都有着重要作用。例如，航海识别浅滩一般是利用白浪作标志，但是当无风天气不出现白浪现象时，便可以依靠水色来判别浅滩的存在。这是因为浅滩处水色显绿色，甚至还带黄色。航行中如果发现水色忽然变浅，这便是接近大陆的预兆。海水透明度高，使我们有可能避开暗礁或危险障碍。如我国南海多珊瑚礁，但因透明度大，可视深度深，故航行时一般不产生危险。

在海军活动中必须要考虑到水色、透明度等光学性质对于战争的影响。水色对于水下潜艇和水中武器(如水雷)确定外表的颜色有很大影响。选择适当的颜色可以更好地进行掩护和伪装。

了解海发光情况使得在黑夜航行时可以及时发现各种目标，如导标、岸线、岩石、暗礁等。另外，由于舰船走过的海面在相当长的时间内会留下一道闪光的航迹，我们便可利用这种航迹来搜索它。

海发光现象有时也会迷惑那些缺乏海上生活经验的人员，他们会把这种闪光误认为是来自船上的信号。在海上迅速活动的一些动物如鲨鱼、海豚等，在夜间的发光就很可能会被误认为有潜水艇或鱼雷在运行。

研究水色和透明度也有助于识别洋流的分布。大洋洋流都有与其周围海水不同的水色和透明度。例如，墨西哥湾流在大西洋中像一条天蓝色的带子；黑潮，即因其水色蓝黑而得名；美洲达维斯海流色青，故又称青流。

研究透明度和水色对于渔业和盐业也有一定的意义。例如，鲍鱼、海参要求海水透明度高，但养蚶、蛏、蚝则要求透明度低。晒盐可以根据水色的高低来开闭闸门以提高盐的产量。

3.3.1 海水透明度的观测

1. 透明度

海水并非都是清澈透明的，有些海域的海水十分清澈，阳光可以穿过很深的距离，而另外一些地方，海水比较浑浊，阳光在水中只能照射很短的距离。为了表示不同海域的海水能见程度，引进了透明度的概念。

海水透明度，是指用直径为 30cm 的白色圆板，在阳光不直接照射的地方垂直沉入水中，直至看不见的深度。

透明度表示水体透光的能力，但不是光线所能达到的绝对深度。它决定于光线强度和水中的悬浮物和浮游生物的多少。光线强，透明度大，反之则小。

世界上透明度最高的海是马尾藻海，是大西洋中一个没有岸的海，大致在北纬 20°~35°、西经 35°~70°，覆盖 $500×10^4 ~ 600×10^4 km^2$ 的水域。马尾藻海最明显的特征是透明度大，是世界上公认的最清澈的海。一般来说，热带海域的海水透明度较高，可达 50m，而马尾藻海的透明度达 66m，世界上再也没有一处海洋有如此之高的透明度。

2. 海水透明度观测

海水的透明度观测按以下步骤和要求实施：

①海水透明度应用透明度盘进行观测。透明度盘是直径为 30cm，底部系有重锤，上

部系有绳索的木质或金属质白色圆盘。绳索上有以米为单位的长度标记。

②透明度盘(图 3.7)的绳索标记,在使用前应进行校正。标记必须清晰、完整。新绳索须事先进行缩水处理。

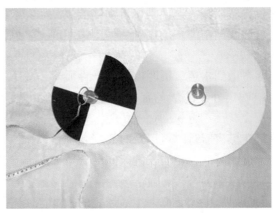

图 3.7　透明度盘

③透明度盘应保持洁白,当油漆脱落或沾染脏污时应重新刷油漆。

④观测应在主甲板的背阳光处进行。观测时将透明度盘铅直放入水中,沉到刚好看不见的深度后,再慢慢提升到白色圆盘隐约可见时读取绳索在水面的标记数值,即为该次观测的透明度值。有波浪时,应分别读取绳索在波峰和波谷处的数值标记,读到一位小数,重复 2~3 次,取其平均值作为该次观测的透明度值。观测结果记入表 3.11。

⑤倾角超过 10°,则应进行深度订正。当绳索倾角过大时,盘下的铅锤应适当加重。

表 3.11　　　　　　　　　　海水透明度、水色和海发光观测记录表

调查海区　　　　　　断面号　　　　　　观测日期
调查船　　　　　　　航次号　　　　　　年　月　日至　　年　月　日

序号	站号	站位						观测时间		水深(m)	透明度(m)	水色(级)	发光类型	发光等级(级)	海况(级)	有无星月或降水
		纬度 N/S			经度 E/W											
		(°)	(′)	(″)	(°)	(′)	(″)	时	分							
备注																

观测者_____　　　计算者_____　　　校对者_____

3.3.2 水色观测

1. 海水的颜色

海水颜色又称水色，是指自海面及海水中发出于海面外的光的颜色。它不是太阳光线透入海水中的光的颜色，也不是日常所说的海水的颜色。它取决于海水的光学性质和光线的强弱，以及海水中悬浮质和浮游生物的颜色，也与天气状况和海底的底质有关。由于水体对光有选择吸收和散射的作用，即太阳光线中的红、橙、黄等长光波易被水吸收而增温，而蓝、绿、青等短光波散射得最强，故海水多呈蓝、绿色。

海水的颜色在一定程度上反映了海水中悬浮和溶解组分的性质。黄河从西北高原带来大量黄土，使黄河口的水体为黄色；美国加利福尼亚湾北部，科罗拉多河在雨季把大量红土带到海湾，使海水呈褐红色。黑海的水很深，下层水含大量硫化氢，缺乏氧气，形成缺氧环境，生物无法生存，使海水变为青褐色。红海因海水中含有大量的红色藻类而呈红色。我国和其他近岸海域，短期内有大量夜光藻繁殖，海水一时呈红色，称为赤潮；不少微生物和藻类发育也可能改变海色，如绿色鞭毛藻大量繁殖使海水呈绿色，硅藻大量繁殖使海水呈褐色。白海位于北极圈附近，海面上漂浮着白色的冰山和冰块，岸边山峰上白雪皑皑，把海水映成白色。

2. 水色观测

水色观测按以下步骤和要求实施：

①海色依水色计目测确定。观测完透明度后，将透明度盘提升到透明度值一半的水层，根据透明度盘上方海水呈现的颜色，在水色计中找出与之相似的色级号码，即为该次观测的海色。观测时观测者的视线必须与水色计玻璃管垂直。观测结果记入表3.11。

②水色计应保存在阴凉干燥处，切忌日光照射，以免褪色。发现褪色现象，应立即更换。

③水色计在6个月内至少应与标准水色计校准一次。作为校准用的标准水色计(在同批出厂的水色计中保留一盒)平时应始终装在里红外黑的布套中，保存在阴凉处。图3.8为普力特FUC水色计。

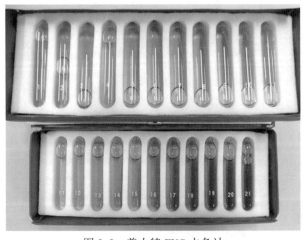

图3.8 普力特 FUC 水色计

3. 水色卫星遥感

1) 海色遥感

海色遥感是唯一可穿透海水一定深度的卫星海洋遥感技术。它利用星载可见红外扫描辐射计接收海面向上光谱辐射，经过大气校正，根据生物光学特性，获取海中叶绿素浓度及悬浮物含量等海洋环境要素。因而，它对海洋初级生产力、海洋生态环境、海洋通量、渔业资源等具有重要意义。

在水色遥感研究中，海水划分为 I 类水域和 II 类水域：前者以浮游植物及其伴生物为主，海水呈现深蓝色，大洋属于这一类。后者含有较高的悬浮物、叶绿素和溶解有机物DOM 以及各种营养物质，海水往往呈蓝绿色甚至黄褐色。中国近海就是典型的 II 类水域。

继 1978 年 Nimbus-7/CZCS 卫星资料的成功应用之后，水色卫星遥感逐渐成为一些著名的国际海洋研究计划的技术关键和重要内容。

2) SeaWiFS 与 CZCS 水色传感器

装载于 Nimbus-7 上的水色传感器 CZCS(Coastal Zone Color Scanner) 是一个以可见光通道为主的多通道扫描辐射计。前 4 个通道的中心波长分别为 443nm、520nm、550nm、670nm，位于可见光范围。第 5 个通道位于近红外，中心波长为 750nm。第 6 个通道位于热红外，波长范围为 10.5~12.5μm，详见表 3.12。CZCS 可见光波段的光谱带较窄，仅为 20nm，地面分辨率为 0.825km，观测角沿轨迹方向倾角可达到 20°，用以减少太阳耀斑的影响。

表 3.12　　　　　　　　　　　　CZCS 传感器技术指标及波段设计

波段	波长范围	饱和辐亮度	SNR2	波段设计
1	433~453nm	5.41	158	叶绿素
2	510~530nm	3.50	200	叶绿素
3	540~560nm	2.86	176	DOM、悬移质
4	660~680nm	1.34	118	叶绿素、大气校正
5	700~800nm	23.9	350	地面植被
6	10.5~12.5μm	0.22K *		海表温度

* 270K 处噪声等效温度误差。

SeaWiFS(Sea-Viewing Wide Field-of-View Sensor) 是装载在美国 SEASTAR 卫星上的第二代海色遥感传感器，1997 年 8 月发射成功，运行状况良好。SeaWiFS 共有 8 个通道，前 6 个通道位于可见光范围，中心波长分别为 412nm、443nm、490nm、510nm、555nm 和 670nm。7、8 通道位于近红外，中心波长分别为 765nm 和 865nm，详见表 3.13。SeaWiFS 地面分辨率为 1.1km，刈幅宽度为 1502km~2801km，观测角沿轨迹方向的倾角为 20°，0°，-20°，10bit 量化。

表 3.13 　　　　　　　　　　SeaWiFS 传感器主要技术指标及波段设计

波段	波长范围(nm)	饱和辐亮度	信噪比	波段设计
1	402~422	13.63	499	DOM
2	433~453	13.25	674	叶绿素
3	480~500	10.50	667	色素，K490
4	500~520	9.08	640	叶绿素
5	545~565	7.44	596	色素，光学性质，悬移质
6	660~680	4.20	442	大气校正、叶绿素
7	745~785	3.00	455	大气校正，气溶胶
8	845~885	2.13	467	大气校正，气溶胶

　　SeaWiFS 在 CZCS 基础上进行了改进和提高：①增加了光谱通道，即 412nm、490nm、865nm。412nm 针对Ⅱ类水域 DOM 的提取，490nm 与漫衰减系数相对应，865nm 用于精确的大气校正；②提高了辐射灵敏度，SeaWiFS 灵敏度约为 CZCS 的两倍。在 CZCS 反演算法中被忽略因子的影响，如多次散射、粗糙海面、臭氧层浓度变化、海表面大气压变化、海面白帽等，都在 SeaWiFS 反演算法中作了考虑。

　　3) 与水色卫星遥感有关的海洋光学特性

　　海洋光学理论是水色卫星遥感的基础。首先，海色传感器可见光通道是按照海洋中主要组分的光学特性设置的，每个通道对应于海洋中各种组分吸收光谱中的强吸收带和最小吸收带。443nm 通道位于叶绿素强吸收带，520nm 通道对叶绿素的吸收作用比水明显大，可以补充叶绿素信息。550nm 通道则接近叶绿素吸收的最小值，在强透射带内，同时对应较小的海水吸收。图 3.9 和图 3.10 分别是叶绿素和 CDOM 的光谱吸收曲线。

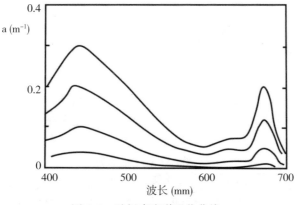

图 3.9　叶绿素光谱吸收曲线

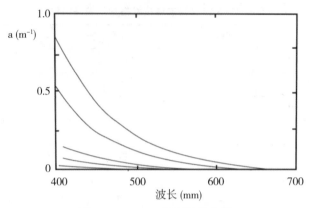

图 3.10　CDOM 光谱吸收曲线

在讨论水色反演算法之前，需要介绍以下海洋光学关系式：

$$L_\omega(\lambda) = (1 - \rho)E_d(0^-)R/n_\omega^2 Q \qquad (3.16)$$

式中，$L_\omega(\lambda)$ 是海面后向散射光谱辐射，称为离水辐亮度；ρ 为海-气界面的菲涅尔反射系数；n_ω 是水的折射率；Q 为光谱辐照度与光谱辐亮度之比，与太阳角有关，完全漫辐射时 $Q = \pi$，$R = E$。$R = E_u(0^-)/E_d(0^-)$，是海面下的向上辐照度 $E_u(0^-)$ 和向下辐照度 $E_d(0^-)$ 之比。R 与水体的固有光学特性有关：

$$R \approx 0.33 b_b/a \qquad (3.17)$$

式中，b_b 是水体的总后向散射系数；a 为水体总体积吸收系数。

定义辐照度衰减系数为

$$K(\lambda) = -\,\mathrm{d}(\mathrm{In}E)/\mathrm{d}z \qquad (3.18)$$

它是表征海中辐照度随深度而衰减的因子。$K(490)$ 是由遥感数据得到光学性质的一个典型例子，它的反演算法为

$$K(490) = 0.022 + 0.1\left[\frac{L_\omega(443)}{K_\omega(550)}\right]^{-1.2996} \qquad (3.19)$$

式中，$K(490)$ 表示 490nm 波段的 K。

4）水色反演原理

（1）辐射量定标

海色传感器输出的计数值 DC(Digital Count)，并非真正意义上的物理量。因此，必须利用标准源将计数值换算成辐亮度，这一过程叫做辐射量定标。一般说来，传感器接收的辐亮度由下式确定：

$$L_t(\lambda) = S(\lambda)DC + I(\lambda) \qquad (3.20)$$

式中，S 和 I 为斜率和截距，对于 CZCS，在实验室中用直径为 76cm 的积分球对辐射计预先进行校准。卫星发射后用机内白炽灯光源和涂黑仪器箱进行星上定标。另外深空也作为一个定标源。传感器按固定的程序测量目标和定标源，测量的数据传送回地面通过公式(3.20)来校正 S 和 I。

（2）大气校正算法

大气校正的目的是消除大气吸收和散射的影响，获取海面向上光谱辐亮度。CZCS大气校正算法采用单次散射模型，其本质是一种对洁净大气中良好传播的线性近似。传感器接收到的辐亮度 $L_t(\lambda)$ 由4个部分组成，即

$$L_t(\lambda) = L_r(\lambda) + L_a(\lambda) + t(\lambda)L_\omega(\lambda) + L_{ra}(\lambda) \tag{3.21}$$

式中，$L_r(\lambda)$ 为大气分子瑞利散射引起的光辐射，可由大气传输理论精确计算得出。$L_\omega(\lambda)$ 是离水辐亮度，是大气校正所得的结果。$t(\lambda)$ 是大气透射率，$t(\lambda) = t_r(\lambda)t_{02}t_a(\lambda)$，其中下标 r、02、a 分别代表分子散射、臭氧、气溶胶。$L_{ra}(\lambda)$ 为瑞利散射和气溶胶散射相互作用引起的光辐射，单次散射情况下可以忽略。$L_a(\lambda)$ 为气溶胶散射引起的光辐射，由于气溶胶不断变化的特性，通常需要两个波段来确定气溶胶贡献的大小和气溶胶贡献对波长的依赖关系。CZCS只有670nm波段用于大气校正，因此必须假设气溶胶分布均匀，通过寻找图像的清水区，即 $L_\omega(670) = 0$，得到 $L_a(670)$，利用 $L_a(\lambda)$ 与波长之间的关系外推得到 $L_a(\lambda)$，然后由式(3.21)计算 $L_\omega(\lambda)$。

（3）生物光学算法

由海面向上光谱辐亮度 L_ω 反演海中叶绿素浓度、悬移质、CDOM浓度的方法，称为生物光学算法。由式(3.16)、式(3.17)计算可得出，海表层叶绿素浓度与海洋光学参数之间的关系为

$$L_\omega = \frac{t_\omega E_d(0^-)}{3n_\omega^2 \cdot Q}\left[\frac{b_{b\omega} + \sum_i b_{bi}}{a_\omega + \sum_i a_i}\right] \tag{3.22}$$

式中，$a_i = f_i^a(c_i)$，$b_{bi} = f_i^b(c_i)$，c_i 是水中 i 组分的浓度，f_i 一般是非线性函数，a_ω 和 a_i 分别为海水和第 i 组分的吸收系数，$b_{b\omega}$ 和 b_{bi} 分别为海水和第 i 组分的后向散射系数。现场观测已证实了该公式的合理性。

鉴于海水组分浓度及其引起的后向散射特性与吸收特性之间关系的复杂性，由上述解析式很难求出 f_i 的解，必须利用经验算法。目前比较常用的计算色素浓度的方法为比值法，即利用两个或两个以上不同波段的辐亮度比值与叶绿素浓度的经验关系。CZCS传感器主要有两种简单的方法：

①Gordon等提出的适合于 I 类水体的双通道算法，利用绿（520nm/550nm）与蓝（443nm）波段的比率来确定叶绿素的浓度，这一比值反映了随叶绿素浓度增加海色由蓝到绿的变化趋势：

$$C_1 = 1.13\left[\frac{L_\omega(443)}{L_\omega(550)}\right]^{-1.71} \tag{3.23}$$

$$C_2 = 3.13\left[\frac{L_\omega(520)}{L_\omega(550)}\right]^{-2.44} \tag{3.24}$$

当 C_2 和 $C_1 > 1.5(\text{mg/m}^3)$ 时，$C = C_2$；其他情况，$C = C_1$。

②Clark提出的三通道算法：

$$C = 5.56\left[L_{\omega1} + \frac{L_{\omega2}}{L_{\omega3}}\right]^{-2.252} \tag{3.25}$$

SeaWiFS传感器的生物光学算法在CZCS基础上改进如下：

$$C = \exp\left[0.464 - 1.989\ln\left(\frac{nL_{\omega}(490)}{nL_{\omega}(555)}\right)\right] \qquad (3.26)$$

3.3.3　海发光观测

1. 海发光

海发光是指海面由于发光生物引起的发光现象。

海发光强的海区能映出黑夜的海景，因此在没有月光的夜晚，当船舶遇到海发光时，能使船长产生错觉，导致海损事故，影响船舶安全航行。

(1)海发光的成因

有一种海发光出现在航行中的船舶四周及船尾的浪花泡沫里，这主要是由颗粒很小、一般由大小为 0.02mm～5mm 的发光浮游生物引起的，发光生物本身多呈玫瑰红色，平时凭借其体内的一种脂肪物质就能微放光明。发光的特点是由无数白色的、浅绿色和/或浅红色的闪光组成。但通常只有在海面存在机械扰动或它们受到化学刺激时才比较鲜明。当海上风浪把它们推向砾石海岸时，它们受到更大的触发而放光。放出的光就像一束四溅的火花，如"火雨"跌落，一波紧接一波。这样的海发光通常称为火花型海发光。

第二种海发光是由海洋发光细菌引起的。它们发光强度较弱，其特点是不论什么海况，不管外界是否扰动，只要这种发光细菌大量存在时，海面就会出现一片乳白色光辉，这样的细菌多在河口、港湾、寒暖流交汇处，特别是下水道入海处或海水被污染处最多。这样的海发光称为弥漫型海发光。

第三种海发光是由海洋里躯体较大的发光生物所引起的，如水母、海绵、苔虫、环虫、和介贝等。水母躯体上有特殊的发光器官，受到刺激便发出较强的闪光，某些鱼体内能分泌一种特殊物质，这种物质和氧作用而发光。这种发光生物通常是孤立地出现，在机械扰动、化学物质刺激下，才比较醒目，它们发出的海光特点是一亮一暗，反复循环，如同闪光灯似的。这种海发光被称为闪光型海发光。

(2)海发光的分布

海发光现象在中国沿海有着广泛的分布，其中以火花型海发光为主，到处有分布；弥漫型发光只有闽、粤少数地方出现过；闪光型发光只出现闽、粤、琼、桂沿海。从海发光的强度来看，南、北方沿海是不同的，北方的辽宁、河北、山东和苏北沿海比较低，一般只能勉强可见。南方沿海如浙、闽、粤、琼、台、桂均较高，一般均清晰可见，其中台山、三沙、北茭、云澳、遮浪、闸坡等，是中国沿海海发光最强的地方。

2. 海发光观测

海发光的观测按以下步骤和要求实施：

①观测点应选在船上灯光照不到的黑暗处。当观测员从亮处到暗处观测时，待适应环境后再进行观测。

②观测时依表 3.14 所述发光特征目视判定发光类型，以符号记录。并依发光强弱程度及征象日视判定发光强度等级，按五级记录。当两种或两种以上海发光类型同时出现时，应分别记录。因月光强，无法观测时记"×"，无海发光时记"0"。观测结果记入表 3.11。

③海面平静观测不到海发光时，可用杆子搅动海水，然后进行观测。

表 3.14　　　　　　　　　　　　海发光类型及强度等级表

发光类型	发光特征	发光强度等级	强度描述
火花型(H)	发光形态与萤火虫相似，当海面受机械扰动或生物受某些化学物质刺激时，此类发光显著，通常情况下发光微弱。它主要由 0.02mm～5mm 的发光浮游生物引起，是常见的海发光类型	0	无发光现象
		1	在机械作用下发光勉强可见
		2	在水面或风浪的波峰处发光明晰可见
		3	在风浪和涌浪波面上发光著目可见。漆黑夜晚可借此见到水面物体轮廓
		4	发光特别明亮，波纹上也能见到发光
弥漫型(M)	海面呈现一片弥漫的光辉，它主要由发光细菌引起，只要有大量细菌存在，任何情况下都会发光	0	无发光现象
		1	发光可见
		2	发光明晰可见
		3	发光著目可见
		4	强烈可见
闪光型(S)	发光常呈阵性，在机械扰动作用或某些物质刺激下，发光较醒目，它由大型发光动物产生，这种发光动物通常孤立地出现。当其成群出现时，这种发光更显著	0	无发光现象
		1	在视野内有几个发光体
		2	在视野内有十几个发光体
		3	在视野内有几十个发光体
		4	视野内有大量的发光体

3.4　海冰观测

海冰是海洋中一切冰的总称，它包括由海水冻结而成的咸水冰以及由江河入海带来的淡水冰，也包括极地大陆冰川或山谷冰川崩裂滑落海中的冰山。

在北冰洋的中央和南极大陆的周围冰情最重，即使在夏季海水也是结冰的。其次是北冰洋的巴伦支海、拉普捷夫海、波弗特海、加拿大北极群岛海域，以及巴芬湾、拉布拉多半岛附近海域、哈得孙湾、圣劳伦斯湾等，冬季一到就会结冰。欧洲的波罗的海、波的尼亚湾、芬兰湾、太平洋边缘的白令海、鄂霍次克海，沿岸和近海也出现大量海冰。

我国渤海和黄海的北部，因所处的地理纬度较高，每年冬季都有不同程度的结冰现象出现。对于无特大寒潮侵袭的年份，冰情并不十分严重，对海事活动的威胁也不大。但如果遇到特别寒冷的年份，尤其是寒潮入侵持续时间较长，在持续低温的作用下，北方沿海也会发生严重结冰，不但使航道封冰，交通中断，海上作业停顿，甚至能把船舶冻结在海上。所以，为预防海冰这一海洋灾害，海冰观测的作用是为冰情作预报，为北方海港的海上工程、海事活动等方面提供重要的冰情资料，以便采取有效的对策，防患于未然。

3.4.1　海冰

1. 海冰的形成

海冰形成的必要条件是海水温度降至冰点并继续失热、相对冰点稍有过冷却现象并有凝结核存在。

海水最大密度温度随盐度的增大而降低的速率比其冰点随盐度增大而降低的速率快，当盐度低于 24.695 时，结冰情况与淡水相同；当盐度高于 24.695 时（海水盐度通常如此），海水冰点高于最大密度温度。即使海面降至冰点，但由于增密所引起的对流混合仍不停止，只有当对流混合层的温度同时到达冰点时，海水才会开始结冰。所以，海水结冰可以从海面至对流可达深度内同时开始。海冰一旦形成，便会浮上海面，形成很厚的冰层。

2. 海冰的分类

（1）按结冰过程的发展阶段分类

初生冰：最初形成的海冰，都是针状或薄片状的细小冰晶；大量冰晶凝结，聚集形成黏糊状或海绵状冰，在温度接近冰点的海面上降雪，可不融化而直接形成黏糊状冰。在波动的海面上，结冰过程比较缓慢，但形成的冰比较坚韧，冻结成所谓的莲叶冰。

尼罗冰：初生冰继续增长，冻结成厚度约 10cm 有弹性的薄冰层，在外力的作用下，易弯曲，易被折碎成长方形冰块。

饼状冰：破碎的薄冰片，在外力的作用下互相碰撞、挤压，边缘上升，形成直径为30cm 至 3m，厚度为 10cm 左右的圆形冰盘。在平静的海面上，也可由初生冰直接形成。

初期冰：由尼罗冰或冰饼直接冻结一起而形成厚 10cm~30cm 的冰层，多呈灰白色。

一年冰：由初期冰发展而成的厚冰，厚度为 30cm 至 3m。时间不超过一个冬季。

老年冰：至少经过一个夏季而未融化的冰。其特征是，表面比一年冰平滑。

（2）按海冰的运动状态分类

固定冰是指与海岸、岛屿或海底冻结在一起的冰。当潮位发生变化时，能随之发生升降运动。其宽度可从海岸向外延伸数米甚至数百千米。海面以上高于 2m 的固定冰称为冰架；而附在海岸上狭窄的固定冰带，不能随潮汐升降，是固定冰流走的残留部分，称为冰脚。搁浅冰也是固定冰的一种。

流冰（浮冰）是指自由浮在海面上，能随风流漂移的冰。它可由大小不一、厚度各异的冰块形成，但由大陆冰川或冰架断裂后滑入海洋且高出海面 5m 以上的巨大冰体——冰山，不在其列。

3. 海冰的分布

海冰和冰山是高纬度海区特有的海洋水文现象。固态海冰主要集中在南极洲和北冰洋等高纬度地区。

北冰洋终年被海冰覆盖，覆冰面积每年 3~4 月最大，约占北半球面积的 5%；8~9 月最小，约为最大覆冰面积的 3/4；多年冰的厚度一般为 3~4m。流冰主要绕洋盆边缘运动，其冰界线的平均位置约在 58°N。

南极大陆是世界上最大的天然冰库，全球 85% 的冰集中于此，周围海域终年被冰覆盖，暖季（3~4 月）覆冰面积为 $(2~4) \times 10^6 km^2$，寒季（9 月）达 $(18~20) \times 10^6 km^2$。南极大陆周围为固定冰架，一年冰的厚度多为 1~2m；在南太平洋和印度洋流冰界分别在 50°~55°S 和 45°~55°S，南大西洋则更偏北，在 43°~55°S。

我国渤海和黄海北部，每年冬季有不同程度的结冰，冰期约 3 个月，冰厚 20~40cm，大多数为海上浮冰，对航运和海洋资源开发影响不大，但在个别异常严寒的冬季（如 1936 年、1969 年），渤海出现大量海冰，封住了一些港口和航道。1969 年冬，浮冰使渤海一石油钻井平台倾翻。

3.4.2 海冰观测

1. 技术指标

（1）观测要素

海冰的观测要素包括主要观测要素和辅助观测要素：

①浮冰观测的要素为：冰量、密集度、冰型、表面特征、冰状、漂流方向和速度、冰厚及冰区边缘线。

②固定冰观测的要素为：冰型、冰厚和冰界。

③冰山观测的要素为：位置、大小、形状及漂流方向和速度。

④海冰的辅助观测要素为：海面能见度、气温、风速、风向及天气现象。辅助观测项目应符合《海洋调查规范 第 3 部分 海洋气象观测》（GB/T 1 2763.3—2007）的有关规定。

（2）观测要素的单位与准确度

海冰观测要素的单位和准确度详见表 3.15。

表 3.15　　　　　　　　　海冰观测要素的单位和准确度

观测要素	单位	准确度
海冰冰量、密集度	成	±1
漂流方向	(°)	±5
漂流速度	m/s	±0.1
冰厚	cm	±1

（3）观测时次

大面或断面测站，船到站即观测；连续测站，每两小时观测一次。

2. 观测方法

海冰通常在调查船或飞机上进行观测。船上观测海冰的位置，应尽可能选在高处。观测对象应以二倍于船长以外的海冰为主，以避免船只对海冰观测的影响。

1）浮冰观测

（1）冰量观测

浮冰的冰量观测按以下步骤和要求实施：

①浮冰量为浮冰覆盖整个能见海面的成数。用 0～10 和 10⁻，共 12 个数字和符号表示。记录时取整数。

②观测时环视整个海面。估计浮冰分布面积占整个能见海域面积的成数。海面无冰时，记录栏空白；浮冰分布面积占整个能见海域面积不足半成时，冰量记"0"；占半成以上，不足一成半时，冰量记"1"，依次类推。整个能见海面布满浮冰时，冰量记"10"，有缝隙时记"10⁻"。

③海面能见度小于或等于 1km 时，不进行冰量观测，记录栏记横杠"—"。

（2）密集度观测

浮冰的密集度观测按以下步骤和要求实施：

①密集度为浮冰覆盖面积与浮冰分布面积的比值。密集度观测和记录方法与冰量相同。海面无冰时，密集度栏空白；冰量为"0"时，密集度记"0"。

②当浮冰分布的海域内有超过其面积一成以上的完整无冰水域时，此水域不能算作浮冰分布海域。当海面上有两个或两个以上浮冰分布区域时，应分别进行观测，取平均值作为密集度。

（3）冰型观测

浮冰的冰型观测按以下步骤和要求实施：

①冰型是根据海冰的生成原因和发展过程而划分的海冰类型。观测时环视整个能见海面，根据表 3.16 判断其所属类型，并用符号记录。

②当海面上同时存在多种冰型时，按量多少依次记录；量相同时，按厚度大小的顺序记录。每次观测最多记录 5 种。

③当海冰距离观测点很远，无法判定冰型时，冰型栏记横杠"—"。

表 3.16　　　　　　　　　　　　　浮冰冰型表

浮冰冰型	符号	特　征
初生冰 （new ice）	N	海水直接冻结或雪降至低温海面未被融化而成。多呈针状、薄层状、油脂状或海绵状。它比较松散，且只当它聚集漂浮在海面上时才具有一定的形状。有初生冰存在时，海面反光微弱，无光泽，遇风不起波纹
冰皮 （ice rind）	R	由初生冰冻结或在平静海面上直接冻结而成的冰壳层。表面光滑、湿润而有光泽，厚度为 5cm 左右，能随风起伏，易被风浪折碎
尼罗冰 （nilas）	Ni	厚度小于 10cm 的有弹性的薄冰壳层。表面无光泽，在波浪和外力作用下易于弯曲和破碎，并能产生"指状"重叠现象
莲叶冰 （pancake ice）	P	直径 30～300cm、厚度 10cm 以内的圆形冰块。由于彼此互相碰撞而具有隆起的边缘。它可由初生冰冻结而成，也可由冰皮或尼罗冰破碎而成

续表

浮冰冰型	符号	特 征
灰冰 （grey ice）	G	厚度为 10~15cm 的冰盖层，由尼罗冰发展而成。表面平坦湿润，多呈灰色，比尼罗冰的弹性小，易被涌浪折断，受到挤压时多发生重叠
灰白冰 （grey-white ice）	Gw	厚度为 15~30cm 的冰层，由灰白冰发展而成。表面比较粗糙，呈灰白色，受到挤压时大多形成冰脊
白冰 （white ice）	W	厚度为 30~70cm 的冰层，由灰白冰发展而成。表面粗糙，多呈白色

（4）冰表面特征观测

浮冰的冰表面特征按以下步骤和要求实施：

①冰表面特征是指浮冰在动力或热力作用下所呈现的外貌。观测时环视整个能见海面，按表 3.17 判断其所属种类，用符号记录。

②当同时存在两种或两种以上冰表面特征时，按其数量多少依次记录；量相同时，按表 3.18 所列顺序记录。每次观测最多记三种。

表 3.17   **浮冰观测记录表**

调查海区   断面号   观测日期

调查船   航次号   年 月 日至   年 月 日

站号	站位						观测时间		海面能见度（km）	气温（℃）	风速（m/s）	风向（°）	天气现象	冰量 1/10	密集度 1/10	冰型	表面特征	冰状	冰厚
	纬度 N/S			经度 E/W			时	分											
	(°)	(′)	(″)	(°)	(′)	(″)													

漂流速度和方向						冰区边缘线特点							
起点		终点		移动距离（m）	时间间隔（s）	速度（m/s）	方向（°）	1		2		3		4	
方向（°）	距离（m）	方向（°）	距离（m）					方向（°）	距离（m）	方向（°）	距离（m）	方向（°）	距离（m）	方向（°）	距离（m）

备注

表 3.18　　　　　　　　　　　　　　　　**浮冰表面特征分类表**

冰面种类	符号	特　　征
平整冰 （level ice）	I	未受变形作用影响的海冰。冰面平整或冰块边缘仅有少量冰瘤及其他挤压冻结的痕迹
重叠冰 （rafted ice）	Ra	在动力作用下，一层冰叠到另一层冰上形成，有时甚至三四层冰相互重叠而成，但其重叠面的倾斜角不大，冰面仍较平坦
冰脊 （ridge）	Ri	碎冰在挤压作用下形成的一排具有一定长度的山脊状的堆积冰
冰丘 （hummock ice）	H	在动力作用下，冰块杂乱无章地堆积在一起所形成山丘状的堆积冰
覆雪冰 （snow-covered）	S	表面有积雪的冰

（5）冰状观测

①冰状是浮冰冰块最大水平尺度的表征。观测时环视整个能见海面，按表 3.19 判定其所属冰状，以符号记录。

②当几种冰状同时存在时，按其数量多少依次记录。数量相同时，按表 3.19 所列顺序记录。每次观测最多记三种。

表 3.19　　　　　　　　　　　　　　　　**浮冰冰状表**

冰状类别	符号	水平尺度（m）
巨冰盘 （giant floe）	Gf	$L \geqslant 2000$
大冰盘 （big floe）	Bf	$500 \leqslant L < 2000$
中冰盘 （medium floe）	Mf	$100 \leqslant L < 500$
小冰盘 （small floe）	Sf	$20 \leqslant L < 100$
冰块 （ice cake）	Ic	$2 \leqslant L < 20$
碎冰 （brash ice）	Bi	$L < 2$

漂流方向和速度的观测需按以下步骤和要求实施：

①漂流方向指浮冰漂流的去向，以度（°）表示；漂流速度为单位时间内浮冰移动的距离，以 m/s 为单位，取一位小数。

②观测漂流方向和速度应在锚碇船上利用雷达或罗经和测距仪进行。

观测时，首先在雷达荧光屏或海面上两倍于船长距离以外选择具有明显特征的浮冰块，测定其方向和至船的距离(起点位置)，同时启动秒表记时。当所测冰块移动距离超过原离船距离的二分之一或其方向改变20°时，读取时间间隔，同时测定其方向和距离(终点位置)。

然后，根据起点位置和终点位置的方向和距离，用矢量法计算或用计算圆盘求得浮冰的漂流方向和移动距离。再用移动距离除以间隔时间，即得漂流速度。

③无仪器时，可根据浮冰块的移动特征，按表3.20估测漂流速度(V)，以等级记录。

④面无浮冰或仅有初生冰时，流向、流速栏空白；漂流速度小于0.05m/s时，流向记"C"，流速记"o"；海面有浮冰，但无法观测漂流速度和方向时，应在备注栏说明。

表3.20　　　　　　　　　　　　浮冰漂流速度的目测估计

冰块移动特征	相当速度/(m/s)	速度等级
很慢	$V<0.3$	1
明显	$0.3 \leqslant V<0.5$	2
快	$0.5 \leqslant V<1.0$	3
很快	$V \geqslant 1.0$	4

(6)冰厚观测

冰厚为从冰面至冰底的垂直距离，单位为厘米(cm)，记录时只取整数。

观测时可用绞车或网具捞取冰块(最好取三个以上)，分别测量冰块厚度。最后取其平均值作为冰厚观测值。或选择有代表性的冰块，用冰钻钻孔，用冰尺测量其厚度。

(7)冰区边缘线观测

冰区边缘线指海冰分布区域的廓线，也即冰水分界线。当冰区与开阔水域存在明显分界线时进行此项观测。观测时环视整个能见海域，在冰水分界线上选定几个特征点(一般不少于三个，远离冰区的少量冰块不能选作特征点)，用雷达或罗经和测距仪测出各点相对测站的方向和距离。将各特征点标注在调查研究海区空白图上，用圆滑的曲线连接各特征点，即为冰区边缘线。观测不到冰区边缘线时，应在备注栏说明。

(8)浮冰观测结果的记录

浮冰各观测项目的观测结果，记入浮冰观测记录表中。记录表格式见表3.17。

2)固定冰观测

(1)冰型观测

固定冰冰型的观测按以下步骤和要求实施：

①固定冰冰型是依冰的生成和形态等划分的固定冰类型。观测时环视整个能见海面，按表3.21判定其所属类型，用符号记录。

②当海面上同时存在多种冰型时，按表3.22的顺序记录。

③当海冰距离观测点很远，无法判定冰型时，在冰型栏记横杠"—"。

表 3.21 固定冰冰型表

固定冰冰型	序号	特　征
冰川舌 （glacier tongue）	Gf	陆地冰川向一边的舌状伸展，在南极，冰川可以向海延伸数十公里以上
冰架 （ice shelf）	Ls	与海岸相连的、高出海面 2m~50m 或更高的漂浮或搁浅的冰原。其表面平滑或略起伏，向海一边比较陡峭
沿岸冰 （coastal ice）	Ci	沿着海岸、浅滩或冰架形成，并与其牢固地冻结在一起的海冰。沿岸冰可以随海面的升降作垂直运动
冰脚 （ice foot）	If	固着在海岸上的狭窄沿岸冰带，是沿岸冰流走后的残留部分，它不随潮汐变化而升降
搁浅冰 （stranded ice）	Si	退潮时留在潮间带或在浅水中搁浅的海冰

（2）冰厚观测

冰厚观测通常用冰钻和冰尺进行。

测点选好后，用冰钻钻孔。钻孔过程中，冰钻应保持垂直状况，直至钻透为止，然后将冰尺插入冰孔测量其厚度。

（3）冰界观测

固定冰冰界为固定冰和浮冰或固定冰和无冰水域的分界。观测方法与浮冰冰区边缘线的观测方法相同。

（4）固定冰观测结果的记录

固定冰各观测项目的观测结果记入固定冰观测记录表中。记录表格式见表 3.22。

表 3.22 固定冰观测记录表

调查海区　　　　　　断面号　　　　　　观测日期

调查船　　　　　　航次号　　　　　　年　月　日至　年　月　日

站号	站位						观测时间		海面能见度(km)	气温(℃)	风速(m/s)	风向(°)	天气现象	冰型	冰厚(cm)	冰界特征点							
	纬度 N/S			经度 E/W												1		2		3		4	
	(°)	(′)	(″)	(°)	(′)	(″)	时	分								方向(°)	距离 m	方向(°)	距离 m	方向(°)	距离 m	方向(°)	距离 m
备注																							

观测者_____　　　计算者_____　　　校对者_____

3)冰山观测

(1)冰山位置观测

用雷达或 GPS 观测确定出冰山实际位置。

(2)冰山大小的观测

根据冰山露出水面部分的高度和水平尺度,将其分为 4 级(表 3.23)。观测时以高度为主,按表 3.23 确定其等级,并以符号记录。

表 3.23　　　　　　　　　　　　　冰山等级表

等级	名称	符号	高度(m)	水平尺度(m)
1	小冰山		5~15	15~60
2	中冰山		16~45	61~122
3	大冰山		46~75	123~213
4	巨冰山		>75	>213

(3)冰山形状观测

冰山形状分平顶(桌状)、圆顶、尖顶和斜顶 4 种。观测时按表 3.24 目视判定,以符号记录。

表 3.24　　　　　　　　　　　　　冰山形状分类表

冰山形状	符号
平顶(桌状)冰山	
圆顶冰山	
尖顶冰山	
斜顶冰山	

(4)冰山漂流方向和速度观测

观测与记录方法与浮冰相同。

(5)冰山观测结果的记录

冰山观测项目的观测结果,记入冰山观测记录表。记录表格式见表 3.25。

表 3.25 　　　　　　　　　　　　　　　冰山观测记录表

调查海区 _____　　断面号 _____　　观测日期 _____

调查船 _____　　　航次号 _____　　　年 月 日至 　年 月 日

船位						观测时间		冰山位置						冰山高度(m)	冰山形状	漂流方向和速度							
纬度 N/S			经度 E/W					方向	距离	纬度		经度				起点		终点		移动距离(m)	时间间隔(s)	方向(°)	速度(m/s)
																方向(°)	距离(m)	方向(°)	距离(m)				
(°)	(′)	(″)	(°)	(′)	(″)	时	分	(°)	(m)	(°)	(′)	(°)	(′)										
备注																							

观测者 _____　　　计算者 _____　　　校对者 _____

3. 资料处理

资料处理按以下要求进行:

①根据海冰观测记录,在观测海区空白图上绘制冰情图。冰情图的内容包括:冰区边缘线、冰区内各测点的观测结果及航线附近冰山的分布和漂流情况。

②如视野范围内全部被海冰覆盖,不需绘冰区边缘线,只绘最大视程线。

第4章　海水化学性质测量

海洋是地球水圈的主体，是全球水循环的主要起点和归宿，也是各大陆外流区的岩石风化产物最终的聚集场所。海水的历史可追溯到地壳形成的初期，在漫长的岁月里，由于地壳变动和广泛的生物活动，改变着海水的某些化学成分。海水化学要素调查是为了查清海水化学要素在海洋中的时间分布和变化规律，为海洋资源开发、海洋环境保护、海洋水文预报和有关科学研究提供依据和基本资料。

4.1　海水的化学性质

海水是一种成分复杂的混合溶液。它所包含的物质可分为三类：①溶解物质，包括各种盐类、有机化合物和溶解性气体；②气泡；③固体物质，包括有机固体、无机固体和胶体颗粒。海洋总体积中，有96%~97%是水，3%~4%是溶解于水中的各种化学元素和其他物质。

目前海水中已发现80多种化学元素，但其含量差别很大。主要化学元素是氯、钠、镁、硫、钙、钾、溴、碳、锶、硼、硅、氟等12种，见表4.1，含量约占全部海水化学元素总量的99.8%~99.9%，因此，这一类元素被称为海水的大量元素。其他元素在海洋中含量极少，都在1mg/L以下，这一类元素被称为海水的微量元素。海水化学元素的最大特点之一，是上述12种主要离子的浓度比例几乎不变，因此称为海水组成的恒定性。它对于计算海水盐度具有重要意义。溶解在海水中的元素绝大部分是以离子形式存在的。海水中主要的盐类含量差别很大。由表4.2可知，氯化物含量最高，占88.6%，其次是硫酸盐，占10.8%。

表4.1　　　　　　　　　　　海水中所含常量元素表

元素名称	元素浓度（g/t）	元素总量（t）
氯	19000	26×10^{15}
钠	10000	14×10^{15}
镁	1290	1.8×10^{15}
硫	855	1.19×10^{15}
钙	400	0.55×10^{15}
钾	380	0.5×10^{15}

续表

元素名称	元素浓度(g/t)	元素总量(t)
溴	67	$0.095×10^{15}$
碳	28	$0.035×10^{15}$
锶	8	$11000×10^9$
硼	4.6	$6400×10^9$
硅	3	$4100×10^9$
氟	1.3	$1780×10^9$

表 4.2　　　　　　　　　　海水中主要的盐分含量

盐类组成成分	每千克海水中的克数	百分比(%)
氯化钠	27.2	77.7
氯化镁	3.8	10.9
硫酸镁	1.7	4.9
硫酸钙	1.2	3.4
硫酸钾	0.9	2.5
碳酸钙	0.1	0.3
溴化镁及其他	0.1	0.3
总计	35.0	100.0

　　海水中盐分的来源，主要来自两个方面：一方面是河流从大陆带来。河流不断地将其所溶解的盐类输送到海洋里，其成分与海水不同(海水中以氯化物为最多，河水则以碳酸盐类占优势)，因为碳酸盐的溶解度小，流到海洋里以后很容易沉淀。相对地，海洋生物大量地吸收碳酸盐类形成骨胳、甲壳等，当这些生物死后，它们的外壳、骨胳等就沉积在海底，使得海水中的碳酸盐类大为减少。硫酸盐的收支近于平衡，而氯化物消耗最少。长年累月生物作用的结果，就使海水中的盐分与河水大不相同。另一方面海水中的氯和钠由岩浆活动中分离得来。这从海洋古地理研究和从古代岩盐的沉积，以及最古老的海洋生物遗体都可证实古海水也是咸的。总之，这两种来源是相辅相成的。

　　常规海洋化学要素有：pH、溶解氧及其饱和度、总碱度、活性硅酸盐、活性磷酸盐、亚硝酸盐、铵盐、氯化物、总磷、总氮、总有机碳(TOC)、溶解有机碳(DOC)。

　　目前已经发现的主要海洋污染物有：油类、化学需氧量(COD)、生化需氧量(BOD)、重金属(铜、铅、锌、铬、镉、汞、砷等)、六六六、DDT、多氯联苯、狄氏剂、挥发性酚、氰化物等。

4.1.1 海水的 pH 值

海水的 pH 值约为 8.1，其值变化很小。

(1)pH 标度

1909 年 Sorensen 首次提出了 pH 标度，定义为

$$pH_s = -\lg C_{H^+} \tag{4.1}$$

这里是使用 H^+ 的浓度标度的，在 1924 年离子活度概念提出后，他又提出一个用活度标度的定义：

$$pH_a = -\lg a C_{H^+} \tag{4.2}$$

这两种标度之间差一个常数。25℃时，$pH_a = pH_s + 0.027$。

(2)pH 实用标度

但是，实际上单独离子的活度无法测定，为得到一个确定的值，需要确定一个实用标准，即根据现有的 pH 标准液(pH_s)对比未知溶液的 pH。

$$pH = pH_s + \frac{(E - Es)F}{2.303RT} \tag{4.3}$$

这里的 pH_s 标准一般采用 $0.05mol/dm^3$ 苯二甲酸氢钾的水溶液在 25℃ 时 pH 值，即 4.00。

(3)影响海水 pH 值的因素

海水的 pH 值变化范围一般为 7.5~8.2，主要取决于二氧化碳的平衡。在温度、压力、盐度一定的情况下，海水的 pH 值主要取决于 H_2CO_3 各种离解形式的比值。反之，当海水 pH 值测定后也可以推算出碳酸盐各种形式的比值。海水缓冲能力最大的时候 pH 值应当等于 pK_1' 或 pK_2'(pK_1' 和 pK_2' 分别为碳酸的第一、第二级离解常数)。

当盐度和总 CO_2 一定时，由于 pK_1' 和 pK_2' 随温度、压力变化，所以海水的 pH 值也随之变化。计算出不同温度、压力下的 pK_1' 和 pK_2' 值，就可以计算出 pH 值。在实验室测定海水的 pH 值时，如果温度、压力与现场海水不同，则需要进行校正。

温度校正可用下式

$$pH_{t1}(现场) = pH_{t1}(测定) + 0.0113(t_2 - t_1) \tag{4.4}$$

由于深度改变引起的压力校正可以通过查表得到。

4.1.2 海水的总碱度

海水中存在着相当数量的碳酸根、碳酸氢根和硼酸根等弱酸阴离子，这些阴离子在海水中同相应的弱酸分子保持一定的电离平衡关系。它们之间的数量和比例影响着海水的 pH 值。海水呈碱性一方面是由于强碱阳离子(如碱金属和碱土金属离子)在数量上略为超过强酸阴离子(如 Cl^-，SO_4^{2-} 等)，另一方面是由于弱酸平衡的调节作用的缘故。海水的"碱度"是用来衡量海水中所含弱酸离子的多少，它和海水的 pH 值(酸度或称酸碱度)有直接的密切关系，但两者却是两个截然不同的概念。

1. 海水总碱度

体积为一升的海水中碳酸氢根、碳酸根和硼酸根等弱酸阴离子浓度的总和，在海洋学

上称为碱度(或总碱度)。通常以 Alk 表示,单位是毫摩尔/升。可用下式表示:

$$碱度(Alk) = c_{HCO_3^-} + 2c_{CO_3^{2-}} + c_{H_2BO_3^-} + (c_{OH^-} - c_{H^+}) + c_{剩} \tag{4.5}$$

由此可见,碱度即相当于中和一升海水所需要氢离子的毫摩尔数。

式(4.5)中最后一项为剩余碱度,指碳酸、硼酸以外的所有弱酸阴离子浓度的总和,在一般情况下,由于其含量较之其他项要低得多而忽略不计,这样:

$$Alk = c_{HCO_3^-} + 2c_{CO_3^{2-}} + c_{H_2BO_3^-} + (c_{OH^-} - c_{H^+}) \tag{4.6}$$

式(4.6)中,最后两项在 pH 值=5.5~8.5 的范围内也可忽略。如对温度为 10℃、pH 值为 8.3 的未受污染的海水,$c_{HCO_3^-}$、$c_{CO_3^{2-}}$ 和 $c_{H_2BO_3^-}$ 分别为 20×10^{-4}、2.0×10^{-4} 和 1.0×10^{-4} mol/L,而 $c_{OH^-} - c_{H^+}$ 仅为 2×10^{-6} mol/L。因此,这两项也可忽略,Alk 可表示为:

$$Alk = c_{HCO_3^-} + 2c_{CO_3^{2-}} + c_{H_2BO_3^-} \tag{4.7}$$

但在一些河口区,需考虑无机磷酸盐对碱度的影响,在一些缺氧海水中 $C_{剩}$ 除了要考虑磷酸根离子外,还需考虑 $SH^- + H_2S$ 和 $NH_4^+ + NH_3$ 的影响。Gaines 等在河口底层缺氧水(水深 12.5m,氯度为 12.37)中发现 H_2S 达到 4.5mmol/L,测得碱度高达 12.6mmol/L。

2. 碳酸碱度和硼酸碱度

式(4.7)中等式右侧前两项又称"碳酸碱度"CA,即

$$CA = c_{HCO_3^-} + 2c_{CO_3^{2-}} \tag{4.8}$$

它约占总碱度的 95%。

而式(4.7)中等式右侧第三项称"硼酸碱度",以 BA 表示,仅占总碱度的百分之几,如我国南海东北区计算结果表明,它仅占总碱度的 1.2%~5.3%。

此两项之外的称为"剩余碱度"。正常情况下很小,可忽略。但在河口区及受污染海区,有机酸及其他一些弱酸可能成为不可忽略的因素;在缺氧、无氧海水中 S^{2-} 及 HS^- 亦应考虑在内;深层水营养盐丰富,PO_4^{3-}、HPO_4^{2-}、$H_2PO_4^-$ 也可吸收质子(通常情况下不考虑);相比之下,水本身的 H^+ 和 OH^- 影响很小。

3. 海水总二氧化碳

$$\sum CO_2 = c_{CO_2} + c_{H_2CO_3} + c_{HCO_3^-} + c_{CO_3^{2-}}$$

$$= c_{CO_{2(T)}} + c_{HCO_3^-} + c_{CO_3^{2-}} \approx c_{HCO_3^-} + c_{CO_3^{2-}}$$

虽然与 CA 表示法相同,但一般情况下,$CA > \sum CO_2$。

通常测定 Alk、CA、$\sum CO_2$ 都是在 1atm 下进行的,对深层水则要考虑压力的影响。因为压力上升,体积下降;压力对碳酸的解离常数影响其解离平衡。

4. 碱氯比值

在外海海水中碱度与氯度的比例关系大致为一常数,通常用"碱度/盐度"(Alk/S)和"碱度/氯度"(Alk/Cl)表示,通常称"碱氯比值",或称"碱盐系数"和"碱氯系数",或称"比碱度"。

许多科学家研究了不同海区、不同深度的碱氯比值,认为:在表层水中由于一部分碳酸钙为某些钙质介壳的生物所摄用,加之当海水受热蒸发时其中含有适当的沉淀核心,可能生成碳酸钙沉淀,因此在表层水中碱氯比值较低。在表下层中,尤其在海底附近,生物

化学的氧化作用产生的二氧化碳有利于碳酸钙的溶解，使得深层水中碱氯比值增大，而在底层水中达最大值。在高纬度海区，海水中不含或仅含有少量钙质介壳生物，并且由于垂直混合的作用，碱氯比值的分布较为均匀，大西洋、印度洋和太平洋的碱氯比值的变化范围在 0.119~0.130。

在大洋水中不同水团，碱度系数也有一定差异，因此它又是划分水团的良好化学标志。在滨海河口区，由于河水的碱氯系数较海水高得多，因此它也是滨海河口区水系混合的良好化学标志之一。在海水、河水、海冰的融化水及沉积物底质水中，由于氢离子和碳酸根离子的数量关系不同，我们可以利用有关碱度资料去研究海区水系的来源。此外，我们还可以利用碱度资料以及水温、盐度及 pH 值，直接对海水的总二氧化碳与碳酸根分量进行理论计算，从而避免实际测定的麻烦，并且可以得到关于不同水层及在海区中碳酸平衡体系较清楚的概念。

4.1.3　海水的主要溶解成分

海水中含量大于 1mg/kg 的 11 种化学成分主要包括：①Na^+、Mg^{2+}、Ca^{2+}、K^+ 和 Sr^{2+} 等 5 种阳离子；②Cl^-、SO_4^{2-}、HCO_3^-（HCO_3^- 包括 HCO_3^{2-}）、Br^- 和 F^- 等 5 种阴离子；③硼酸分子。这些成分的总量占海水中所有溶解成分的 99.9% 以上。被河川搬运入海的岩石风化产物和火山等的喷发物，是海水主要溶解成分的主要来源。

自从地球表面出现了海洋，在漫长的地质年代中，不但经历了海陆变迁，而且海水中的溶解成分曾有过组成的演变。尽管各大洋海水的含盐量随海域和深度而异，但海水主要溶解成分的含量间有恒定的比例，因此称海水的组成是恒定的，并称这些成分是保守成分。

19 世纪以来，人们对海水的主要溶解成分进行了许多研究工作。1819 年，A. M. 马赛特分析了取自大西洋、北冰洋、波罗的海、黑海和黄海的 14 个水样，发现虽然 Mg^{2+}、Ca^{2+}、Na^+、Cl^-、SO_4^{2-} 等 5 种成分在不同水样中的含量都各不相同，但它们在每一份水样中的比值是近似守恒的，即这些溶解成分的组成有近似的恒比关系。

1884 年，W. 迪特马尔分析了英国"挑战者"号调查船从主要大洋和海区的不同深度采集的 77 个海水样品，根据（Cl^-+Br^-）、SO_4^{2-}、CO_2、Ca^{2+}、Mg^{2+}、K^+ 和 Na^+ 等 7 种成分的含量，证实了海水主要溶解成分的恒比关系。20 世纪 60 年代中期，为深入研究海水中主要溶解成分的含量及其保守性，英国国立海洋研究所和利物浦大学通过海洋调查，收集了世界各大洋及某些海区不同深度的海水样品，分别测定表层水、中层水和深层水中主要溶解成分的含量，讨论了某些成分变化的情况。1975 年，T. R. S. 威尔逊对海水的主要溶解成分进行了全面的总结。

海水主要溶解成分之间，之所以具有恒比关系这一特点，是因为海水中的含盐量相对稳定，加上海水的不停运动，各成分能充分混合。但由于生物作用、海底热泉和大陆径流等的影响，局部海区的某些主要溶解成分的含量并不严格遵守恒比关系。例如，深层海水中 Ca^{2+} 相对含量大约比表层水高 5‰。因此，不同的主要溶解成分的保守性（相对含量的守恒性）略有差异。要研究溶解成分的保守性，考虑的不是它的浓度大小，而应考虑其相对含量，即浓度与含盐量之比。由于通常以氯度或盐度表示含盐量的大小，故引用浓度

(克/千克)与氯度或盐度之比为参量,称为氯度比值或盐度比值。直接用氯度比值或盐度比值的恒定性和变化范围来说明海水中溶解成分的保守性。

4.1.4　海水中的溶解氧

海水中的溶解氧和海中动植物生长有密切关系,它的分布特征又是海水运动的一个重要的间接标志。因此,溶解氧的含量及其分布变化与温度、盐度和密度一样,是海洋水文特征之一。

海水中溶解氧的一个主要来源是当海水中氧未达到饱和时,通过大气从大气溶入的氧;另一来源是海水中植物通过光合作用所释放出的氧。这两种来源仅限于在距海面 $100 \sim 200m$ 厚的真光层中进行。在一般情况下,表层海水中的含氧量趋向于与大气中的氧达到平衡,而氧在海水中的溶解度又取决于温度、盐度和压力。当海水的温度升高,盐度增加和压力减小时,溶解度减小,含氧量也就减小。

海水中溶解氧的含量变动较大,一般为 $0 \sim 10mL/dm^3$。海水中溶解氧的垂直分布并不均匀,在表层和近表层含氧量最丰富,通常接近或达到饱和;在光合作用强烈的海区,近表层会出现高达 125% 的过饱和状态。在外海中,最小含氧量一般出现在海洋的中层,这是因为:一方面,生物的呼吸及海水中无机和有机物的分解氧化作用消耗了部分氧,另一方面海流补充的氧也不多,从而导致中层含氧量最小。深层温度低,由于氧化强度减弱以及海水的补充,含氧量有所增加。

波浪能将气泡带入海洋表层和近表层,并进行气体直接交换,此外海水中溶解氧还会参与生物过程,例如生物的呼吸作用、微生物氧化要消耗氧,而生物同化作用又释放氧,因此,溶解氧被认为是水体的非保守组分,并且成为迄今最常测定的组分(除温度和盐度外)。

研究海洋中含氧量在时间和空间上的分布,不仅可以用来研究大洋各个深度上生物生存的条件,而且还可以用来了解海洋环流情况。在许多情况下,含氧量的特征是从表面下沉的海水的“年龄”的鲜明标志,由此还可能确定各个深度上的海水与表层水之间的关系。

4.1.5　海水中的微量元素

海水中除了 13 种主要元素(O、H、Cl、Ca、Mg、S、K、Br、C、Sr、B、Si、F)的浓度大于 $1 \times 10^{-6}mg/kg$ 外,其余所有元素的浓度均低于此值,因此可以把这些元素称为“微量元素”。当然,这仅是对海水的组分而言,与通常意义的“微量元素”不同。例如,Fe 和 Al 在地壳中的含量很高,而在海水中含量很低,它们是海水中的微量元素。

过去对于海水中的微量元素研究得不多,因为它们和环境污染有重要关系,现在研究日益广泛,例如 IDOE 计划调查污染本底值和污染物迁移等。海水中的微量元素的循环和平衡过程是极为复杂的。其来源主要有河流的输入、大气沉降、海底热泉等,它在海水中涉及的平衡有络合、螯台、氧化还原平衡、生物吸收、颗粒物的吸附与解吸等。微量元素循环为海洋化学研究提供了研究的新内容。

4.1.6　海水中的营养盐

海水中的营养盐指海水中一些含量较微的磷酸盐、硝酸盐、亚硝酸盐、铵盐和硅酸盐。严格地说，海水中许多主要成分和微量金属也是营养成分，但从传统意义讲，在海洋化学中只把氮、磷、硅元素的这些盐类视为海水营养盐。因为它们是海洋浮游生物生长繁殖所必需的成分，也是海洋初级生产力和食物链的基础。反过来说，营养盐在海水中的含量分布，明显地受海洋生物活动的影响，而且这种分布，通常和海水的盐度关系不大。

海水营养盐的来源，主要是大陆径流带来的岩石风化物质、有机物腐解的产物及排入河川中的废弃物。此外，海洋生物的腐解、海中风化、极区冰川作用、火山及海底热泉，甚至大气中的灰尘，也都为海水提供了营养元素。

大洋之中，海水营养盐的含量分布包括垂直分布和区域分布两方面。在海洋的真光层内，有浮游植物生长和繁殖，它们不断地吸收营养盐；另外，它们在代谢过程中的排泄物和生物残骸，经过细菌的分解，又把一些营养盐再生而溶入海水中；那些沉降到真光层之下的尸体和排泄物，在中层或深层水中被分解后再生的营养盐，也可被上升流或对流带回到真光层之中，如此循环不已。总的说来，根据营养盐的垂直分布特点，可把大洋水体分成4层：①表层，营养盐含量低，分布比较均匀；②次层，营养盐含量随深度而迅速增加；③次深层，深500m～1500m，营养盐含量出现最大值；④深层，厚度虽然很大，但是磷酸盐和硝酸盐的含量变化很小，硅酸盐含量随深度而略为增加。就区域分布而言，由于海流的搬运和生物的活动，加上各海域的特点，海水营养盐在不同海域中有不同的分布特点。例如，由于大西洋和太平洋间的深水环流，营养盐由大西洋深处向太平洋深处富集；南极海域的浮游植物在生长繁殖过程中，大量消耗营养盐，但因为来源充足，海水中仍然有相当丰富的营养盐。近海区由于夏季浮游植物繁殖和生长旺盛，表层水中的营养盐消耗殆尽；冬季浮游植物生长繁殖衰退，而且海水的垂直混合加剧，使沉积于海底的有机物分解而生成的营养盐得以随上升流向表层补充，使表层的营养盐含量增高。

近岸的浅海和河口区与大洋不同，海水营养盐的含量分布不但受浮游植物的生长消亡和季节变化的影响，而且和大陆径流的变化、温度跃层的消长等水文状况，有很大的关系。

海水营养盐含量的分布和变化，除有以上一般性规律之外，还因营养盐的种类不同而异。下面分别叙述海水中硅、磷和氮的存在形态、再生、循环及分布变化的特点。

（1）硅

海水中的硅以悬浮颗粒态和溶解态存在。前者包括硅藻等壳体碎屑和含硅矿物颗粒，后者主要以单体硅酸 $Si(OH)_4$ 的形式存在，故以 SiO_2 表示海水中硅酸盐的含量。硅的再生过程与磷和氮不同，它不依赖于细菌的分解作用，但若这些碎屑经过海洋生物摄取后消化而排泄出来，溶解速度会较快。在大洋的表层水中，因有硅藻等生长繁殖，使硅的含量大为降低，以 SiO_2 计，有时可低于0.02微摩/升；南极和印度洋深层水中 SiO_2 的含量都约为4.3微摩/升。西北太平洋深层水中 SiO_2 的含量则高达6.1微摩/升。总的说来，硅酸盐的含量随深度加深而增大，并无明显的最大值。但在深海盆地和海沟水域中，硅酸盐的含量的垂直分布往往出现最大值，此最大值可能出现在颗粒硅被溶解的主要水层之中。

（2）磷

海水中的磷以颗粒态和溶解态存在。前者主要为含有机磷和无机磷的生物体碎屑，以及某些磷酸盐矿物颗粒；后者包括有机磷和无机磷两种溶解态，溶解态的无机磷是正磷酸盐，主要以 HPO_4^{2-} 和 PO_4^{3-} 的离子形式存在。在磷的再生和循环过程中，生物体碎屑和排泄物中的无机磷，经过化学分解和水的溶解，生成的磷酸盐能够迅速返回上部水层，但一般的有机磷必须经过细菌的分解和氧化作用，才能变成无机磷而进入循环。细菌的活动，对沉积物中难溶的磷酸盐的再生，也起着很重要的作用。

（3）氮

海洋中生物碎屑和排泄物的含氮物质中，有些成分经过溶解和细菌的硝化作用，逐步产生可溶的有机氮、铵盐、亚硝酸盐和硝酸盐等。同时，硝酸盐可被细菌作用而还原为亚硝酸盐，它可进一步转化成铵盐，也可通过脱氮作用被还原成 N_2O 或 N_2。在氮的循环中，生物过程起主导作用。此外，光化学作用能使一些硝酸盐还原或使铵盐氧化。溶解在海水中的无机氮，除 N_2 外，主要以 NH_4^+、NO_2^- 和 NO_3^- 等离子形式存在。

铵盐在真光层中为植物所利用，但在深层中则受细菌作用，硝化而生成亚硝酸盐以至硝酸盐。因此，在大洋的真光层以下的海水中，铵盐和亚硝酸盐的含量通常甚微，而且后者的含量低于前者，它们的最大值常出现在温度跃层内或其上方水层之中。硝酸盐含量一般高于其他无机氮，它在上层水中的含量比深层水中低。在温带浅海水域中，铵盐的含量在冬末很低；春季逐渐增加，有时成为海水中无机氮的主要存在形式；入秋之后，含量降低。故在秋冬两季，硝酸盐成为温带浅海中无机氮的主要溶存形式。此外，在还原性的条件下，铵盐常为无机氮在海水中的主要溶存形式。

在营养盐的再生和循环过程中，常伴随着氧的消耗和产生的过程。研究海水中溶解氧和营养盐的含量及其分布变化的关系，可估算上层水域的初级生产力或阐明深水层水团混合运动的状况。

4.2　海水化学性质的测量

4.2.1　海水样品采集与储存

1. 采水器材质的要求

根据各调查要素分析所需水样量和对采水器材质的要求，选择合适容积和材质的采水器，并洗净。

2. 分装水样

水样采上船甲板后，先填好水样登记表，见表 4.3，并核对瓶号。然后，立即按以下分样顺序分装水样：溶解氧、pH 值、总碱度与氯化物、五项营养盐、总磷与总氮。

3. 部分样品的分装与储存方法

1）溶解氧

（1）碘量滴定法

水样瓶是容积约为 $120.0cm^3$（事先测定容积准确至 $0.1cm^3$）的棕色磨口硬质玻璃瓶，瓶塞应为斜平底。

装取方法与储存：首先，将乳胶管的一端接上玻璃管，另一端套在采水器的出水口，放出少量水样洗涤水样瓶两次。然后，将玻璃管插到水样瓶底部，慢慢注入水样，并使玻璃管口始终处于水面下，待水样装满并溢出水样瓶体积的 1/2 时，将玻璃管慢慢抽出，瓶

表 4.3 水样登记表

编号_____ 第_____页 共_____页

调查项目名称_____ 代码_____

船次_____ 调查海区_____ 海况说明_____

调查船_____ 采样日期_____年_____月_____日至_____年_____月_____日

序号	站号	经度	纬度	采样时间	站位水深（m）	采样深度（m）	水温	水样瓶号					
								溶解氧	pH	营养盐			
1													
2													
3													
4													
5													
6													
7													
8													
9													
10													
11													
12													
13													
14													
15													
16													
17													
18													
19													
20													
21													
22													

记录者_____ 校对者_____

内不可有气泡。每一水样装取 2 瓶。立即用自动加液器(管尖在紧靠液面下)依次注入 1.0cm³氯化锰溶液和 1.0cm³碱性碘化钾溶液,应注意此加液管外壁不可沾有碘试剂。加液后立刻塞紧瓶盖并用手压住瓶塞和瓶底,将水样瓶缓慢地上下翻转 20 次。将水样瓶浸泡于水中,有效保存时间为 24.0h(对于受有机物污染严重的水样,则应立即滴定)。

(2)分光光度法

将乳胶管的一端接上玻璃管,另一端套在采水器的出口,放出少量水样荡洗水样瓶(水样瓶为 60.0cm³棕色磨口玻璃瓶)两次。将玻璃管插到水样瓶底部,慢慢注入水样,待水样装满并溢出约为瓶子体积的 1/2 时,将玻璃管慢慢抽出,立即用自动加液器(注入口埋入液面下)依次注入 0.5cm³氯化锰溶液和 0.5cm³碱性碘化钠/叠氮化钠溶液。塞紧瓶塞,将瓶子缓慢上下颠倒 20 次,将水样瓶浸泡于水中,有效保存时间为 24.0h。

2)pH

①水样瓶为容积约 50.0cm³具有双层盖的广口聚乙烯瓶。

②装取方法与储存:用少量水样洗涤样品瓶两次,慢慢地将瓶子注满水样,立即旋紧瓶盖,存于阴暗处,放置时间不得超过 2.0h。对于不能在 2.0h 内测定的水样,应加入 1 滴氯化汞溶液固定,旋紧瓶盖,混合均匀。有效保存时间为 24.0h。

3)总碱度与氯化物

①水样瓶为容积约 250.0cm³具塞、平底硬质玻璃瓶,或 200.0cm³具有螺旋盖的广口聚乙烯瓶。使用前应用体积分数 1%的盐酸浸泡 7.0d,然后用蒸馏水彻底洗净,晾干。

②装取方法与储存:用少量水样洗涤样品瓶两次,然后,装取水样约 100.0cm³(若欲测定氯化物,则应装取 200.0cm³水样),立即盖紧瓶塞。有效保存时间为 3.0d。

4)五项营养盐

①硅酸盐、磷酸盐、硝酸盐、亚硝酸盐和铵盐水样合并装于同一个水样瓶中(铵的靛酚蓝测定法,样品单独分装于 200.0cm³的具有两层盖的高密度聚乙烯瓶中,无须过滤处理)。

②水样瓶为容积约 500.0cm³具有双层盖的高密度聚乙烯瓶。初次使用前,应用体积分数为 1%的盐酸浸泡 7.0d,然后洗涤干净,备用。

③滤膜:海水过滤滤膜为孔径 0.45μm 的混合纤维素酯微孔滤膜。使用前应用体积分数为 1%的盐酸浸泡 12.0h,然后用蒸馏水洗至中性,浸泡于蒸馏水中,备用。每批滤膜经处理后,应对各要素作膜空白试验,确认滤膜符合要求后,空白值应低于各要素的检测下限方可使用。若任一要素的膜空白超过其检测下限时,应更换新批号滤膜。

④装取方法与储存:用少量水样荡洗水样瓶两次,然后,装取约 500.0cm³水样。立即用处理过的滤膜过滤于另一个 500.0cm³水样瓶中。若需保存,应加入占水样体积千分之二的三氯甲烷(警告:剧毒,小心操作!)盖好瓶塞,剧烈振摇 1.0min,放在冰箱或冰桶内于 4℃~6℃低温保存,有效保存时间为 24.0h。未经三氯甲烷固定和冷藏的水样,应在采样后 2.0h 内测定。

5)总磷、总氮

取 500.0cm³海水水样于聚乙烯瓶中,加入 1.0cm³体积分数为 50%的硫酸溶液,混匀,旋紧瓶盖储存,有效保存时间为一个月。

50%硫酸溶液的配制：在水浴冷却和不断搅拌下，将 $250.0cm^3$ 浓硫酸（H_2SO_4，$\rho = 1.84g/cm^3$）缓慢加入 $250.0cm^3$ 蒸馏水中配制。

4.2.2 溶解氧测定

1）技术指标

测定范围：$5.3\mu mol/dm^3 \sim 1.0\times10^3 \mu mol/dm^3$。

检测下限：$5.3\mu mol/dm^3$。

精密度：含量低于 $160.0\mu mol/dm^3$ 时，标准偏差为 $\pm2.8\mu mol/dm^3$；含量大于或等于 $550.0\mu mol/dm^3$ 时，标准偏差为 $\pm4.0\mu mol/dm^3$。

2）方法原理

当水样中加入氯化锰和碱性碘化钾试剂后，生成的氢氧化锰被水中溶解氧氧化生成 $MnO(OH)_2$ 褐色沉淀。加硫酸酸化后，沉淀溶解。再用硫代硫酸钠标准溶液滴定析出的碘，换算溶解氧含量。

3）试剂及其配制

除另有说明外，所用试剂均为分析纯，水为蒸馏水或等效纯水。

（1）氯化锰溶液：$c(MnCl_2) = 2.4mol/dm^3$

称取 480.0g 氯化锰（$MnCI_2 \cdot 4H_2O$）溶于水中，并稀释至 $1000cm^3$。

（2）碱性碘化钾溶液：$c(NaOH) = 6.4mol/dm^3$，$c(KI) = 1.8mol/dm^3$

称取 256.0g 氢氧化钠（NaOH）溶解于 $300.0cm^3$ 水中，另称取 300.0g 碘化钾（KI）溶解于 $300.0cm^3$ 水中，然后将上述两溶液混合，并稀释至 $1000.0cm^3$。

（3）硫酸溶液：体积分数为 25%

在搅拌和水浴的冷却下，将 1 体积的浓硫酸（H_2SO_4，$\rho = 1.84g/cm^3$）缓慢地加入于 3 体积的水中。

（4）硫代硫酸钠溶液：$c(Na_2S_2O_3) = 1.0\times10^4 \mu mol/dm^3$

称取 25.0g 硫代硫酸钠（$Na_2S_2O_3 \cdot 5H_2O$），用少量水溶解后，稀释至 $1000.0cm^3$，加入 1.0g 无水碳酸钠（Na_2CO_3），混匀。贮于棕色试剂瓶中，此溶液浓度为 $0.1mol/dm^3$。放置 15.0d 后，用刚煮沸冷却的水稀释成 $0.01mol/dm^3$ 的溶液。保存于棕色瓶中，使用前标定。

（5）碘酸钾标准溶液：$c(1/6\ KIO_3) = 1.0\times10^4 \mu mol/dm^3$

称取 3.567g 碘酸钾（KIO_3，优级纯，预先在 120℃ 温度下烘 2.0h，置于硅胶干燥器中冷却至室温），溶于刚煮沸并冷却至室温水中，转移入 $1000.0cm^3$ 量瓶中，稀释至标线，混匀，贮于棕色试剂瓶中。在 5℃ ～ 6℃ 低温下保存，有效期三个月。使用时移取 $10.0cm^3$，用水稀释至 $100.0m^3$，此溶液浓度为 $1.0\times10^4 \mu mol/dm^3$。

（6）淀粉-丙三醇（甘油）指示剂

称取 3.0g 可溶性淀粉 $[(C_6H_{10}O_5)_n]$，加入 $100.0cm^3$ 丙三醇 $[C_3H_5(OH)_3]$，搅拌并加热至 190℃ 至淀粉完全溶解。此溶液在常温下可保存一年，出现浑浊不影响指示剂的功效。

4) 仪器与设备

①水样瓶: 容积约 120.0cm³ 棕色磨口玻璃瓶, 瓶塞为锥形或斜平底形, 磨口要严密, 每个水样瓶应按下述程序测定容积准确至 0.1cm³; 将水样瓶装满蒸馏水, 塞上瓶塞、擦干, 称重。减去干燥的空瓶重量, 除以该水温时蒸馏水的密度(表 4.4), 测得水样瓶容积。将瓶号及相应的水样瓶容积测量结果记录, 备查。

表 4.4　　　　　　　　　　20℃时容积为 1000dm³ 玻璃容器中的蒸馏水
在不同温度时的质量(m_{20})　　　　　　单位: g/dm³

t/℃	m_{20}	t/℃	m_{20}	t/℃	m_{20}	t/℃	m_{20}	t/℃	m_{20}	t/℃	m_{20}
0	998.30	15.2	997.92	19.2	997.30	23.2	996.54	27.2	995.60	31.2	994.52
1	998.40	15.4	997.89	19.4	997.28	23.4	996.50	27.4	995.55	31.4	994.47
2	998.46	15.6	997.87	19.6	997.24	23.6	996.45	27.6	995.50	31.6	994.41
3	998.51	15.8	997.84	19.8	997.21	23.8	996.41	27.8	995.45	31.8	994.35
4	998.54	16.0	997.81	20.0	997.17	24.0	996.36	28.0	995.40	32.0	994.29
5	998.56	16.2	997.78	20.2	997.14	24.2	996.32	28.2	995.35	32.2	994.23
6	998.56	16.4	997.76	20.4	997.10	24.4	996.27	28.4	995.29	32.4	994.17
7	998.55	16.6	997.73	20.6	997.06	24.6	996.23	28.6	995.24	32.6	994.11
8	998.52	16.8	997.70	20.8	997.02	24.8	996.18	28.8	995.19	32.8	994.05
9	998.48	17.0	997.67	21.0	996.99	25.0	996.14	29.0	995.14	33.0	993.99
10	998.42	17.2	997.64	21.2	996.95	25.2	996.09	29.2	995.08	33.2	993.93
11	998.35	17.4	997.61	21.4	996.91	25.4	996.04	29.4	995.03	33.4	993.87
12	998.27	17.6	997.58	21.6	996.87	25.6	996.00	29.6	994.97	33.6	993.81
13	998.17	17.8	997.55	21.8	996.83	25.8	995.95	29.8	994.92	33.8	993.75
14	998.06	18.0	997.51	22.0	996.79	26.0	995.90	30.0	994.86	34.0	993.68
14.2	998.04	18.2	997.48	22.2	996.75	26.2	995.85	30.2	994.81	34.2	993.62
14.4	998.02	18.4	997.45	22.4	996.71	26.4	995.80	30.4	994.75	34.4	993.56
14.6	997.99	18.6	997.42	22.6	996.66	26.6	995.75	30.6	994.69	34.6	993.50
14.8	997.97	18.8	997.38	22.8	996.62	26.8	995.70	30.8	994.64	34.8	993.43
15.0	997.94	19.0	997.35	23.0	996.58	27.0	995.65	31.0	994.58	35.0	993.37

②溶解氧滴定管: 25.0cm³, 分刻度值为 0.05cm³。

③电磁搅拌器: 转速可调至 150r/min~400r/min。

④磁转子(玻璃或聚四氟乙烯包裹): 直径约 3.0mm~5.0mm, 长 25.0mm。

⑤定量加液器: 1.0cm³, 5.0cm³。

⑥移液吸管：15.0cm³。

5）测定步骤

（1）硫代硫酸钠溶液的标定

用移液吸管吸取15.0cm³碘酸钾标准溶液，沿壁注入250.0cm³碘量瓶中，用少量水冲洗瓶内壁，加入0.6g碘化钾，混匀。再加入1.0cm³硫酸溶液，再混匀，盖好瓶塞，在暗处放置2.0min。取下瓶塞，沿壁加入110.0cm³水，放入磁转子，置于电磁搅拌器上，立即开始搅拌并用硫代硫酸钠溶液进行滴定，待试液呈淡黄色时加入3~4滴淀粉指示剂，继续滴至溶液蓝色刚消失。

重复标定至两次滴定管读数相差不超过0.03cm³为止。将滴定管读数记入溶解氧测定记录表中（表4.5），每隔24.0h标定一次。

表4.5   **溶解氧测定（碘量滴定法）记录表**

水样登记表编号___至___，采样日期_____年___月___日至_____年___月___日   编号_____

水样接收人_____，接收日期_____年___月___日，分析日期_____年___月___日 共___页，第___页

序号	站号	采样时间 时 分	采样深度 (m)	样品1				样品2				$c(O)$ 平均值 $(\mu mol/dm^3)$	水温 (℃)	盐度	饱和浓度 $(\mu mol/dm^3)$	饱和度 %
				瓶号	容积 (cm³)	消耗 $Na_2S_2O_2$ 体积 (cm³)	$c(O)$ $(\mu mol/dm^3)$	瓶号	容积 (cm³)	消耗 $Na_2S_2O_2$ 体积 (cm³)	$c(O)$ $(\mu mol/dm^3)$					
1																
2																
3																
4																
5																
6																
7																
8																
9																
10																
11																
12																

硫代硫酸钠溶液标定 $c(Na_2S_2O_2) = V_1/V_2 \times c(KIO_3)$	KIO_3标准溶液 标定消耗 $Na_2S_2O_2$ 体积（V_1） 硫代硫酸钠浓度 $c(Na_2S_2O_2)$ $c(KIO_3) = 1.000 \times 10^4 \mu mol/dm^3$ （1）_____（cm²） （1）_____（$\mu mol/dm^3$） 体积（V_1）= _____（cm²） （2）_____（cm²） （2）_____（$\mu mol/dm^3$） 平均_____（cm²） 平均_____（$\mu mol/dm^3$）	备注：标定日期_____ 有效使用期_____

分析者_____   校对者_____

（2）水样测定

水样固定后，待沉淀物沉降聚集至瓶的下部，便可进行滴定。

将水样瓶上层清液倒出一部分于 250.0cm³ 锥形烧瓶中，立即向沉淀中加入 1.0cm³ 硫酸溶液，塞紧瓶塞，振荡水样瓶至沉淀全部溶解。

将水样瓶内溶液沿壁倾倒入上述锥形烧瓶中，将其置于电磁搅拌器上，立即搅拌，并滴定，待试液呈淡黄色时，加入 3~4 滴淀粉指示剂，继续滴定至呈淡蓝色。

用锥形烧瓶中的少量试液荡洗原水样瓶，再将其倒入圆锥形烧瓶中，继续滴定至无色。待 20s 后，如试液不呈淡蓝色，即为终点。将滴定所消耗的硫代硫酸钠溶液体积记录于溶解氧测定记录表中。

（3）试剂空白试验

取 100.0cm³ 海水，加入 1.0cm³ 硫酸溶液，1.0cm³ 碱性碘化钾溶液，混匀，再加入 1.0cm³ 氯化锰溶液，混合均匀，放置 10.0min，加入 3~4 滴淀粉指示剂，混匀。此时，若溶液呈现淡蓝色，继续用硫代硫酸钠溶液滴定。如硫代硫酸钠用量超出 0.1cm³，则应核查碘化钾和氯化锰试剂的可靠性并重新配制试剂。如果硫代硫酸钠用量小于或等于 0.1cm³，或加入淀粉指示剂后溶液不呈现淡蓝色，且加入一滴碘酸钾溶液后，溶液立即呈现蓝色，则试剂空白可以忽略不计。

每批新配制试剂应进行一次空白试验。

6）计算

①海水中溶解氧浓度计算见下式：

$$c(O) = (c \cdot V)/(V_1 - V_2)/2 \tag{4.9}$$

式中，$c(O)$ 为海水中溶解氧浓度，$\mu mol/dm^3$；V 为滴定样品时消耗的硫代硫酸钠溶液体积，cm^3；c 为硫代硫酸钠溶液标定浓度，$\mu mol/dm^3$；V_1-V_2 为实际水样的体积，cm^3。其中，V_1 为水样瓶的容积，cm^3，V_2 为固定水样的固定剂体积，cm^3。

②氧饱和度 $r(O)$ 的计算公式见下式：

$$r(O) = \frac{c(O)}{c(O')} \tag{4.10}$$

式中，$c(O)$ 为测得水样的氧浓度，$\mu mol/dm^3$；$c(O')$ 为在现场水温、盐度下，氧在海水中的饱和浓度，$\mu mol/dm^3$（由表 4.6 查得或由式（4.9）求得）。

③氧在不同水温、盐度的海水中的饱和浓度计算公式见下式：

$$Inc(O') = A_1 + A_2\left(\frac{100}{T}\right) + A_3 In\left(\frac{T}{100}\right) + A_3 In\left(\frac{T}{100} + S\left[B_1 + B_2\left(\frac{T}{100}\right) + B_3\left(\frac{T}{100}\right)^2\right] + 0.4912\right.$$

$$\tag{4.11}$$

式中，$c(O')$ 为氧在海水中的饱和浓度，$\mu mol/dm^3$；T 为现场的海水热力学温度，开（K）；S 为现场的海水盐度；A、B 为常数，其量值分别为：

$A_1 = 173.4292$；$A_2 = 249.6339$；$A_3 = 143.3483$；$A_4 = -21.8492$

$B_1 = -0.033096$；$B_2 = 0.014259$；$B_3 = -0.001700$

7）仲裁方法

溶解氧测定（碘量滴定法）为仲裁方法。除本方法外，另有分光光度法。

表 4.6 空气中氧在不同温度和盐度海水中的饱和浓度 单位：$\mu mol/dm^3$

$t(℃)$	S									
	0.0	1.0	2.0	3.0	4.0	5.0	6.0	7.0	8.0	9.0
0.0	912	906	899	893	887	881	875	869	863	857
1.0	887	881	875	869	863	857	851	845	840	834
2.0	863	857	851	845	840	834	828	823	817	812
3.0	840	834	828	823	817	812	807	801	796	791
4.0	818	812	807	801	796	791	786	780	775	770
5.0	797	791	786	781	776	771	766	761	756	751
6.0	776	771	766	761	756	752	747	742	737	732
7.0	757	752	747	743	738	733	728	724	719	714
8.0	739	734	729	725	720	715	711	706	702	697
9.0	721	717	712	707	703	698	694	690	685	681
10.0	704	700	695	691	686	682	678	674	669	665
11.0	688	684	679	675	671	667	662	658	654	650
12.0	672	668	664	660	656	652	647	643	639	635
13.0	657	653	649	645	641	637	633	629	625	621
14.0	643	639	635	631	627	623	619	616	612	608
15.0	629	625	621	617	614	610	606	602	599	595
16.0	616	612	608	604	601	597	593	590	586	583
17.0	603	599	595	592	588	585	581	578	574	571
18.0	590	587	583	580	576	573	569	566	563	559
19.0	578	575	571	568	565	561	558	555	551	548
20.0	567	563	560	557	554	550	547	541	541	537
21.0	556	552	549	546	543	540	536	533	530	527
22.0	545	542	539	535	532	529	526	523	520	517
23.0	534	531	528	525	522	519	516	513	510	507
24.0	524	521	518	516	513	510	507	504	501	498
25.0	515	512	509	506	503	500	497	495	492	489
26.0	505	503	500	497	494	491	489	486	483	480
27.0	496	494	491	488	485	483	480	477	475	472
28.0	488	485	482	479	477	474	471	469	466	464
29.0	479	476	474	471	469	466	463	461	458	456
30.0	471	468	466	463	461	458	455	453	451	448
31.0	463	460	458	455	453	450	448	445	443	441
32.0	455	453	450	448	445	443	440	438	436	433
33.0	447	445	443	440	438	436	433	431	429	426
34.0	440	438	435	433	431	429	426	424	422	419
35.0	433	431	428	426	424	422	419	417	415	413

续表

$t(℃)$	S									
	10.0	11.0	12.0	13.0	14.0	15.0	16.0	17.0	18.0	19.0
0.0	852	846	840	843	829	823	817	812	806	801
1.0	828	823	817	812	806	801	795	790	785	779
2.0	806	801	796	790	785	780	774	769	764	759
3.0	785	780	775	770	765	759	754	749	744	739
4.0	765	760	755	750	745	740	735	730	726	721
5.0	746	741	736	731	726	722	717	712	708	703
6.0	727	723	718	713	709	704	699	695	690	686
7.0	710	705	700	696	691	687	683	678	674	669
8.0	693	688	684	679	675	671	666	662	658	654
9.0	676	672	668	664	659	655	651	647	643	639
10.0	661	657	652	648	644	640	636	632	628	624
11.0	646	642	638	634	630	626	622	618	614	610
12.0	631	628	624	620	616	612	608	604	601	597
13.0	618	614	610	606	602	599	595	591	588	584
14.0	604	601	597	593	590	586	582	579	575	572
15.0	592	588	584	581	577	574	570	567	563	560
16.0	579	576	572	569	565	562	558	555	552	548
17.0	567	564	561	557	554	550	547	544	541	537
18.0	556	553	549	546	543	539	536	533	530	527
19.0	545	542	538	535	532	529	526	523	520	516
20.0	534	531	528	525	522	519	516	513	510	507
21.0	524	521	518	515	512	500	506	503	500	497
22.0	514	511	508	505	502	499	496	494	491	488
23.0	504	502	499	496	493	490	487	484	482	479
24.0	495	492	490	487	484	481	478	476	473	470
25.0	486	484	481	478	475	473	470	467	465	462
26.0	478	475	472	470	467	464	462	459	456	454
27.0	469	467	464	461	459	456	454	451	449	446
28.0	461	459	456	453	451	448	446	443	441	439
29.0	453	451	448	446	443	441	438	436	434	431
30.0	446	443	441	438	436	434	431	429	426	424
31.0	438	436	433	431	429	426	424	422	419	417
32.0	431	429	426	424	422	419	417	415	413	411
33.0	424	422	419	417	415	413	411	408	406	404
34.0	417	415	413	411	408	406	404	402	400	398
35.0	411	408	406	404	402	400	398	396	394	392

续表

$t(℃)$	S									
	20.0	21.0	22.0	23.0	24.0	25.0	26.0	27.0	28.0	29.0
0.0	795	790	785	779	774	769	763	758	753	748
1.0	774	769	764	759	753	748	743	738	733	728
2.0	754	749	744	739	734	729	724	719	714	710
3.0	735	730	725	720	715	710	706	701	696	692
4.0	716	711	707	702	697	693	688	683	679	674
5.0	698	694	689	685	680	676	671	667	662	658
6.0	681	677	672	668	664	659	655	651	647	642
7.0	665	661	656	652	648	644	640	635	631	627
8.0	649	645	641	637	633	629	625	621	617	613
9.0	635	630	626	622	618	615	611	607	603	599
10.0	620	616	612	608	605	601	597	593	589	586
11.0	606	603	599	595	591	588	584	580	577	573
12.0	593	589	586	582	578	575	571	568	564	561
13.0	580	577	573	570	566	563	559	556	552	549
14.0	568	565	561	558	554	551	548	544	541	537
15.0	556	553	550	546	543	540	536	533	530	527
16.0	545	542	538	535	532	529	526	522	519	516
17.0	534	531	528	525	521	518	515	512	509	506
18.0	524	520	517	514	511	508	505	502	499	496
19.0	513	510	507	504	501	498	495	492	490	487
20.0	504	501	498	495	492	489	486	483	480	478
21.0	494	491	488	486	483	480	477	474	472	469
22.0	485	482	479	477	474	471	466	466	463	460
23.0	476	473	471	468	465	463	457	457	455	452
24.0	468	465	462	460	457	454	449	449	447	444
25.0	459	457	454	452	449	446	441	441	439	436
26.0	451	449	446	444	441	439	434	434	431	429
27.0	444	441	439	436	434	431	427	427	424	422
28.0	436	434	431	429	426	424	419	419	417	415
29.0	429	426	424	422	419	417	413	413	410	408
30.0	422	419	417	415	413	410	406	406	404	401
31.0	415	413	410	408	406	404	399	399	397	395
32.0	408	406	404	402	400	307	393	393	391	389
33.0	402	400	398	395	393	391	387	387	385	383
34.0	396	393	391	389	387	385	381	381	379	377
35.0	389	387	385	383	381	379	375	375	373	371

$t(℃)$	S									
	30.0	31.0	32.0	33.0	34.0	35.0	36.0	37.0	38.0	39.0
0.0	743	738	733	728	723	718	713	708	703	699
1.0	723	718	714	709	704	699	695	690	685	681
2.0	705	700	695	691	686	681	677	672	668	663
3.0	687	682	678	673	669	664	660	656	651	647
4.0	670	666	661	657	652	648	644	640	635	631
5.0	654	649	645	641	637	633	628	624	620	616
6.0	638	634	630	626	622	618	614	610	606	602
7.0	623	619	615	611	607	603	599	596	592	588
8.0	609	605	601	597	593	590	586	582	578	575
9.0	595	591	588	584	580	576	573	569	565	562
10.0	582	578	575	571	567	564	560	557	553	550
11.0	569	566	562	559	555	552	548	545	541	538
12.0	557	554	550	547	543	540	537	533	530	527
13.0	545	542	539	535	532	529	525	522	519	516
14.0	534	531	528	524	521	518	515	512	508	505
15.0	523	520	517	514	511	508	504	501	498	495
16.0	513	510	507	504	501	498	495	492	489	486
17.0	503	500	497	494	491	488	485	482	479	476
18.0	493	490	487	484	481	479	476	473	470	467
19.0	484	481	478	475	472	470	467	464	461	459
20.0	475	472	469	466	464	461	458	456	453	450
21.0	466	463	461	458	455	453	450	447	445	442
22.0	458	455	452	450	447	444	442	439	437	434
23.0	449	447	444	442	439	437	434	432	429	427
24.0	442	439	437	434	432	429	427	424	422	419
25.0	434	431	429	427	424	422	419	417	415	412
26.0	427	424	422	419	417	415	412	410	408	405
27.0	419	417	415	412	410	408	406	403	401	399
28.0	412	410	408	406	403	401	399	397	394	392
29.0	406	404	401	399	397	395	393	390	388	386
30.0	399	397	395	393	391	388	386	384	382	380
31.0	393	391	389	387	384	382	380	378	376	374
32.0	387	385	383	381	378	376	374	372	370	368
33.0	381	379	377	375	373	371	369	367	365	363
34.0	375	373	371	369	367	365	363	361	359	357
35.0	369	367	365	364	362	360	358	356	354	352

4.2.3 pH 值测定

1）技术指标

准确度：±0.02pH。

精密度：±0.01pH。

2）方法原理

海水的 pH 是根据测定玻璃-甘汞电极对的电动势而得。将海水水样的 pH 值与标准溶液的 pH 值和该电池电动势的关系定义为：

$$pH_x = pH_s + (E_s - E_x)/(2.3026RT/F) \qquad (4.12)$$

当玻璃-甘汞电极对插入标准缓冲溶液时，

令：

$$A = pH_s + E_s/(2.3026RT/F) \qquad (4.13)$$

当玻璃-甘汞电极对插入水样时，则

$$pH_x = A - E_x/(2.3026RT/F) \qquad (4.14)$$

在同一温度下，分别测定同一电极对在标准缓冲溶液和水样中的电动势，则水样的 pH 值为：

$$pH_x = pH_s + (E_s - E_x)/(2.3026RT/F) \qquad (4.15)$$

式中，pH_x 为水样的 pH 值；pH_s 为标准缓冲溶液的 pH 值；E_x 为玻璃-甘汞电极对插入水样中的电动势，单位为毫伏（mV）；E_s 为玻璃-甘汞电极对插入标准缓冲溶液中的电动势，单位为毫伏（mV）；R 为气体常数；F 为法拉第常数；r 为热力学温度，单位为开（K）。

3）试剂及其配制

除另有说明外，所用试剂均为分析纯，水为蒸馏水或等效纯水。

（1）磷酸二氢钾（KH$_2$PO$_4$）

置于 115℃±5℃烘箱中烘 2.0h，于干燥器中冷却至室温。

（2）磷酸氢二钠（Na$_2$HPO$_4$）

置于 115℃±5℃烘箱中烘 2.0h，于干燥器中冷却至室温。

（3）十水四硼酸钠（Na$_2$B$_4$O$_7$·10H$_2$O）

置于盛有蔗糖饱和溶液的干燥器中 48.0h，并继续存此干燥器中备用。

（4）pH 标准缓冲溶液

0.025mol/dm³ 磷酸二氢钾和 0.025mol/dm³ 磷酸氢二钠混合标准缓冲溶液（25℃时，pH_s=6.864）。

称取 3.39g 磷酸二氢钾和 3.55g 磷酸氢二钠溶于水中并稀释至 1000.0cm³，加 1.0cm³ 三氯甲烷，混匀，保存于聚乙烯瓶中。使用期三个月。使用标准缓冲溶液时，应采用测定溶液温度下的标准 pH 值（表 4.7）。

表 4.7　　　　　　　　　　　　　　　　　　　标准缓冲溶液的 pH 值

水温/℃	邻苯二甲酸氢钾 0.05mol/dm³	混合磷酸盐(1∶1) KH₂PO₄, 0.025mol/dm³ NaHPO₄, 0.025mol/dm³	十水四硼酸钠 0.01mol/dm³
0	4.006	6.981	9.458
5	3.999	6.949	9.391
10	3.999	6.921	9.330
15	3.996	6.898	9.276
20	3.998	6.879	9.220
25	4.003	6.864	9.182
30	4.010	6.852	9.142
35	4.019	6.844	9.105
40	4.029	6.838	9.072
45	4.042	6.834	9.042

四硼酸钠标准缓冲溶液：$c(\mathrm{Na_2B_4O_7 \cdot 10H_2O}) = 0.010\mathrm{mol/dm^3}$（25℃时，$\mathrm{pH}_s = 9.182$）

称取 3.8g 十水四硼酸钠溶于刚煮沸冷却的蒸馏水，并稀释至 1000cm³，加 1cm³ 三氯甲烷，混匀，保存于聚乙烯瓶中，瓶口用石蜡熔封，可稳定三个月。开瓶后，使用期不得超过一星期。使用标准缓冲溶液时，应采用测定溶液温度下的标准 pH 值（表 4.8）。

（5）饱和氯化钾溶液

称取 40.0g 氯化钾(KCl)，加 100.0cm³ 水，充分搅拌后，将该溶液连同未溶解氯化钾全部转移入试剂瓶中（此溶液应与固体氯化钾共存）。

（6）氯化汞溶液：$\rho = 25.0\mathrm{g/dm^3}$

称取 2.5g 氯化汞(HgCl₂)溶于水并稀释至 100.0cm³，混匀，盛于棕色试剂瓶中。（警告：氯化汞剧毒，小心操作!）

4）仪器与设备

pH 计：精度为 0.01pH 单位。

5）测定步骤

（1）pH 计校准

在室温下用混合磷酸盐标准缓冲溶液和四硼酸钠标准缓冲溶液校准 pH 计。将 pH 计上温度补偿器刻度调至与溶液温度一致（若 pH 计有自动温度补偿此步骤省略）。按 pH 计说明书操作步骤分别用上述两种标准缓冲溶液的液温对应的标准 pH 值反复对 pH 计进行校准，至电极电位平衡稳定。每次更换标准缓冲溶液时，应用蒸馏水冲洗电极，然后用滤纸吸干。

（2）水样测定

pH 计校准后将电极对提起，移开标准缓冲溶液，用蒸馏水淋洗电极，然后用滤纸将水吸干。将电极对浸入待测水样中，使电极电位充分平衡，待仪器读数稳定后，记下水样温度和 pH 读数，填入 pH 测定记录表中（表4.8）。

表4.8 **pH 测定记录表**

水样登记表编号_____至_____ 编号_____

采样日期_____年___月___日至_____年___月___日 共_____页，第_____页

水样接收人_____接收日期____年__月__日 分析日期_____年___月___日

序号	站号	采样时间 时、分	采样深度 (m)	瓶号	现场水温 (℃)	测定时水温 (℃)	pH_m 1	2	平均	t_m-t_w ℃	a (t_m-t_w)	β	β_μ	pH_m
1														
2														
3														
4														
5														
6														
7														
8														
9														
10														
11														
12														
13														
14														
15														
16														
17														
18														
19														
20														

pH 计校准　时间_____室温 t_m_____℃　pH_{s1}(1)____(2)____　序号____至____

注：pH_m一栏记录双样测定 pH 值及其平均值

分析者_____ 校对者_____

6)计算

将测得的 pH 按式(4.16)进行温度和压力校正,求得现场 pH 值。

$$\mathrm{pH}_w = \mathrm{pH}_m + a(t_m - t_w) - \beta d \tag{4.16}$$

式中,pH_w 和 pH_m 分别为现场和测定时的 pH;t_w 和 t_m 分别为现场和测定时的水温,单位为摄氏度(℃);d 为水样深度,单位为米(m);a 和 β 分别为温度和压力校正系数,$a(t_m - t_w)$ 和 βd 分别由表 4.9 和表 4.10 查得。

如果水样深度在 500.0m 以内,不必作压力校正,式(4.16)可简化为式(4.17)。

$$\mathrm{pH}_w = \mathrm{pH}_m + a(t_m - t_w) \tag{4.17}$$

按 pH 测定记录表的要求,将数据逐项计算并填写。

表 4.9   **pH 测定的温度校正值 $a(t_m - t_w)$ 表**

$t_m - t_w$ (℃)	pH 值											
	7.5	7.6	7.7	7.8	7.9	8.0	8.1	8.2	8.3	8.4	8.5	8.6
1	0.01	0.01	0.01	0.01	0.01	0.01	0.01	0.01	0.01	0.01	0.01	0.01
2	0.02	0.02	0.02	0.02	0.02	0.02	0.02	0.02	0.02	0.02	0.02	0.02
3	0.03	0.03	0.03	0.03	0.03	0.03	0.03	0.03	0.03	0.03	0.03	0.04
4	0.03	0.03	0.04	0.04	0.04	0.04	0.04	0.04	0.04	0.05	0.05	0.05
5	0.04	0.04	0.04	0.05	0.05	0.05	0.05	0.05	0.06	0.06	0.06	0.06
6	0.05	0.05	0.05	0.06	0.06	0.06	0.06	0.06	0.07	0.07	0.07	0.07
7	0.06	0.06	0.06	0.07	0.07	0.07	0.07	0.07	0, 08	0.08	0.08	0.08
8	0.07	0.07	0.07	0.07	0.08	0.08	0.08	0.08	0.09	0.09	0.09	0.10
9	0.07	0.08	0.08	0.08	0.09	0.09	0.09	0.10	0.10	0.10	0.10	0.11
10	0.08	0.09	0.09	0.09	0.10	0.10	0.10	0.11	0.11	0.11	0.12	0.12
11	0.09	0.09	0.10	0.10	0.11	0.11	0.11	0.12	0.12	0.12	0.13	0.13
12	0.10	0.10	0.11	0.11	0.12	0.12	0.12	0.13	0.13	0.14	0.14	0.14
13	0.11	0.11	0.12	0.12	0.12	0.13	0.13	0.14	0.15	0.15	0.15	0.16
14	0.12	0.12	0.13	0.13	0.13	0.14	0.14	0.15	0.15	0.16	0.16	0.17
15	0.13	0.13	0.14	0.14	0.14	0.15	0.15	0.16	0.16	0.17	0.17	0.18
16	0.13	0.14	0.14	0.15	0.15	0.16	0.16	0.17	0.18	0.18	0.19	0.19
17	0.14	0.15	0.15	0.16	0.16	0.17	0.18	0.18	0.19	0.19	0.20	0.20
18	0.14	0.15	0.16	0.17	0.17	0.18	0.19	0.19	0.20	0.20	0.21	0.22
19	0.15	0.16	0.17	0.18	0.18	0.19	0.20	0.20	0.21	0.21	0.22	0.23
20	0.16	0.17	0.18	0.19	0.19	0.20	0.21	0.21	0.22	0.23	0.23	0.24
21	0.17	0.18	0.19	0.20	0.20	0.21	0.22	0.22	0.23	0.24	0.24	0.25
22	0.18	0.19	0.20	0.20	0.21	0.22	0.23	0.23	0.24	0.25	0.26	0.26
23	0.19	0.20	0.21	0.21	0.22	0.23	0.24	0.24	0.25	0.26	0.27	0.28
24	0.20	0.21	0.22	0.22	0.23	0.24	0.25	0.25	0.26	0.27	0.28	0.29
25	0.21	0.22	0.22	0.23	0.24	0.25	0.26	0.26	0.28	0.28	0.29	0.30

表 4.10　　　　　　　　　**pH 测定的压力校正系数 β 表**

pH	7.5	7.6	7.7	7.8	7.9	8.0	8.1	8.2	8.4	8.4
$\beta \times 10^6$	35	31	28	25	23	22	21	20	20	20

4.2.4　亚硝酸盐测定

1）技术指标

测定范围：$0.02\mu mol/dm^3 \sim 4.00\mu mol/dm^3$。

检测下限：$0.02\mu mol/dm^3$。

准确度：浓度为 $0.5\mu mol/dm^3$ 时，相对误差为 $\pm 5.0\%$；浓度为 $1.0\mu mol/dm^3$ 时，相对误差为 $\pm 3.0\%$。

精密度：浓度为 $0.3\mu mol/dm^3$ 时，相对标准偏差为 $\pm 5.0\%$；浓度为 $1.0\mu mol/dm^3$ 时，相对标准偏差为 $\pm 2.0\%$。

2）方法原理

在酸性（pH=2）条件下，水样中的亚硝酸盐与对氨基苯磺酰胺进行重氮化反应，反应产物与 1-萘替乙二胺二盐酸盐作用，生成深红色偶氮染料，于 543nm 波长处进行分光光度测定。

3）试剂及其配制

除另有说明外，所用试剂均为分析纯，水为蒸馏水或等效纯水。

（1）盐酸溶液：体积分数为 14%

量取 100mL 盐酸（HCl，$\rho = 1.18g/cm^3$）与 $600.0cm^3$ 水混匀。

（2）对氨基苯磺酰胺溶液：$\rho = 10.0g/dm^3$

称取 5.0g 对氨基苯磺酰胺（$NH_2SO_2C_6H_4NH_2$）溶于 $350.0cm^3$ 盐酸溶液中，用水稀释至 $500.0cm^3$，混匀。贮于棕色玻璃瓶中，有效期两个月。

（3）1-萘替乙二胺二盐酸盐溶液：$\rho = 1.0g/dm^3$

称取 0.5g 1-萘替乙二胺二盐酸盐（$C_{10}H_7NHCH_2CH_2NH_2 \cdot 2HCl$），用少量水溶解后，稀释至 $500.0cm^3$，混匀。贮于棕色玻璃瓶中，低温保存（如出现棕色时应重配）。特别指出，该试剂具有毒性，小心操作！

（4）亚硝酸盐标准贮备溶液：$c(NO_2^- \text{-}N) = 5.0\mu mol/dm^3$

称取 0.345g 亚硝酸钠（$NaNO_2$，优级纯，预先在 110℃ 下烘干 1.0h，置于干燥器中冷却至室温），用少量水溶解后，全量转移至 $1000.0cm^3$ 容量瓶中，用水稀释至标线，加 $1.0cm^3$ 三氯甲烷，混匀。避光低温保存，有效期两个月。

（5）亚硝酸盐标准使用溶液：$c(NO_2^- \text{-}N) = 0.05\mu mol/dm^3$

吸取 $1.0cm^3$ 亚硝酸盐标准储备溶液于 $100.0cm^3$ 容量瓶中，用水稀释至标线，混匀。使用前配制，可稳定 4.0h。

4）仪器与设备

①分光光度计。

②容量瓶：100.0cm³。

③反应瓶：50.0cm³。

5）测定步骤

（1）标准工作曲线绘制（0μmol/dm³~4.0μmol/dm³）

在两组各 6 个 100cm³ 容量瓶中分别加入亚硝酸盐标准使用溶液 0cm³、0.5cm³、1.0cm³、2.0cm³、4.0cm³、8.0cm³，用水稀释至标线，混匀。此标准溶液系列的亚硝酸盐氮的浓度依次为 0μmol/dm³、0.25μmol/dm³、0.5μmol/dm³、1.0μmol/dm³、2.0μmol/dm³、4.0μmol/dm³。

分别量取 25.0cm³ 上述系列标准溶液，依次放入两组各 6 个 50.0cm³ 反应瓶中。各加入 0.5cm³ 对氨基苯磺酰胺溶液，混匀。放置 5.0min，然后加入 0.5cm³ 1-萘替乙二胺二盐酸盐溶液，混匀。放置 15.0min。

在分光光度计上，用 5.0cm 比色池，以蒸馏水为参比，于 543nm 波长处测量吸光值 A_s，其中，空白吸光值为 A_b。吸光值测定应在 4.0h 内完成。测定数据记录于标准曲线数据记录表中（表 4.11）。

表 4.11　　　　　　　　　　　　　**标准曲线数据记录表**

标准曲线绘制日期＿＿＿年＿＿月＿＿日　　　　　　　　编号＿＿＿＿＿＿

序号	1	2	3	4	5	6
添加标准使用溶液体积（cm³）						
标准系列浓度 c_a（μmol/dm³）						
吸光值 A_s						
平均吸光值 $\bar{A}_s$						
$A_n = \bar{A}_s - A_b$						

备注：

标准使用溶液浓度：＿＿＿＿＿＿　　　A_n 为扣除空白吸光值 A_b 后，各标准溶液吸光值，即

仪器型号：＿＿＿＿＿＿＿　　　$A_n = \bar{A}_s - A_b$；

测定波长：＿＿＿＿＿＿nm　　　标准曲线回归方程：

比色皿：＿＿＿＿＿＿cm　　　1）截距 $a =$

　　　　　　　　　　　2）斜率 $b =$

附标准曲线图

　　　　　相关系数：

绘制者＿＿＿＿＿　　　校对者＿＿＿＿＿

以扣除空白吸光值 A_b 后的吸光值 A_n 为纵坐标，相应的亚硝酸盐氮浓度 C_s 为横坐标，绘制标准工作曲线。用线性回归方法求得标准曲线的截距 a 和斜率 b。

（2）水样测定

量取 $25.0cm^3$ 水样于 $50.0cm^3$ 反应瓶中（取双样）。用上面的方法测定水样吸光值 A_w。

将测定数据记录于亚硝酸盐测定记录表中，见表 4.12。

表 4.12　　　　　　　　　　　　亚硝酸盐测定记录表

水样登记表编号_____至_____　　　　　编号_____

采样日期____年___月___日至____年___月___日　　共____页，第____页

水样接收人_____接收日期____年___月___日　分析日期____年___月___日

序号	站号	采样时间时、分	水样深度(m)	瓶号	吸光值 A_w (1)	(2)	$\bar{A}_w$	$c(NO_2^--N)$ ($\mu mol/dm^3$)	备注
1									
2									
3									1)标准曲线数据记录表编号：
4									标准曲线斜率
5									b：
6									
7									标准曲线截距
8									a：
9									2)试剂空白检验 A_b：
									3)标准曲线校正标准样浓度 c_a：
									标准样吸光值 A_a：
									4) A_w 及 $\bar{A}_w$ 分别为双样测定吸光值及其平均值。

分析者_____　校对者_____

（3）批量样品质量检验

测定每一批样品时，至少必须测定一个标准样品和一个试剂空白样品。根据其吸光值 A_s 和 A_b，按式（4.18）求得 C_g，再按式（4.19）计算误差 S_b。本方法误差 S_b 不可大于 $\pm 5.0\%$。

$$C_g = \frac{(A_s - A_b) - a}{b} \qquad (4.18)$$

$$S_b = \frac{(C_s - C_g)}{C_s} \times 100\% \qquad (4.19)$$

式中，C_g 为标准样测得的浓度，$\mu mol/dm^3$；A_s 为标准样吸光值；A_b 为试剂空白吸光值；S_b 为检验误差；C_s 为标准样浓度，$\mu mol/dm^3$；a 为标准工作曲线截距；b 为标准工作曲线斜率。

6）计算

按式（4.18）计算求得水样中亚硝酸盐-氮的浓度：

$$c(NO_2^--N) = \frac{(\overline{A_w} - A_b) - a}{b} \qquad (4.20)$$

式中，$c(NO_2^--N)$ 为水样中亚硝酸盐-氮的浓度，$\mu mol/dm^3$；$\overline{A_w}$ 为水样的平均吸光值；A_b 为空白吸光值；a 为标准工作曲线截距；b 为标准工作曲线斜率。

4.2.5　硝酸盐测定

1）技术指标

测定范围：$0.05\mu mol/dm^3 \sim 16.0\mu mol/dm^3$。

检测下限：$0.05\mu mol/dm^3$。

准确度：浓度为 $2.0\mu mol/dm^3$ 时，相对误差为 $\pm 7.0\%$；浓度为 $10.0\mu mol/dm^3$ 时，相对误差为 $\pm 4.0\%$。

精密度：浓度为 $5.0\mu mol/dm^3$ 时，相对标准偏差为 $\pm 4.0\%$；浓度为 $10.0\mu mol/dm^3$ 时，相对标准偏差为 $\pm 3.0\%$。

2）方法原理

用镀镉的锌片将水样中的硝酸盐定量地还原为亚硝酸盐，水样中的总亚硝酸盐再用重氮-偶氮法测定，然后对原有的亚硝酸盐进行校正，计算硝酸盐含量。

3）试剂及其配制

除另有说明外，本法中所用试剂均为分析纯，水为蒸馏水或等效纯水。

（1）锌卷

将锌片（纯度 99.99%，厚度 0.1mm）裁成 5.0cm×3.0cm 小片，卷成内径约 1.5cm 的锌卷。

锌片表面应光洁明亮，无边角毛刺、残缺，无腐蚀斑点。

锌片剪裁前应用纱布仔细擦净表面。

（2）人工海水：盐度为 35

称取 31.0g 氯化钠（NaCl，优级纯）、10.0g 硫酸镁（$MgSO_4 \cdot 7H_2O$，优级纯）和 0.5g 碳酸氢钠（$NaHCO_3$，优级纯）溶于水中，稀释至 $1dm^3$。

（3）无氮海水

取低氮海水过滤后放置陈化半年，用孔径 $0.45\mu m$ 微孔滤膜过滤即得。

（4）氯化镉溶液：$\rho = 20.0g/dm^3$

称取 20.0g 氯化镉（$CdCl_2 \cdot 5/2H_2O$）溶于水中，并用水稀释至 $1000.0cm^3$，混匀。特别指出，该试剂剧毒，小心操作！

（5）对氨基苯磺酰胺溶液：$\rho = 10.0g/dm^3$

对氨基苯磺酰胺溶液的配制方法同亚硝酸盐测定（重氮—偶氮法）。

（6）1-萘替乙二胺二盐酸盐溶液：$p = 1.0g/dm^3$

1-萘替乙二胺二盐酸盐溶液的配制方法同亚硝酸盐测定（重氮—偶氮法）。

（7）硝酸盐标准储备溶液：$c(NO_3^--N) = 10.0\mu mol/dm^3$

称取 1.011g 硝酸钾（KNO_3，优级纯，预先在 110℃ 烘 1h，置于干燥器中冷却至室温）用少量水溶解后，全量转移至 $1000.0cm^3$ 容量瓶中，用水稀释至标线，加 $1.0cm^3$ 三氯甲烷，混匀。有效期为半年。

（8）硝酸盐标准使用溶液：$c(NO_3^--N) = 0.1\mu mol/dm^3$

移取 $1.0cm^3$ 硝酸盐标准储备溶液于 $100.0cm^3$ 容量瓶中，用水稀释至标线，混匀。使用前配制。

4）仪器与设备

①分光光度计。

②往返式电动振荡器：频率 150r/min～250r/min。

③具塞广口玻璃瓶：$30.0cm^3$。

④定量加液器：$1.0cm^3$。

⑤秒表。

5）测定步骤

（1）标准工作曲线的绘制（$0\mu mol/dm^3$～$16\mu mol/dm^3$）

在两组各 6 个 $25.0cm^3$ 容量瓶中，分别依次移入硝酸盐标准使用溶液 $0cm^3$，$0.5cm^3$，$1.0cm^3$，$1.5cm^3$，$2.5cm^3$，$4.0cm^3$，用盐度为 35 的人工海水稀释至标线，混匀。此标准溶液系列硝酸盐氮浓度依次为 $0\mu mol/dm^3$、$2.0\mu mol/dm^3$、$4.0\mu mol/dm^3$、$6.0\mu mol/dm^3$、$10.0\mu mol/dm^3$、$16.0\mu mol/dm^3$。

将上述标准溶液系列分别全量转移到一组干燥的 $30.0cm^3$ 具塞广口瓶中，向每个瓶中放入一个锌卷，加入 $0.5cm^3$ 氯化镉溶液，迅速放在振荡器上振荡 10.0min。振荡后迅速将瓶中的锌卷取出。

加入 $0.50cm^3$ 对氨基苯磺酰胺溶液，混匀，放置 5.0min，再加入 $0.5cm^3$ 1-萘替乙二胺二盐酸盐溶液，混匀，放置 15.0min。颜色可稳定 4.0h。

颜色稳定后，在分光光度计上，用 2.0cm 比色池，以水为参照，于 543.0nm 波长处测定吸光值 A_s，其中空白吸光值为 A_b。测定结果记录于标准工作曲线记录表中。

以扣除空白吸光值 A_b 后的吸光值 A_n 为纵坐标,硝酸盐-氮的浓度 C_s 为横坐标绘制标准工作曲线,并用线性回归法求出标准工作曲线截距 a 和斜率 b。

(2)水样测定

量取 25.0cm³ 水样(双样)于 30.0cm³ 干燥的具塞广口瓶中,以上述步骤测定水样的吸光值 A_w,并记录于硝酸盐测定记录表中(见表 4.13)。

表 4.13   **硝酸盐测定记录表**

水样登记表编号_____ 至 _____   编号_____

采样日期_____年___月___日至 _____年___月___日   共_____页,第_____页

水样接收人_____ 接收日期_____年___月___日   分析日期_____年___月___日

序号	站号	采样时间(时、分)	水样深度(m)	瓶号	吸光值 A_w (1)	吸光值 A_w (2)	$\overline{A}_w$	$\overline{A}_{NO_3^--N}$	X $\overline{A}_{NO_3^--N}$	$c(NO_3^--N)$ ($\mu mol/dm^3$)	备注
1											1)标准曲线数据记录表编号:_____
2											
3											
4											标准曲线斜率
5											b:
6											标准曲线截距
7											a:
8											
9											2)硝酸盐和亚硝酸盐比色池长度比
10											X _____
11											
12											3)试剂空白检验 A_b:
13											4)标准曲线校正
14											标准样浓度:
15											C_a:
16											标准样吸光值
17											A_a:
18											
19											5)A_w 及 $\overline{A}_w$ 分别为双样测定吸光值及其平均值。
20											

分析者_____   校对者_____

如果水样盐度低于 25，测定时每份水样应加入 0.5g 优级纯氯化钠。

将海水样品中原有亚硝酸盐在"亚硝酸盐测定"测得的净平均吸光值 $\overline{A}_{NO_2^--N}$（已扣除试剂空白），和"硝酸盐测定"与"亚硝酸盐测定"的比色池长度的比值 X，记录于硝酸盐测定记录表中。

（3）批量样品质量检验

检验方法同亚硝酸盐测定。本方法误差 S_b 不可大于 $\pm 8.0\%$。

（4）锌镉还原率测定

各量取 25.0cm³ 人工海水和含 10.0μmol/dm³ 硝酸盐人工海水分别放于 30.0cm³ 具塞广口瓶中，按上述步骤测定其吸光值 A_{b1} 和 $A_{NO_3^--N}$。

各量取 25.0cm³ 人工海水和含 10.0μmol/dm³ 亚硝酸盐人工海水分别放于 30.0cm³ 具塞广口瓶中，按上述步骤测定其吸光值 A_{b2} 和 $A_{NO_2^--N}$。

还原率计算，按式（4.21）计算镀镉锌卷的还原率 R：

$$R = \frac{A_{NO_3^--N} - A_{b1}}{A_{NO_2^--N} - A_{b2}} \times 100\% \qquad (4.21)$$

每批样品测定用的锌卷还原率应大于 75%，且其还原率偏差应小于 5%。

6）计算

水样中硝酸盐—氮浓度按下式计算：

$$c(NO_3^--N) = \frac{(\overline{A}_w - A_b) - X\overline{A}_{NO_2^--N} - a}{b} \qquad (4.22)$$

式中，$c(NO_3^--N)$ 为水样中硝酸盐氮的浓度，单位为微摩尔每立方分米（μmol/dm³）；$\overline{A}_w$ 为水样测得的平均吸光值；A_b 为空白吸光值；$A_{NO_2^--N}$ 为该水样在"亚硝酸盐测定"时测得的平均吸光值（已扣除试剂空白）；X 为"硝酸盐测定"和"亚硝酸盐测定"所用比色池的长度比，按《海洋调查规范　第 4 部分：海水化学要素调查》（GB/T 12763.4—2007）条件为 0.4；a 为标准工作曲线截距；b 为标准工作曲线斜率。

7）仲裁方法

硝酸盐测定（锌镉还原法）为仲裁方法。除本方法外，另有铜镉柱还原法。

4.2.6　氯化物测定

1）技术指标

测定范围：0.2g/dm³ ~ 20.0g/dm³。

检测下限：0.2g/dm³。

准确度：浓度为 2.0g/dm³ 时，相对误差为 $\pm 1.0\%$；浓度为 18.0g/dm³ 时，相对误差为 $\pm 0.15\%$。

精密度：浓度为 18.0g/dm³ 时，相对标准偏差为 $\pm 0.1\%$。

2）方法原理

海水中的氯离子在中性或弱碱性条件下，用硝酸银溶液滴定形成氯化银沉淀，以荧光黄钠盐为指示剂判断滴定终点。当溶液由黄绿色刚转变为浅玫瑰红色时，即为滴定终点。

用相同方法滴定氯化钠标准溶液，从而计算海水样品氯离子浓度。

3）试剂及其配制

除另有说明外，所用试剂均为分析纯，水为蒸馏水或等效纯水。

（1）氢氧化钠溶液：$\rho = 4.0 \text{g/dm}^3$

称取 4.0g 氢氧化钠（NaOH）溶于水中，并用水稀释至 1000.0cm^3。

（2）硝酸溶液：$c(\text{HNO}_3) = 0.1 \text{mol/dm}^3$

移取 1.0cm^3 硝酸（HNO$_3$，$\rho = 1.42 \text{g/cm}^3$），用水稀释至 140.0cm^3。

（3）硝酸银溶液：$\rho = 60.0 \text{g/dm}^3$

称取 60.0g 硝酸银（AgNO$_3$）溶于水中，并用水稀释至 1000.0cm^3。贮于棕色瓶中，置于暗处备用，使用前标定。如果硝酸银不纯或溶液久置后产生沉淀，可以把上层清液倾出或滤去沉淀，标定后仍可使用。

（4）氯化钠标准溶液：$\rho_{\text{NaCl-Cl}} = 19.86 \text{g/dm}^3$

称取 32.74g 氯化钠（NaCl，优级纯，预先在 450~500℃ 灼烧 1.0h，在干燥器中冷却至室温），溶解于适量水中，全量转移至 1000.0cm^3 容量瓶中，用水稀释至标线，混匀。贮于具塞玻璃瓶中，盖紧。

（5）荧光黄钠盐溶液：$\rho = 1.0 \text{g/dm}^3$

称取 0.1g 荧光黄（C$_{20}$H$_{22}$O$_5$）溶于 10.0cm^3 氢氧化钠溶液中，用 pH 试纸指示，用硝酸溶液中和至中性，用水稀释至 100.0cm^3，贮于棕色试剂瓶中。

（6）淀粉溶液

称取可溶性淀粉 2.5g，用少量水调成糊状，加入 250.0cm^3 沸水中，再煮至沸，冷却，贮于试剂瓶中。

（7）荧光黄钠盐指示剂

量取 12.5cm^3 荧光黄钠盐溶液加入 250.0cm^3 淀粉溶液中，再加入 0.25g 苯甲酸钠（C$_6$H$_5$COONa），混合均匀，贮于棕色试剂瓶中。此溶液可稳定一个月，如有絮状物析出应弃去重配。

4）仪器与设备

①海水吸量管：10.0cm^3。

②滴定管：25.0cm^3 溶解氧滴定管。

③电磁搅拌器及包裹聚乙烯或玻璃的磁搅拌转子。

5）测定步骤

（1）硝酸银溶液的标定

用氯化钠标准溶液洗涤海水吸量管两次，然后，在 3 个 100.0cm^3 烧杯中，分别移入 3 份 10.0cm^3 氯化钠标准溶液，各加入 1.5cm^3 荧光黄钠盐指示剂，放入磁转子。

用硝酸银溶液洗涤滴定管两次，然后注入硝酸银溶液至满标。

在电磁搅拌下进行滴定。当溶液变为玫瑰红色时，即为终点。读取滴定管体积读数 V_s（读准至 0.01cm^3），将滴定管体积读数 V_s 填入氯化物测定记录表中（表 4.14）。

注：每批样品测定前，均应进行硝酸银溶液标定。如长时间连续测定，一般每隔 4.0h 标定一次。若室温较稳定，可每隔 8.0h 标定一次。

表 4.14   **氯化物测定记录表**

水样登记表编号_____至_____   编号_____

采样日期____年___月___日至____年___月___日   共____页,第____页

水样接收人_____接收日期____年___月___日   分析日期____年___月___日

序号	站号	采样时间 时、分	水样深度 (m)	瓶号	测定样体积 (cm³)	消耗氯化银体积(cm³) V_w (1)	消耗氯化银体积(cm³) V_w (2)	$\overline{V}_w$	ρ_{Cl} (g/dm³)	备注
1										
2										
3										
4										硝酸溶液标定:
5										氯化钠标准溶液氯离子浓度
6										$\rho =$_____ g/dm³
7										
8										氯化钠标准溶液体积
9										$V_1 =$_____ cm³
10										
11										消耗硝酸银体积 V_s
12										(1) =_____ cm³
13										(2) =_____ cm³
14										(3) =_____ cm³
15										$\overline{V}_a =$_____ cm³
16										注:V_w 与 $\overline{V}_w$ 分别为双样测
17										定消耗硝酸银体积及其平
18										均值
19										
20										

分析者_____   校对者_____

(2)水样测定

样品应放置至其温度接近室温时测定。用少量水样洗涤海水吸量管两次,然后吸取 10.0cm³水样于 100.0cm³烧杯中,加入 1.5cm³荧光黄钠盐指示剂,放入磁转子,按前述方法进行滴定。每个水样应取双样平行测定。将滴定管体积读数 V_w 记录于氯化物测定记录表中。

6）计算

水样中氯化物的氯离子浓度 ρ_{Cl} 按式（4.23）计算。

$$\rho_{\text{Cl}} = \frac{\rho_{\text{NaCl-Cl}} \cdot V_1 \cdot \overline{V}_w}{V_2 \cdot V_s} \tag{4.23}$$

式中，ρ_{Cl} 为水样的氯离子浓度，g/dm^3；$\rho_{\text{NaCl-Cl}}$ 为氯化钠标准溶液中氯离子的浓度，g/dm^3；V_1 为标定硝酸银溶液时，使用的氯化钠标准溶液体积，cm^3；$\overline{V}_w$ 为水样滴定时，消耗的硝酸银溶液体积平均值，cm^3；V_2 为水样体积，cm^3；V_s 为标定硝酸银标准溶液时，消耗的硝酸银溶液体积的平均值，cm^3。

4.2.7　总磷测定

1）技术指标

测定范围：$0.09\mu\text{mol/dm}^3 \sim 6.4\mu\text{mol/dm}^3$。

检测下限：$0.09\mu\text{mol/dm}^3$。

准确度：以甘油磷酸钠（$C_3H_7Na_2O_6P \cdot 5\ 1/2H_2O$）为标准加入物，其方法回收率为 98%～100%；以六偏磷酸钠$[(NaPO_3)_6]$为标准加入物，其方法回收率为 93%～98%。

精密度：总磷浓度为 $1\mu\text{mol/dm}^3 \sim 6.4\mu\text{mol/dm}^3$ 时，相对标准偏差为 ±5%。

2）方法原理

海水样品在酸性和 110℃～120℃ 条件下，用过硫酸钾氧化，有机磷化合物被转化为无机磷酸盐，无机聚合态磷水解为正磷酸盐。消化过程产生的游离氯，以抗坏血酸还原。消化后水样中的正磷酸盐与钼酸铵形成磷钼黄。在酒石酸氧锑钾存在下，磷钼黄被抗坏血酸还原为磷钼蓝，于 882nm 波长处进行分光光度测定。

3）试剂及其配制

除另有说明外，所用试剂均为分析纯，实验用水为二次蒸馏水或等效纯水。

（1）硫酸溶液：体积分数为 17.0%

在水浴冷却和不断搅拌下，将 60.0cm^3 硫酸（H_2SO_4，$\rho = 1.84\text{g/cm}^3$）缓慢加入 300.0cm^3 水中，贮存于玻璃瓶中。

（2）过硫酸钾溶液：$\rho = 50.0\text{g/dm}^3$

称取 5.0g 过硫酸钾（$K_2S_2O_8$）溶于水中，并用水稀释至 100.0cm^3，混匀。此溶液在室温避光保存可稳定 10.0d；4℃～6℃ 避光保存可稳定 30.0d。

过硫酸钾的试剂空白若达不到要求时，可用多次重结晶方法提纯。

（3）钼酸铵溶液：$\rho = 30.0\text{g/dm}^3$

称取 15.0g 钼酸铵$[(NH_4)_6Mo_7O_{24} \cdot 4H_2O]$溶于水中并稀释至 500.0cm^3，贮于聚乙烯瓶中，避光保存。

（4）抗坏血酸溶液：$\rho = 54.0\text{g/dm}^3$

称取 5.4g 抗坏血酸（$C_6H_8O_6$）溶于水中并稀释至 100.0cm^3。此液贮于聚乙烯瓶中，避免阳光直射。有效期为一星期。在 5～6℃ 下低温保存，可稳定一个月。

（5）酒石酸氧锑钾溶液：$\rho = 1.4\text{g/dm}^3$

称取 1.4g 酒石酸氧锑钾($KSbO \cdot C_4H_4O_6 \cdot 1/2H_2O$)溶于水中并稀释至 $1000.0cm^3$，贮于聚乙烯瓶中，有效期为 6 个月。

(6)硫酸-钼酸铵-酒石酸氧锑钾混合溶液

依次量取 $100.0cm^3$ 硫酸溶液，$40.0cm^3$ 钼酸铵溶液，$20.0cm^3$ 酒石酸氧锑钾溶液，混合均匀。临用时配制。

(7)磷酸盐标准溶液

磷酸盐标准贮备溶液：$c(PO_4^{3-}\text{-P}) = 8.0\mu mol/dm^3$

称取 1.088g 磷酸二氢钾(KH_2PO_4，优级纯，在 110℃～115℃烘干 2.0h，置于干燥器中冷却至室温)，用少量水溶解后，全量转移至 $1000.0cm^3$ 容量瓶中，用水稀释至标线，加 $1.0cm^3$ 三氯甲烷，混匀。暗处存放，有效期 6 个月。

磷酸盐标准使用溶液：$c(PO_4^{3-}\text{-P}) = 0.08\mu mol/dm^3$

移取 $1.0cm^3$ 磷酸盐标准贮备溶液于 $100.0cm^3$ 容量瓶中，用水稀释至标线。加 3 滴三氯甲烷，混匀，贮存于棕色玻璃瓶中，有效期为 24.0h。

4)仪器与设备

①医用手提式蒸气灭菌器或家用压力锅，压力可达到 1.1kPa～1.4kPa，温度可达 120℃～124℃。

②分光光度计。

③消煮瓶：$60.0～100.0cm^3$，带螺旋盖的聚四氟乙烯瓶或聚丙烯瓶。

实验所用的器皿均应用体积分数为 10%盐酸溶液浸泡 24.0h 后，再用水冲洗干净。

5)测定步骤

(1)标准工作曲线绘制($0～6.4\mu mol/dm^3$)

在 6 个 $100cm^3$ 容量瓶中，分别移入磷酸盐标准使用溶液 $0cm^3$、$0.5cm^3$、$1.0cm^3$、$2.0cm^3$、$4.0cm^3$、$8.0cm^3$，用水稀释至标线，混匀。此标准溶液系列的浓度依次为 $0\mu mol/dm^3$、$0.4\mu mol/dm^3$、$0.8\mu mol/dm^3$、$1.6\mu mol/dm^3$、$3.2\mu mol/dm^3$、$6.4\mu mol/dm^3$。

在两组各 6 个消煮瓶中，分别依次移入 $25.0cm^3$ 上述标准溶液系列，各加入 $2.5cm^3$ 过硫酸钾溶液，混匀，旋紧瓶盖。

把上述消煮瓶置于不锈钢丝筐中，放入高压蒸汽消煮器中加热消煮，待压力升至 1.1kPa(温度为 120℃)时，控制压力在 1.1～1.4kPa(温度 120～124℃)保持 30.0min。然后停止加热，自然冷却至压力为"0"时，方可打开锅盖，取出消煮瓶。

消煮后将水样冷却至室温后，加入 $0.5cm^3$ 抗坏血酸溶液，摇匀，再加入 $2.0cm^3$ 硫酸-钼酸铵-酒石酸氧锑钾混合溶液和 $0.5cm^3$ 抗坏血酸溶液，混匀，显色 10.0min 后，在分光光度计上，用 5.0cm 比色池，以水作参比，于 882nm 波长处测定溶液的吸光值 A_s，其中，空白吸光值为 A_b。记录于标准工作曲线数据记录表中。

以扣除空白吸光值 A_b 后的吸光值 A_n 为纵坐标，标准溶液系列的浓度 c_s 为横坐标，绘制标准工作曲线，并用线性回归法求出标准工作曲线的截距 a 和斜率 b。

(2)水样测定

量取 $25.0cm^3$ 海水水样(双样)于消煮瓶中，加入 $2.5cm^3$ 过硫酸钾溶液，混匀，旋紧瓶盖。

以下按前述步骤测定水样吸光值 A_w，记录于总磷测定记录表 4.15 中。

表 4.15　　　　　　　　　　　　　　**总磷测定记录表**

水样登记表编号＿＿＿＿＿＿＿＿至＿＿＿＿＿＿＿　　　　　编号＿＿＿＿＿＿＿＿＿

采样日期＿＿＿＿年＿＿月＿＿日至＿＿＿＿年＿＿月＿＿日　共＿＿＿＿页，第＿＿＿＿页

水样接收人＿＿＿＿＿＿接收日期＿＿＿＿年＿＿月＿＿日　分析日期＿＿＿＿年＿＿月＿＿日

序号	站号	采样时间时、分	水样深度(m)	瓶号	吸光值 A_w (1)	吸光值 A_w (2)	$\overline{A_w}$	浊度 A_t	总磷浓度 $c(\text{TP-P})$ $(\mu mol/dm^3)$	备注
1										
2										1)标准曲线数据记录表
3										编号：
4										标准曲线斜率
5										b：
6										
7										标准曲线截距
8										a：
9										2)试剂空白检验
										A_b：
										3)标准曲线校正 标准样浓度
										c_a：
										标准样吸光值
										A_a：
										4)A_w 及 $\overline{A_w}$ 分别为双样 测定吸光值及其平均值

（3）批量样品质量检验

检验方法同亚硝酸盐。本方法校正误差 S_b 不可大于±5.0%。

（4）浑浊度测定

如果水样的浊度对吸光值有影响，应进行浊度校正：取 25.0cm³ 水样按前述步骤，于

相同的波长(882nm)处测定水样浊度的吸光值A_t。

6)计算

水样中总磷浓度可按式(4.24)计算。

$$c(\text{TP-P}) = \frac{(\overline{A}_w - A_t - A_b) - a}{b}$$ 　　　　　　(4.24)

式中,$c(\text{TP-P})$为水样中总磷的浓度,$\mu\text{mol}/\text{dm}^3$;$\overline{A}_w$为水样中总磷的平均吸光值;$A_t$为水样中浊度的吸光值,如果无需浊度校正时,该项为0;A_b为空白吸光值;a为标准工作曲线截距;b为标准工作曲线斜率。

其他指标的测定参考《海洋调查规范 第4部分:海水化学要素调查》(GB/T 12763.4—2007)或有关规范。

第5章 潮 汐 测 量

潮汐现象是指海水在天体(主要是月球和太阳)引潮力作用下所产生的周期性运动,习惯上把海面的垂向涨落称为潮汐。潮汐是所有海洋现象中较先引起人们注意的海水运动现象,它与人类活动的关系非常密切。海港工程,航运交通,军事活动,渔、盐、水产业,近海环境研究与污染治理,都与潮汐现象密切相关。潮汐观测通常称为水位观测,又称验潮。验潮的目的是了解当地的潮汐性质,应用所获得的潮汐观测资料,计算潮汐调和常数、平均海平面、深度基准面、进行潮汐预报以及提供测量不同时刻的水位改正数等。

5.1 潮汐的基本概念

5.1.1 潮汐的产生原理

众所周知,太阳、月球与地球的相对运动是引起海面周期性涨落的根本动因。尽管太空中的其他星体也对地球产生引力作用,但相对于太阳和月球的影响几乎可以忽略,通常只考虑月球和太阳对地球的引潮作用。

引起潮汐的原因是很复杂的,主要是由月球和太阳"引潮力"引起的。在介绍引潮力之前,首先以月球引潮力为例,阐述引潮力的两个构成因素:月球引力和离心力。

第一个构成因素是月球的引力。万有引力定律告诉我们,宇宙中一切物体之间都是互相吸引的。月球对地球存在着引力,在地球上不同的地方,月球的引力是方向不同、大小不等的。引力的方向指向月球中心,引力的大小因地球上各地距月球中心的距离而不同。如图5.1所示,月球直射点 B,距月球中心最近,引力最大,A 点和 C 点次之,B 点的对跖点 D 处,月球的引力最小。

第二个构成因素是地球绕地月公共质心转动而产生的离心力。由于月球对地球有引力,地球对月球也有引力,在地月之间就构成了一个互相吸引的引力系统,并有一个公共质心,位于距地心0.73乘以地球半径的地方。地球除一刻不停地进行着自转和绕日公转外,还要绕地月公共质心转动,产生离心力。这股离心力刚好和月球对地心的吸引力大小相等、方向相反,使地月之间能够保持一定距离。这种情况就好比用绳子拴住一块石头使其转动,石头受到人手对它的拉力,在转动时产生了离心力,与该拉力正好平衡。由于地球在绕公共质心运动时,地球上各点之间处于平动状态,所以在地球上的不同地方,这股离心力是方向相同、大小相等的。

月球引力和地球离心力是两种对立的力,两者结合起来产生的合力(矢量和),就是月球使海水发生潮汐现象的力量,称为"月球引潮力"。月球引潮力在地球不同地方各不相同。在面向月球的直射点 B，引力大于离心力，两者合成的引潮力，使海水向上（向月球方向）运动，造成涨潮。在背向月球的对跖点 D，离心力大于引力，两者合成的引潮力，也使海水向上（背向月球方向）运动，也造成海水上涨现象。在 A 点和 C 点，引力和离心力合成的引潮力向下（向地球中心），使海水向下运动，造成海水下降现象。在地球自转过程中，地球表面上任何一点，都有经过类似 A、B、C、D 4 个位置的机会，因此在一个太阴日内常见的潮汐有两涨两落的现象。

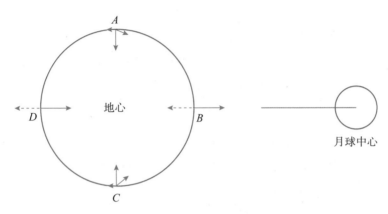

图 5.1 地球受月作用示意图

实际上，引潮力是月球和太阳对地球的引力，以及地球绕地月公共质心旋转时所产生的惯性离心力，这两种力的合力，它是引起潮汐的原动力。

引潮力的实质究竟是什么？它是怎样产生的？要回答这些问题，首先需从天体引力谈起。绕转着的天体，都受到两种力的作用，一种是绕转天体间的引力，一种是由于绕转而产生的离心力。两种力同时作用，才使天体能够维持其按一定规律绕转的运动状态。月和地球绕转、地和日绕转也是这样。

引力和离心力，对于整个天体来说，两者是保持平衡的。但是，对于天体上的每一个质点（位于天体中心的质点除外）来说，两者是不平衡的。绕转天体之间的引力同绕转运动所产生的惯性离心力的不平衡，是产生引潮力的根本原因。

太阳和月球对地球的引力，地球在绕转中产生的离心力，以及由于这两种力在地球表面所表现出的不平衡，其本质是相同的。由月球作用而产生的潮汐，称太阴潮；由太阳作用而产生的潮汐，称太阳潮。太阳潮和太阴潮并无本质上的差异，但在量值上，太阴潮大于太阳潮。

引潮力在地球上的分布是不均匀的。各地点引潮力大小、方向的差异，必然使被海水所覆盖的地球变形。以正垂点为中心的半球，引潮力的水平分力指向正垂点，另一个分力指向月球（或太阳），海水质点向正垂点方向集中、朝向月球（或太阳）隆起；以反垂点为中心的半球，引潮力的水平分力指向反垂点，另一个分力背向月球（或太阳），海水质点向反垂点方向集中、背向月球（或太阳）隆起；在这两个半球交界的地方，引潮力指向地心，海水质点向下移动。这样，就使完全被海水覆盖的地球，变成一个分别朝向和背向月球(或太阳)隆起的扁球体。正垂点和反垂点的连线，就是这个扁球体的长轴。这种由于引潮力作用而产生的变形，称为潮汐变形。

在地球上看来，在引潮力作用下，以正、反垂点为中心的海水朝向和背向月球(或太阳)隆起，都是海面的向上升高，在正、反垂点周围，各形成一个水位特高的地区，叫做潮汐隆起；在距正、反垂点最远的地方，指向地心的引潮力使那里的海面下降，形成水位特低的地带。

以正垂点为中心的潮汐隆起，称为顺潮，它始终朝向月球(或太阳)；以反垂点为中心的潮汐隆起，称为对潮，它始终背向月球(或太阳)。因此，随着月球(或太阳)自东向西的周日视运动，两个潮汐隆起不断地自东向西移动，一日之内在地球上移动一周。距正、反垂点最远的海面最低地带，也相应地在地球上自东向西移动。这样，在地表某个具体地点所看到的情况，就是随着时间的流逝，海面不断上升，达到最高水位后，又不断下降，降到最低水位后，又开始上升如此不停地循环往复，这就是海面不断涨落的周期性运动。

就地球潮汐而言，水质点受到的最主要的是月球和太阳的引力，其他星球由于距离太远或者由于质量小，其吸引力都很小，可以略去不计。与此类似，把月球换成太阳，产生的周期性作用力就是太阳引潮力。

月球引潮力在量值上等于月球对地球单位质量物体的引力与月球对地心单位质量物体的引力(即月球对地球单位质量物体引力的平均值)之差。

$$\frac{F_H}{g} = \frac{3}{2}U\left(\frac{\overline{D}}{D}\right)^2\sin2\theta + \frac{3}{2}U\frac{\alpha}{D}(5\cos^2\theta - 1)\sin\theta \tag{5.1}$$

式中，U 为常数，其值为：

$$U = \frac{M}{E}\left(\frac{A}{\overline{D}}\right)^3 = 0.5601 \times 10^{-7} \tag{5.2}$$

式(5.1)即为地球表面的引潮力公式，其中 $\overline{D}$ 为月球距离 D 的平均值。式(5.1)中等号右边的第一项叫做引潮力的主要项，第二项叫做次要项，它只占第一项的 1/60 左右，只有很小的实际意义，而前面省略的项则还要更小。

上式对太阳引潮力也完全适用，只要将式(5.1)、式(5.2)中的 M，D，θ 换作 S(太阳质量)，R'(日地距离)，θ'(太阳天顶距)就可以了。

而

$$s = \frac{U'}{U} = \frac{S}{E}\left(\frac{a}{D'}\right)^3 \bigg/ \frac{M}{E}\left(\frac{a}{D}\right)^3 = \frac{S}{M}\left(\frac{\overline{D}}{D'}\right) = 0.45923 \tag{5.3}$$

式(5.3)表明，太阳引潮力略小于月球引潮力的一半。可见，对于潮汐现象而言，月球的作用是主要的。

5.1.2 潮汐的基本要素及类型

1. 潮汐的基本要素

高潮：潮位上涨到最高位置称为高潮；其高度(一般指由基准面起算)为高潮高。

低潮：潮位下降到最低位置时的高度。

潮差：相邻的高潮与低潮的潮位高度差。

平潮：涨潮时潮位不断增高，达到一定的高度以后，潮位短时间内不涨也不退。

停潮：当潮位退到最低的时候，与平潮情况类似，也发生潮位不退不涨的现象。

高潮时：平潮的中间时刻。

低潮时：停潮的中间时刻。

涨潮时：从低潮时到高潮时的时间间隔。

落潮时：从高潮时到低潮时的时间间隔。

图 5.2 为潮汐要素示意图。

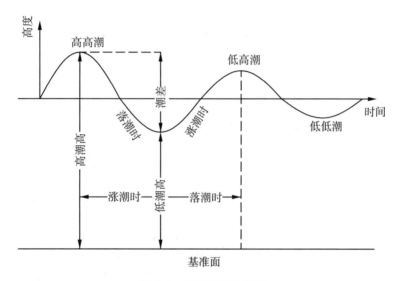

图 5.2　潮汐要素示意图

2. 潮汐的类型

潮汐现象非常复杂。仅以海水涨落的高低来说，各地就很不一样。有的地方潮水涨落几乎察觉不出，有的地方则高达几米。在我国台湾省基隆，涨潮时和落潮时的海面只差0.5m，而杭州湾的潮差(澉浦)竟达 8.93m。在一个潮汐周期(约 24h50min，天文学上称一个太阴日，即月球连续两次经过上中天所需的时间)里，各地潮水涨落的次数、时刻、持续时间也均不相同。

从各地的潮汐观测曲线可以看出，无论是涨、落潮时，还是潮高、潮差都呈现出周期性的变化，根据潮汐涨落的周期和潮差的情况，可以把潮汐大体分为如下 4 种类型：

正规半日潮：在一个太阴日(约 24h50min)内，有两次高潮和两次低潮，从高潮到低潮和从低潮到高潮的潮差几乎相等，这类潮汐就叫做正规半日潮。

不正规半日潮：在一个朔望月中的大多数日子里，每个太阴日内一般可有两次高潮和两次低潮；但有少数日子(当月赤纬较大的时候)，第二次高潮很小，半日潮特征就不显著，这类潮汐就叫做不正规半日潮。

正规日潮：在一个太阴日内只有一次高潮和一次低潮，像这样的一种潮汐就叫正规日潮，或称正规全日潮。

不正规日潮：这类潮汐在一个朔望月中的大多数日子里具有日潮型的特征，但有少数日子(当月赤纬接近零的时候)则具有半日潮的特征。

5.1.3　潮汐调和分析

潮汐理论一般只能给出海洋潮汐现象变化的基本规律和特点，想准确地了解具体海区潮汐的大小及其变化规律仍然必须进行实际观测。根据实际观测资料进行潮汐分析，以便求得潮汐调和常数。由潮汐调和常数可以了解分潮波组成的大小，而且可用来推算潮汐和为潮波数值计算提供依据。

潮汐调和分析就是以潮汐静力学为基础，根据潮汐观测资料进行分析，计算潮汐调和常数的过程。

1. 实际潮汐分潮

在实际潮位中，直接由引潮力作用所产生的分潮叫做引力潮或天文潮，通常它是水位变化的主要成分。除此之外，还存在气象分潮、天文-气象复合潮和浅水潮，它们和天文潮一起构成了潮位中的可预报部分。主要由气象扰动引起的水位不规则变化叫做噪声，它引起分析结果的误差。

现有的潮汐分析方法有很多，它们差不多都能得出同样好的结果。但基于最小二乘法原理得出的方法具有最大的灵活性。这里需要指出，无论采用哪一种方法，在选取分潮时，必须使之与观测时间间隔及观测时段长度相适应，否则就不能得出良好的结果，甚至不可能得出结果。

对于一年时间的观测记录，只能从中分离出不同亚群的分潮。因此，对于在同一亚群之中的分潮，必须引入它们之间已知的推算关系。传统的做法是利用交点因子和交点订正角，用以考虑同一亚群中次要分潮对主分潮的影响。

引潮力可以展开成许多余弦振动之和。虽然不能期望实际海洋的潮汐与有平衡潮理论所得出的结果一样。但可以期望，在某一个频率为 $f = \sigma/2\pi$ 的周期性变化的引力潮分潮(包括垂直和水平引潮力)的作用下，海洋也要产生这一频率的振荡。在某一地点，海面高度变化应包含有这个频率的成分，可以写作 $H\cos\alpha$，它代表了实际潮汐的一个分潮，其中振幅 H 对一定地点为常量，位相 α 以速率 σ 均匀增加。

既然实际分潮位相 α 的增加速率与引潮力相角的增加速率相同，则 α 将与引潮力相角保持着不变的位相差。当然，可以将 α 与垂直引潮力相应分潮的相角进行比较，也可以与水平引潮力或平衡潮的相应分潮的相角进行比较。在潮汐分析和预报工作中，习惯于与垂直引潮力或平衡潮的相角(这两者相位相同)进行比较，并规定 k 为地方迟角

$$k = v - \alpha \tag{5.4}$$

式中，v 为当地垂直引潮力的位相。k 之所以被称为迟角是因为正如它为正，则当地垂直引潮力分潮最大，即当 $v = 0$ 时，α 为 $-k$，需要再经过 k/σ 这样一段时间，α 才能达到 $0°$，亦即实际潮汐分潮才能达到最大。所以，k 反映了实际分潮相对于天文分潮的位相落后。

k 是由把当地实际潮汐分潮位相和当地天文分潮的相角相比较而得出的，它的物理意义较明显，早先的潮汐文献中多采用这种迟角。但在实际工作中采用它会不方便，因为这样做必须对每个不同经度的地方计算该处的天文相角。现在在实际潮汐分析和预报中，更多地采用另一种迟角，其规定是这样的：实际潮汐观测所用的时间是区时，例如用东 N 区时，在这个时间系统的 t_N 时刻，设实际分潮的位相为 α_N，而在格林尼治的 $t_G = t_N$ 时刻，若格林尼治天文角为 v_G，则取迟角

$$g = v_G - \alpha_N \tag{5.5}$$

这样，以后作预报时，如欲知道观测站在 N 区时 t'_N 时刻的实际分潮位相 α'_N，可用格林尼治 $t'_G = t'_N$ 的天文分潮相角 v'_G 减去 g 得到。这样就不必推算当地的天文相角，格林尼治天文相角可以直接用于任何地点。在这里，等式 $t_G = t_N$ 只是数字上相等，它们实质意义上不是同一时刻，在格林尼治到达 t_G 时刻要比在东 N 区时到达 t_N 时刻迟 N 小时。

为了建立 g 和 k 的关系，要弄清式(5.4)和式(5.5)之间意义上的差别。在式(5.5)中，实际分潮和天文分潮的位相的比较是在同一时间系统中进行的，也就是说，k 是天文分潮和实际分潮在同一瞬间的位相之差。所谓同一瞬间的意思就是在同一时间系统中的同一个时间值。由于位相差不随时间变化，所以时间系统可以随便选用，不一定要用地方时，所要强调的是对天文分潮和实际分潮要用同一个时间系统。而式(5.5)中，天文和实际分潮的位相则分别采用不同的时间系统：实际分潮采用区时，天文分潮采用世界时。还不只是如此，天文分潮用的不是相对于观测地点的相角，而是用相对于格林尼治的相角。这样一来，由于格林尼治 t_G 时刻要比在数值上与之相等的东区 N 区时的 t_N 时刻落后 N 小时，故在格林尼治 t_G 时刻，实际分潮的位相已不是 α_N，而是 $\alpha_N + \sigma_N$。而在格林尼治 t_G 时刻，位于东经 L 处的观测地点的天文相角则是 $v_G + \mu_L$。如前所述，迟角 k 与所用的时间系统无关，现在 $\alpha_N + \sigma_N$ 和 $v_G + \mu_L$ 都是在同一时间系统(世界时)中同一时刻(t_G)的观测地点的实际分潮和天文分潮的位相，故两者之差为 k

$$k = v_G + \mu_1 L - (\alpha_N + \sigma N) = v_G - \alpha_N + \mu_1 L - \sigma N$$

将式(5-5)代入，便得 k 和 g 之间的换算关系：

$$k = g + \mu_1 L - \sigma N \tag{5.6}$$

注意，式中 L 和 N 系指东经和东 N 时区，若是西经或西 N 区时，则其值为负。

下面将用格林尼治迟角称呼 g。

还有一些早期的文献可能会采用区时迟角 k'，它与 k 不同之处在于以标准子午线处的 v 值代替同一时刻观测地点的 v 值。由于在同一时刻 s，h'，P，N'，p' 均相同，只有平太阴时角相差 $\Delta L = L - 15°N$，故有

$$k' = k - \mu_1(L - 15°N) \tag{5.7}$$

代入式(5.6)，可得 k' 和 g 之间的换算关系：

$$k' = g + (\mu_1 \cdot 15° - \sigma)N \tag{5.8}$$

在式(5.7)和式(5.8)中，采用的角度单位是度，若以弧度为单位，则式中 15° 应改作 $\pi/12$。

在近代文献中，已经很少有人再采用 k' 作为迟角。

由于迟角 k 与所用的时间系统无关，故在资料中不需要注明采用的时间系统。而对迟

角 g 情况就不同。凡是资料中用了迟角 g，就必须注明所用的时区。如果某处的一组调和常数，观测时采用了东 N' 时区，算得的迟角为 g'，现在想把它化到东 N 区时下的迟角 g，则可用

$$g = g' + \sigma(N - N') \tag{5.9}$$

计算这个式子很容易由式(5.6)得出。因为 k 值与时间系统无关，故有 $k = g + \mu_1 L - \sigma N$，又有 $k = g' + \mu_1 L - \sigma N'$，两式相减即得式(5.9)。例如，已知在琉球群岛许多岛屿上的调和常数，它们所采用的时区为东 9 时。为了与我国沿海的调和常数作对比，希望对它们也采用东 8 时区，则由于此时式(5.9)中 $N - N' = -1$，应当把琉球群岛在东 9 时区下的 g 值都减去相应分潮的 σ 值。

H 和 g（k 和 k'）叫做实际潮汐分潮的调和常数，它们反映了海洋对这一频率外力的响应。这种响应决定于海洋本身的动力学性质。由于海洋环境的变化十分缓慢，对一般海区，调和常数具有极强的稳定性，在不特别长的时期内，可充分近似地认为是常数。只有在那些短期内地形具有重大变化的地点，调和常数才显示出随时间有明显可感觉到的变化。

上面谈的是某一个周期的引潮力引起的海面升降。事实上引潮力是由许多不同周期的振动叠加起来的，因而实际海面升降也是由许多不同周期的振动叠加而成的。故应当用下式表示潮位高度：

$$h = S_0 + \sum H_i \cos(v_i - k_i) = S_0 + \sum H_i \cos(\sigma_i + v_{0i} - k_i) \tag{5.10}$$

但更经常地，将用

$$h = S_0 + \sum H_i \cos(v_i - g_i) = S_0 + \sum H_i \cos(\sigma_{it} + v_{0i} - g_i) \tag{5.11}$$

来表示潮高。式(5.11)中 v 要理解为格林尼治天文相角，为了省略，这里和以后都不加下标。v_0 为 $t = 0$ 时刻的 v 值。上两式中 S_0 均为长期平均水位高度。

迟角的负值 $-g_i$ 代表了实际分潮相对于引力分潮的位相超前，而实际分潮对引潮力分潮的振幅比 H_i/C_i 代表了实际分潮相对于引潮力分潮的放大率，它们一起代表了观测地点对频率 $f_i = \sigma_i/2\pi$ 的周期性外力的响应特性。把它们看作频率的函数，就叫做响应函数。实际潮汐的响应函数通常是比较平滑的。

2. 调和常数

k 是天文分潮和实际分潮在同一瞬间的位相之差，所谓同一瞬间就是指在同一时间系统中的同一个时间值。由于位相差不随时间变化，所以时间系统倒是可以随便选用，不一定要用地方时，所要强调的是对天文分潮和实际分潮要用同一个时间系统。

还有一些早期的文献可能会采用区时迟角 k'，它与 k 的不同之处在于以标准子午线处的 v 值代替同一时刻观测地点的 v 值。

H 和 g（k 和 k'）叫做实际分潮的调和常数，它们反映了海洋对这一频率外力的响应。这种响应决定于海洋本身的动力学性质。

3. 准调和分析

如果观测的时间长度只有一天或几天，则叫作做短期观测。这时只有少数几个主要分潮的调和常数可以由观测数值直接确定；对其余的分潮必须引进与这些主要分潮的一定的

已知关系。

如果利用电子计算机分析，可以直接采用调和分潮方法，也可以事先把调和分潮合并成少数准调和分潮。但如手工计算，则只能采用准调和分潮方法。

(1) 准调和分潮

能够互相分离的分潮之间的最小频率间隔与观测时段的长度有关，当分潮之间的会合周期显著大于观测时段长度时，则必须引入已知的关系。本章所要分析的观测数据的时段只有一天或几天，这就需要进一步引入不同分潮之间的关系。

以一个分潮为主，对其余分潮的调和常数给出它们与这个主要分潮调和常数的一定关系，这实际上相当于把这些分潮合并到主要分潮而成为一项。但这一项的振幅和角速率不再是常量，而是随时间作缓慢变化(如果被合并的分潮之间的角速率相近的话)，因而称这样的项为准调和分潮。

如果要分析的观测数据只有一天，则对每个潮族只能允许有一个主要分潮，若观测数据是若干组一天观测的资料，则可以允许每个潮族有少数几个主要分潮，但是一般不能由这类观测数据求得长周期分潮的调和常数。

杜德森等曾经根据实际潮汐的特点，把所有较大的全日潮合并成 O_1 和 K_1 两个分潮；把所有较大的半日分潮合并成 M_2 和 S_2 两个分潮。如果观测数据不少于两天，这 4 个分潮的调和长数都能计算出来，但如果只有一天的观测数据，需要在这两对分潮之间进一步引入一定的关系。杜德森给出的准调和分潮的振幅和位相的计算公式比较粗略，下面给出的公式是根据方国洪(1974，181b)"潮汐分析和预报的准调和分潮方法"。

引潮力的第二项展开式如下：

$$
\begin{aligned}
\frac{F_{v3}}{g} =& \frac{3}{2}U\left(\frac{1}{2} - \frac{3}{2}\sin^2\phi\right)\left[\left(\frac{\bar{R}}{R}\right)^3\left(\frac{2}{3} - \sin^2 I\right)\right.\\
&\left. + \left(\frac{\bar{R}}{R}\right)^3\sin^2 I\cos(2\lambda - 2\xi)\right]\\
&+ \frac{3}{2}U\sin2\phi\left[\left(\frac{\bar{R}}{R}\right)^3\sin I\cos^2\frac{I}{2}\cos\left(T - 2\lambda + h' + 2\xi - v + \frac{\pi}{2}\right)\right.\\
&+ \left(\frac{\bar{R}}{R}\right)^3\frac{\sin2I}{2}\cos\left(T + h' - v - \frac{\pi}{2}\right)\\
&\left. + \left(\frac{\bar{R}}{R}\right)^3\sin I\sin^2\frac{I}{2}\cos\left(T + 2\lambda + h' - 2\xi - v - \frac{\pi}{2}\right)\right]\\
&+ \frac{3}{2}U\cos^2\phi\left[\left(\frac{\bar{E}}{R}\right)^3\cos^4\frac{I}{2}\cos(2T - 2\lambda + 2h' + 2\xi - 2v)\right.\\
&+ \left(\frac{\bar{R}}{R}\right)^3\frac{\sin^2 I}{2}\cos(2T + 2h' - 2v)\\
&\left. + \left(\frac{\bar{R}}{R}\right)^3\sin^4\frac{I}{2}\cos(2T + 2\lambda + 2h' - 2\xi - 2v)\right]
\end{aligned}
\tag{5.12}
$$

式中，头两项是长周期项，不能考虑，最末一项比例与 $\sin^4\dfrac{I}{2}$，只有最大项(第六项)的 0.2%，把它略去。这样，剩下的有 5 项。对太阳引潮力也有相应的 5 项。此外，辐射潮 S_2 也有一定的量值。至于引潮力中与月地或日地距离四次方以上有关的次要项，由于它们很小，将其略去。这样，剩下的总共有 11 项，每一项叫做一个分潮，它们的振幅(略去公共因子)记作 W，相角记作 $\mu_1 15°t - \omega$。相角中时间 t 是从深夜零时起算的，单位为小时，因此 $15°t$ 即等于式(5.12)中的平太阳时角 T 加上 $180°$。每个子分潮中包含的主要调和分潮的频率，可以把它们合并为 O_1，K_1，M_2 和 S_2。下面以 O_1 为例说明对实际分潮进行合并的有关问题。O_1 系数为

$$W = \left(\frac{\overline{R}}{R}\right)^3 \sin I \cos^2 \frac{I}{2},$$

天文相角 $\mu_1 15°t - \omega = 15°t - (2\lambda - h' + v - 2\xi + 90°)$；$O_1$ 子分潮展开后，包含着 O_1，Q_1，ρ_1 等许多纯调和分潮。不需要具体将其展开式写出，而只要给出如下一个形式上的表达式

$$W\cos(15°t - \omega) = \sum C_1\cos(\sigma_i t + v_{0i}) \tag{5.13}$$

这里 W 代表 $\left(\dfrac{\overline{R}}{R}\right)^3 \sin I \cos^2 \dfrac{I}{2}$，$\omega = 2\lambda - h' + v - 2\xi + 90°$，$\sigma$ 的单位是度/小时。假定右边展开式中，当 $i=1$ 时为 O_1 调和分潮。上式也可写为

$$W\cos\omega\cos15°t + W\sin\omega\sin15°t$$
$$= \left[\sum_i C_i\cos(\Delta\sigma_i - v_{0i})\right]\cos15°t + \left[\sum_i C_i\sin(\Delta\sigma_i l - v_{0i})\right]\sin15°t \tag{5.14}$$

其中，

$$\Delta\sigma_i = 15° - \sigma_i \tag{5.15}$$

由此可得

$$\begin{cases} W\cos\omega = \sum_i C_i\cos(\Delta\sigma_i t - v_{0i}) \\ W\sin\omega = \sum_i C_i\sin(\Delta\sigma_i t - v_{0i}) \end{cases} \tag{5.16}$$

与式(5.13)右边引潮力调和相应的实际调和分潮为

$$\sum_i H_i\cos(\sigma_i t + v_{0i} - g_i) = \sum_i H_i\cos(15°t - \Delta\sigma_i t + v_{0i} - g_i) \tag{5.17}$$

将这些分潮都合并到第一个，即 O_1 分潮。如果调和常数之间满足下列关系：

$$\begin{cases} H_2/H_1 = C_2/C_1, \ H_3/H_1 = C_3/C_1, \ \cdots, \\ g_2 - g_1 = (\sigma_2 - \sigma_1)A, \ g_3 - g_1 = (\sigma_3 - \sigma_1)A, \ \cdots, \end{cases} \tag{5.18}$$

其中 A 为常量，这时式(5.17)中振幅便可写作 $H_i = \dfrac{C_i}{C_1}H_1$，位相则为

$$15°t - \Delta\sigma_i t + v_{0i} - g_i = 15°t - \Delta\sigma_i t + v_{0i} - g_i - (\sigma_i - \sigma_1)A$$
$$= 15°t - \Delta\sigma_i(t - A) + v_{0i} - (15° - \sigma_i)A - g_1 \tag{5.19}$$

故式(5.17)转化为

$$\sum_i H_i \cos(\sigma_i t + v_{0i} - g_i)$$

$$= \frac{H_i}{C_i} \sum_i C_i \cos[15°t - \Delta\sigma_i(t - A) + v_{0i} - (15° - \sigma_i)A - g_i]$$

$$= \frac{H_i}{C_i} \Big[\Big\{ \sum_i C_i \cos[\Delta\sigma_i(t - A) - v_{0i}] \Big\} \cos[15°t - (15° - \sigma_i)A - g_i]$$

$$+ \Big\{ \sum_i C_i \sin[\Delta\sigma_i(t - A) - v_{0i}] \Big\} \sin[15°t - (15° - \sigma_i)A - g_i] \Big]$$

(5.20)

若式(5.16)右边 t 以 $t-A$ 代替，则所得的 W 和 ω 值便是 $t-A$ 时刻的值，可记为 W_{t-A} 和 ω_{t-A}，即

$$\begin{cases} W_{t-A}\cos\omega_{t-A} = \sum_i C_i \cos[\Delta\sigma_i(t - A) - v_{0i}] \\ W_{t-A}\sin\omega_{t-A} = \sum_i C_i \sin[\Delta\sigma_i(t - A) - v_{0i}] \end{cases}$$

(5.21)

将其代入式(5.20)，便得

$$\sum_i H_i \cos(\sigma_i t + v_{0i} - g_i) =$$

$$\frac{H_i}{C_i} W_{t-A} \cos[15°t - \omega_{t-A} - (15° - \sigma_1)A - g_1]$$

(5.22)

若记

$$\begin{cases} D = W_{t-A}/C_i \\ d = \omega_{t-A} + (15° - \sigma_i)A \end{cases}$$

(5.23)

则有

$$\sum_i H_i \cos(\sigma_i t + v_{0i} - g_i) = D H_i \cos(15°t - d - g_1)$$

(5.24)

与天文情况有关的变量 D 和 d 分别叫做准调和分潮的振幅系数和迟角订正。

已经看到，引潮力的一组调和分潮可以通过式(5.14)由一个引潮力准调和分潮代表；相应地，一组实际调和分潮也可以通过式(5.24)由一个实际的准调和分潮代表。而且，如果条件(5.19)满足，实际准调和分潮的振幅和相角与 A 小时前的引潮力准调和分潮相应量有关，与其余时刻，特别是与当时的引潮力则没有关系。故 A 叫做这个准调和分潮的潮龄。

对 O_1 的合并过程，显然完全适用于 M_2。对 K_1 和 S_2 也可类似地处理，只是这时子分潮不只是一个，而是若干个，因而与式(5.16)相对的等式的左边应当有若干个 $W\cos\omega$ 和 $W\sin\omega$ 之和。

(2) D 和 d 计算公式

现在给出 O_1，K_1，M_2 和 S_2 各准调和分潮 D，d 值的实际计算公式。由于这些变量变化不十分迅速，一般只对零时直接用后面给出的公式计算，对其余间，可由零时的值内插得出。

基本天文元素 s，h'，p，N'，p' 的计算公式如下：

$$
\begin{cases}
s = 277°.02 + 129°.3848(Y - 1900) + 13°.1764\left[n + i + \dfrac{1}{24}(t - A)\right] \\[2mm]
h' = 280°.19 - 0°.2387(Y - 1900) + 0°.9875\left[n + i + \dfrac{1}{24}(t - A)\right] \\[2mm]
p = 334°.39 + 40°.6625(Y - 1900) + 0°.1114\left[n + i + \dfrac{1}{24}(t - A)\right] \\[2mm]
N' = 100°.84 + 19°.3282(Y - 1900) + 0°.0530\left[n + i + \dfrac{1}{24}(t - A)\right] \\[2mm]
p' = 281°.22 + 0°.0172(Y - 1900) + 0°.00005\left[n + i + \dfrac{1}{24}(t - A)\right]
\end{cases}
\tag{5.25}
$$

式(5.25)的含义是，为计算某一天 t 时的天文变量 D 和 d 值，需要以这时刻前 A 小时来取代这个时刻。潮龄 A 可以有两种基本的取法，一种是对 O_1，K_1，M_2 和 S_2 各自取值，这样做要准确一些。但如要计算某一个时刻的 D 和 d 值，必须计算 4 组不同的基本天文元素。另一种是取全日潮的视差潮龄 $\dfrac{g_{O1} - g_{Q1}}{\sigma_{O1} - \sigma_{Q1}}$（如海区以全日潮为主）或半日潮视差潮龄 $\dfrac{g_{M2} - g_{N2}}{\sigma_{M2} - \sigma_{N2}}$（如海区以半日潮为主）来代替所有 4 个分潮的潮龄。因为在所有被合并掉的分潮中，Q_1 和 N_1 是做主要的分潮，所以着重考虑它们。同时由于这两个分潮是由月地距离的变化，亦即月球视差的变化引起的，故这种潮龄反映了实际潮汐落后于视差变化的时间间隔，称为视差潮龄。

知道了基本天文元素后，下一步可计算 I，v，ξ，λ 和 $(\bar{R}/R)$，公式如下：

$$
\begin{cases}
\lambda' = h' + 1.92°\sin(h' - p') + 0.02°\sin^2(h' - p') \\[2mm]
\bar{R}'/R' = 1 + 0.0168\cos(h' - p') + 0.0003\cos^2(h' - p') \\[2mm]
\lambda = s + 6.29°\sin(s - p) + 0.22°\sin^2(s - p) \\[1mm]
\quad + 1.17°\sin(s - 2h' + p) + 0.62°\sin^2(s - h') \\[2mm]
\bar{R}/R = 1 + 0.0548\cos(s - p) + 0.0030\cos^2(s - p) \\[1mm]
\quad + 0.0093\cos(s - 2h' + p) + 0.0078\cos^2(s - h') \\[2mm]
I = \arccos(0.91369 - 0.03569\cos N') \\[2mm]
v = \arcsin(-0.08968\sin N'/\sin I) \\[2mm]
\xi = \arcsin\left[(0.91739 - 0.01788\cos N')\sin v\right]
\end{cases}
\tag{5.26}
$$

这样，潮位的 6 个准调和分潮的表达式为：

$$
\begin{aligned}
h = {} & X_0 + D_{O_1}H_{O_1}\cos(15°t - d_{O_1} - g_{O_1}) + D_{K_1}H_{K_1}\cos(15°t - d_{K_1} - g_{K_1}) \\
& + D_{M_2}H_{M_2}\cos(30°t - d_{M_2} - g_{M_2}) + D_{S_2}H_{S_2}\cos(30°t - d_{S_2} - g_{S_2}) \\
& + D_{M_4}H_{M_4}\cos(60°t - d_{M_4} - g_{M_4}) + D_{MS_4}H_{MS_4}\cos(60°t - d_{MS_4} - g_{MS_4})
\end{aligned}
\tag{5.27}
$$

式中，X_0 代表平均海面高度加上长周期分潮；D 和 d 可有国家海洋局科技情报研究所

1979 年出版的《天文变量表》查出，该表列出了 1979—1999 年每天零时的 O_1，K_1，M_2，S_2，M_4 和 MS_4 6 个分潮的 D 和 d 值。

式(5.27)中各准调和分潮的 D 和 d 值是随时间而变化的。特别是 d 值变得较快，这是由于相角被写成 $\mu_1 15°t - d - g$ 的形式，但 t 前面的系数并不代表分潮真正的角速率。准确的角速率应当是 $\mu_1 15° - \dot{d}$，这里 d 上面的黑圆点代表对时间的导数。这个角速率本身也是随时间变化的。但是由于每个准调和分潮中以与其同名的调和分潮占优势，故这个角速率只在同名的调和分潮角速率上下作不大的变动，且其平均值等于后者。因此在较短的时间内，例如一天之内，可以将潮位 h 近似表示为几个调和项之和：

$$h = X_0 + \overline{D}_{O_1}H_{O_1}\cos(\sigma_{O_1}t - d_{O_1}^{(0)} - g_{O_1}) + \overline{D}_{K_1}H_{K_1}\cos(\sigma_{K_1}t - d_{K_1}^{(0)} - g_{K_1})$$
$$+ \overline{D}_{M_2}H_{M_2}\cos(\sigma_{M_2}t - d_{M_2}^{(0)} - g_{M_2}) + D_{S_2}H_{S_2}\cos(\sigma_{S_2}t - d_{S_2}^{(0)} - g_{S_2})$$
$$+ D_{M_4}H_{M_4}\cos(\sigma_{M_4}t - d_{M_4}^{(0)} - g_{M_4}) + D_{MS_4}H_{MS_4}\cos(\sigma_{MS_4}t - d_{MS_4}^{(0)} - g_{MS_4})$$

$$(5.28)$$

式中，$\overline{D}_C$（C=O_1，K_1，M_2，S_2，M_4 和 MS_4）为此期间中间时刻 $\bar{t}$ 的 D_C 值；$d_C^{(0)} = d_c - (\mu_1 15° - \sigma_c)\bar{t}$（对 O_1 和 K_1，$\mu_1 = 1$；对 M_2 和 S_2，$\mu_1 = 2$；对 M_4 和 MS_4，$\mu_1 = 4$），$\overline{d}_c$ 为 $\bar{t}$ 的 d_c 值。与式(5.27)相比较，可知用该式代替式(5.27)时，在中间时刻 $\bar{t}$，各分潮的振幅和相角完全相同，当 $t \neq \bar{t}$，但 $t - \bar{t}$ 的量值不大时，其误差亦不大。有时为方便起见，也可取 $\overline{D}_C$，$d_c^{(0)}$ 的数值等于与 $\bar{t}$ 最接近的一个零时的 D，d 值。这种取法意味着当 $t = 0$ 时各分潮的振幅和相角与式(5.27)相同，而当 $t \neq 0$ 时，有不大的误差。

用准调和分潮表达式(5.27)比用调和分潮表达式要简单得多，不但可以简化许多分析过程，而且在分析某些实际潮汐特征时也能使得问题变得更容易。但它之所以能代替调和分潮表达过程，完全依赖于式(5.18)假设。这一假设在深海中常能得到较好满足；在浅水海区中，许多浅水分潮不能被包括进去，从而导致一定误差。

5.2 潮位测量原理

验潮站又称潮位站，是为测量当地海水潮汐变化规律而设置的。为确定平均海面和建立统一的高程基准，需要在验潮站上长期观测潮位的升降，根据验潮记录求出该验潮站海面的平均位置。

海洋测量用的验潮站，根据对观测精度的要求和观测时间的长短，可分为长期验潮站、短期验潮站、临时验潮站和定点验潮站。

①长期验潮站又称基本验潮站。其观测资料用来计算和确定多年平均海面、深度基准面，以及研究海港的潮汐变化规律等。一般应有 2 年以上连续观测的水位资料。

②短期验潮站是海道测量工作中补充的验潮站。一般连续观测 30 天，用来计算该地近似多年平均海面和深度基准面。

③临时验潮站多是为了满足水深测量、疏浚施工、勘察性验潮，以及转测平均海面和

深度基准面等的需要而建立的。

④定点验潮站是指离岸较远的海上验潮站。通常在锚泊的船上用回声测深仪进行一次或三次 24 小时的水位观测，参照长期验潮站或短期验潮站推算平均海面、深度基准面，计算主要分潮调和常数和进行短期潮汐预报。

5.2.1　水尺验潮原理

水尺验潮是一种类似于用水准尺量测水位的验潮方式。水尺一般固定在码头壁、岩壁、海滩上。水尺上面标有一定的刻度，一般最小刻度为厘米，长度为 3~5m，利用人工方法读取水位。水尺验潮具有工作简单、机动性较强、易操作、技术含量低、造价低的特点，常用于临时验潮的情况。该方法的观测精度受涌浪、观测误差等多种因素影响。

5.2.2　井式自记验潮原理

通过在水面上随井内水面起伏的浮筒带动上面的记录滚筒转动，使记录针在装有记录纸的记录滚筒上画线，以记录水面的变化情况，达到自动记录潮位的目的。目前，这种通过机械运动获得潮位的过程可以通过数字记录仪来完成。井式验潮结构如图 5.3 所示，其特点是坚固耐用，滤波性能良好，其缺点是联通导管易堵塞、成本高、机动性差。井式自记验潮仪一般包括浮子式验潮仪和引压钟式验潮仪。

浮子式验潮仪是利用一漂浮于海面的浮子，随海面起伏上下浮动，其随动机构将浮子的上下运动转换为记录纸滚轴的旋转，记录笔则在记录纸上留下潮汐变化的曲线。

引压钟式验潮仪是将引压钟放置于水底，将海水压力通过管路引到海面以上，由自动记录器进行记录。为消除波浪的影响，需在水中建立验潮井，即从海底竖一井至海面，其井底留有小孔与井外的海水相通，采用这种"小孔滤波"的方法将滤除海水的波动，这样井外的海水在涌浪的作用下起伏变化，而由于小孔的"阻挡"作用，井内的海面几乎不受影响，它只随着潮汐而变。井上一般要建屋以保证设备的工作环境。

这两种验潮仪由于安装复杂，须打井建站，适用于岸边的长期定点验潮。其特点是精度较高、维护方便，但一次性投入费用较高、不够机动灵活，对环境要求高（如供电、防风防雨等）。国内的长期验潮站大多采用这两种设备。

5.2.3　超声波潮汐计验潮原理

超声波潮汐计主要由探头、声管、计算机等部分组成。其主要特点是利用声学测距原理进行非接触式潮位测量。基本工作原理是通过固定在水位计顶端的声学换能器向下发射声信号，信号遇到声管的校准孔和水面分别产生回波，同时记录发射接收的时间差，进而求得水面高度。特点是使用方便，工作量小，滤波性能良好，适于测量。

在声学测量中，温度的影响是产生测量偏差的主要原因，温度变化 1℃，将影响声速变化约 0.18%，为在不均匀的声场进行准确测量，采集水位的同时，还要采集声程中的温度，修正声速，对水位测量值进行温度补偿，减小温度梯度造成的测量误差，提高测量精度。

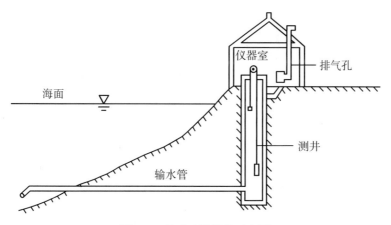

图5.3 井式验潮结构示意图

5.2.4 压力式验潮仪原理

压力式验潮仪是一种较新型的验潮设备，目前已逐渐成为常用的验潮设备，它是将验潮仪安置于水下固定位置，通过检测海水的压力变化而推算出海面的起伏变化。按结构可以分为机械式水压验潮仪和电子式水压眼验潮仪。机械式水压验潮仪主要由水压钟、橡皮管、U形水银管和自动记录装置组成。电子式水压眼验潮仪主要由水下机、水上机、电缆、数据链等部分组成。

压力式验潮仪的适用范围较前几种验潮仪要广，不需要打井建站，无须海岸作依托，不仅适用于沿岸、码头，而且对于远离岸边及较深的海域的验潮，它同样能胜任。对于海测部队的验潮作业机动、灵活，且要求时间较短(一般为1~2月)的应用场合，这种验潮仪较为合适。

压力式验潮仪所采用的测压部件——压力传感器，又分为表压型和绝压型，其工作原理略有不同，但其基本测量原理是一样的，即检测出海水的静压力，将压力换算成水位。其公式为

$$h = \frac{p}{d} \tag{5.29}$$

式中，h 为水深，cm；p 为海水静压力，g/cm；d 为海水的密度，g/cm，是海水温度、盐度的函数。

验潮仪以一定的时间间隔定时启动工作，由此可测出不同时刻的水位，这些不同时刻的水位值就是潮汐数据。但对于不同类型的传感器，具体计算方法也有所不同，表压型传感器由于直接测出海水的静压力，因此水位可直接按式(5.29)计算，而绝压型传感器所测压力并非海水静压力，而是海水与大气压的合成压力，因此其计算公式应为

$$h = \frac{p - p^{\circ}}{d} \tag{5.30}$$

式中，h 为水深，cm；p 为检测的压力，Pa；p° 为检测点检测时的大气压，Pa；d 为

海水的密度，g/cm。

压力式验潮仪的第一个特点是(以海军海洋测绘研究所研制的便携式验潮仪和自动验潮仪为例)适应性强，测量水深为 0~200m，能适应不同深度的海区，即使海面结冰也仍能验潮。在较浅水域，一般小于 10m 时，可安装水尺，将验潮仪与水尺安装在一起，零点归算到水尺上，通过联测的方法找到大地基准面与水尺零点的关系，从而找到验潮仪零点与大地基准面的关系。同时还可将验潮仪的数据通过无线发射的方式由其天线发射出去，使 10km 内的用户均能实时收到潮汐数据。当在较深水域验潮时，可使验潮仪工作在自容状态，按预置的时间间隔定时启动工作，测得的潮汐数据记在仪器内部的存储器中，待测量任务结束后，由潜水员将设备捞出，再通过接口读出所记的潮汐数据。水深过深，潜水员无法打捞的水域，可在验潮仪上加装声学释放器，测量任务要结束打捞时，通过声代码发射接收机，向验潮仪发出声指令，验潮仪在接到指令后，控制声学释放器释放，自动脱钩上浮到海面。第二个特点是精度高，压力测量精度可达 0.1%FS。其缺点是设备工作于自容方式时，设备没有电缆通到水上，因此其供电只能靠电池，由于其有水密要求，因此更换电池不方便，其次是这种验潮仪较声学式验潮仪成本高。压力式验潮仪数据在计算时如果已进行了联测，即找到了验潮仪零点与大地基准面的关系，就可直接将潮汐数据归算到任一已知基准面(如黄海平均海平面)。如果布放点水深较深，无法进行联测，则验潮仪的工作时间应长一些，一般为半个月或一个月甚至更长，对长时间的潮汐数据进行处理，算出调和常数，找出整个测量期间的平均海面。以此面作为基准面给出潮汐数据。

5.2.5　声学式验潮仪原理

声学式验潮仪属无井验潮仪，根据其声探头(换能器)安装在空气中或水中而分为两类。探头安置在空气中的声学式验潮仪(如国家海洋局海洋技术研究所生产的声学式验潮仪)是在海面以上固定位置安放一声学发射接收探头，探头定时垂直向下发射超声脉冲，声波通过空气到达海面并经海面反射返回到声学探头，通过检测声波发射与海面回波返回到声探头的历时来计算出探头至海面的距离，从而得到海面随时间的变化。潮汐数据可存放于存储器内。待测量结束后提取出来，其潮高为：

$$H = h - (c \times \Delta t)/2 \tag{5.31}$$

式中，H 为潮高，m；h 为声探头在深度基准面以上的高度，m；Δt 为声脉冲在声探头与瞬时海面之间的往返时间，s；c 为超声脉冲在空气中的传播速度，m/s，为已知量，它是大气压力、温度和湿度的函数。

这种验潮仪的安装一般需在海底打桩，将验潮仪安装在桩的顶部。通过联测的方法找到大地基准面与验潮仪零点的关系。这种验潮仪的特点在于：由于其安装位置可距海面较近，声波在空气中的行程短，因此精度较高；由于设备安装在水上，因此可通岸电，即使无岸电也可用电池，更换电池也较方便，且该设备成本较低。但是由于其需打桩的安装要求，使它需以海岸作为依托，不能离岸较远，因此测量水深一般较浅。

探头安置在水中的声学式验潮仪一是将一声学探头安放在海底，定时垂直向上发声波，并接收海面的回波以测量安放点的水深，此种方法由于声学探头需有电缆连接，因此不能离岸较远。二是根据类似于测深仪的原理,选一块平坦的海区,将声学探头放置于海面固定载体上,一般为船或固定漂浮物,定时向海底发射声波,通过检测海底回波以检测载体所在位置的水深。这两种声学验潮方法的特点是,精度较低,首先仪器本身存在至少几厘米的固有误差,另外测量精度与声学探头的姿态有关,同时一般水声换能器有一定的盲区,因此根据换能器的不同,安放位置需要有一定的水深。而在此深度内,海水中的声速不是恒定的,它随海水温度及盐度的变化而改变,同时还受到海水中的悬浮物等因素的影响,水深越浅影响越大。因此声速误差将影响到测深精度。声学式验潮仪在离岸较远的验潮点不便使用,在冬季岸边海水结冰后,声学式验潮仪一般无法工作。

5.2.6 GNSS 验潮原理

GNSS 在航潮位测量方法是最近几年兴起的潮位测量方法。GNSS 是 Global Navigation Satellite System 的缩写,称为全球导航卫星系统。

GNSS 验潮技术在近年来的海洋测绘中取得了惊人的成就,并以其独特的优势在众多领域中获得了成功应用。它不仅可以提供高精度的潮汐数据,而且能够与测船走航同时进行,大大简化了验潮程序,节省了人力。

GNSS 验潮是使用 GNSS 实时测量设备所在点的天线的大地高,进一步换算为该点实时的水面潮高。通过高程异常计算和水深测量的方法,最终获得海底的海拔高。目前有原国家测绘局发布的 CQG2000 以及美国的 EGM2008,这些模型在我国测绘领域都获得了很好的应用。

由于波浪变化具有较强的地域性,近岸波浪和远岸波浪之间存在着较大差异,为了得到实际的潮位面,必须从潮位观测量中消除波浪的影响。潮位的变化具有较强的时空性,由于海洋测量海域广阔,在验潮站的有效作用距离范围内,利用验潮数据可获得较高的潮位改正精度;否则,随着距离的增加潮位需通过外推获得,精度将会变得较差。

随着 GNSS 载波相位差分测量技术的日益成熟,在动态情况下,可获得厘米级甚至毫米级的平面定位精度和米级的高程定位精度。这为动态环境下的潮位测定奠定了理论基础。

水上 GNSS 验潮根据其载体的不同分为船载和浮标 GNSS 验潮,两种方法的思想基本相同,即均采用 GPS 载波相位差分测量技术作为定位基础,利用大地高反算潮位,其区别仅在于载体。船载 GNSS 验潮中,GNSS 架设在船体的中心或重心上方;浮标 GNSS 验潮,浮标的下方悬坠一个重物,保证浮标具有一定的吃水和稳定度,GNSS 天线安置在浮标内吃水面上一定高度,GNSS 天线必须带有抑径板和设置一定的高度角。

5.3 常用仪器设备

5.3.1 水尺

水尺一般垂直固定在码头壁、岩壁、海滩上。水尺上面标有一定的刻度,一般最小刻度为厘米,长度为 3~5m,利用人工方法读取水位,如图 5.4 所示。

图 5.4 木质水尺

5.3.2 井式自记验潮仪

浮子式验潮仪属于井式自记验潮仪,它利用漂浮于海面的浮子,随海面而上下浮动,其随动机构将浮子的上下运动转化为记录纸滚轴的转动,记录笔则在记录纸上留下潮汐变化的曲线。该仪器类型很多,但主要由浮子、重锤、绳轮、记录装置等部分组成。

如图 5.5 所示,HS3-1 型浮子式验潮仪由浮子液位传感器和主机两部分组成,具有测量精度高、量程大、长期工作稳定性高、使用寿命长、维护简单等优点,可广泛用于江河、海洋、湖泊、水电站及水厂等地的水位测量。主要技术性能如下:

①测量范围:(0~40)m;

②测量误差:≤10m 量程时,≤±0.2%FS;>10m 量程时,≤±0.3%FS;

③测量分辨率:1cm;

④数据存储容量:8MB;

⑤工作方式:自动定时测量,测量间隔时间由用户设定,采样持续时间为 30s 或 60s;

⑥终端功能:128×64 点阵液晶显示屏,4×4 小键盘,简便的中文菜单式操作;

⑦通信接口:标准 RS-232 口,可用于短波电台、CDMA、GPRS 等数传设备远程传送数据,也可向 PC 机直接传送数据,对数据进行后处理;

⑧工作电压:(12±1)VDC;

⑨平均工作电流:<80mA;

⑩环境温度：-20~60℃；

⑪相对湿度：<96%。

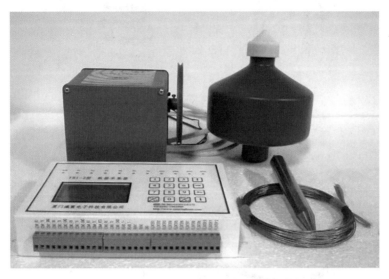

图 5.5　HS3-1 型浮子式验潮仪

5.3.3　超声波潮汐计验潮仪

如图 5.6 所示，SCA10-1 型声学水位计采用超声波传感器，具有灵敏度高、稳定性好等优点。因其采用软件消波技术，不需建消波井，无"三防"问题(防腐蚀、防渗漏、防微生物附着)，达到全海域使用的要求，适用于海洋、江河、湖泊、堤坝、码头等地的水位测量，并适合于有毒有害工业水槽的液位测量。主要技术性能如下：

①测量范围：0.5~8m、2~15m(任选一种)；

②测量误差：±(1+测值的 0.1%)cm；

③测量分辨率：1mm；

④数据存储容量：8MB；

⑤工作方式：自动定时测量，测量间隔时间由用户设定，每次采样 30s 或 60s；

⑥终端功能：128×64 点阵液晶显示屏，4×4 小键盘，简便的中文菜单式操作；

⑦通信接口：标准 RS-232 口，可用于短波电台、CDMA、GPRS 等数传设备远程传送数据，也可向 PC 机直接传送数据，对数据进行后处理；

⑧工作电压：(12±1)VDC；

⑨平均工作电流：<100mA；

⑩环境温度：-20℃~60℃；

⑪相对湿度：<96%。

图 5.6　SCA10-1 型声学水位计

5.3.4　压力式验潮仪

如图 5.7 所示，SCY1-1 型压力式验潮仪采用陶瓷电容压力传感器和 316L 不锈钢外壳，具有精度高、稳定性好、内置温度补偿、抗腐蚀、抗磨损和抗冲击性能好等优点。同时，由于测量膜片表面平整，直接与海水大面积接触，有效避免了传压孔被泥沙堵塞的问题。主要技术性能如下：

①测量范围：0~10m、0~20m、0~30m（任选一种）；

②测量误差：±（1+测值的 0.1%）cm；

③测量分辨率：1mm；

④数据存储容量：8MB；

⑤工作方式：自动定时测量，测量间隔时间由用户设定，每次采样 30s 或 60s；

⑥终端功能：128×64 点阵液晶显示屏，4×4 小键盘，简便的中文菜单式操作；

⑦通信接口：标准 RS-232 口，可用于短波电台、CDMA、GPRS 等数传设备远程传送数据，也可向 PC 机直接传送数据，对数据进行后处理；

⑧工作电压：（12±1）VDC；

⑨平均工作电流：<80mA；

⑩环境温度：−20~60℃；

⑪相对湿度：<96%。

图 5.7　SCY1-1 型压力式验潮仪

5.3.5　水文专用浮标综合测量系统

水文专用浮标作为水文信息搭载平台,可填补岸基水文站无法有效控制远海水域的风速风向、流速流向、气温、剖面温度、盐度、波浪参数、海流剖面等水文气象信息,为船舶航行、海道测量等现代化水上交通体系的运行提供更为翔实、及时的航海资料信息。根据设置海域的环境要求,以及抛设船舶的可操作性,本项目所研制的浮标采用混合金属结构,直径为 2.4m、重量低于 4t,属于测量专用标,是一种深水式非传统浮标,和传统浮标相比,有以下特点:

①整体浮标重量减轻,满足不同海域抛设起吊的工作。

②浮体以下部分的钢结构部分采用工业不锈钢和铅块压载,满足水文仪器的磁场干扰;浮标的系链部分采用聚酯纤维(PET)材料,相较于传统的钢质锚链可以减少磁场干扰、减少浮标的回旋半径并减轻总体的重量,适应深水海域抛设。

③仪器控制检测和能源系统安装与固定在封闭的浮体内,使控制检测系统和储备能源系统有相对固定的条件和抗风浪抗侵蚀条件,尽可能避免由于海上摇晃和碰撞而引起的损失。浮标重心降低,摇摆周期减少,提高水下声通信系统的漏测频率。系缆的连接通过与浮尾对接,相对稳定浮尾挂件设备的摇晃,同时避免链系的碰擦。

浮标和浮链的具体结构如图 5.8、图 5.9 所示:

浮体为 2.4m 直径的钢质结构,内置能源和仪器设备仓。浮架为 2.5m 高三角形铝合金灯架,设计两层仪器平台,用于架设各类天线、灯器和太阳能装置,便于今后安装更多的设备。

浮尾为不锈钢灌注铅锭压重的长尾式装置,具有防磁、降低浮标重心的作用,并固定水文仪器的水下探测、声讯接收装置。

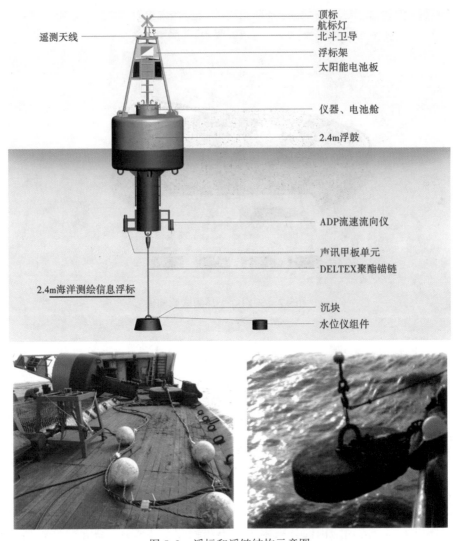

图 5.8 浮标和浮链结构示意图

浮链为 φ34mm 聚酯纤维绳线链，可防磁、宜绑扎固定声讯电缆，具有重量轻、回旋半径小的特点。

浮锭为 5t 的铸铁沉块，利用铸铁沉石比重大的特点，降低相应的沉石重量，为施工操作提供方便，同时减少移位的可能，便于与海底水文采集基座架直接连接。

①直径：2.4m；

②总长：6450mm；

③水面以上高度：3630mm；

④杆舷高度：1180mm；

⑤重心：2080mm；

⑥摇摆周期：2.4s；

⑦浮标链条的技术参数：

⑧材料：PET(聚酯纤维)；

⑨直径：34mm；

⑩长度：18m；

⑪断裂强度：35000daN；

⑫沉石为 5t 铸铁沉块。

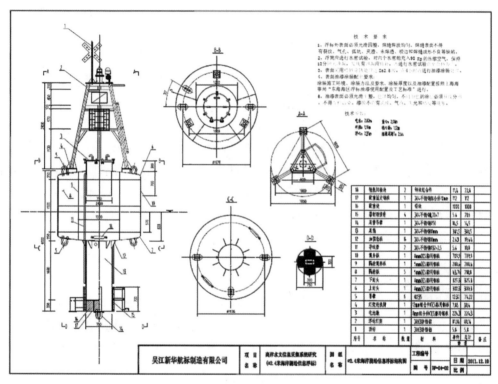

图 5.9　浮标结构图

5.4　通信传输

通信传输模块是将现场实时采集的水文资料信息，通过一定的通信方式传送给附近测量作业船舶或资料需要场所，并接受指挥中心和临时设置的控制中心所发送的指令。目前无线通信传输的方式很多，数据通信分为水下数据通信传输和空中数据通信两大部分。

5.4.1　水下数据通信

水下数据通信方式是将自容式压力水位计数据传递至水面浮标内的信息接收单元。潮位数据的取得是通过安装在固定海底水文采集基座中的水位计接收水位数据送给声学 modem 水下单元，水下单元接收水位数据通过换能器发射，传给安装在浮标底面上的甲板单元接收换能器，该接收换能器将接收信号通过电缆送到浮标的数据采集模块。

5.4.2　空中数据通信

数据在浮标内集成后根据其离岸特点，采用北斗卫星(有定位功能、与 GPS 兼容，可以用 GPS 定位提高精度，北斗担任通信并可以在服务网站上监控位置状态)传递数据、实现数据通信。

北斗系统是我国自主开发研制，具有自主知识产权、自主控制的全球导航卫星定位系统，它具有其他导航系统无法比拟的优势：北斗系统集导航定位与卫星通信于一体，能够全天候、全天时提供卫星导航和通信服务，它的通信信号覆盖我国全境及周边地区，且无通信盲区，可满足偏远山区、海上、跨区域的监控应用要求，特别适合大规模集团用户的移动目标监控和数据采集传输应用。北斗系统还融合了我国自主建设的 GPS 增强系统的资源，能为用户提供更加丰富的信息服务及精密导航定位服务；北斗系统由我国自主控制，设计有高强度加密措施，特别适合关键部门应用。北斗导航系统可为服务区域内用户提供全天候、高精度、快速实时定位服务。北斗系统用户终端具有双向数字报文通信能力，可以一次传送超过 100 个汉字的信息。目前向民用开放的是北斗一代，定位精度比较低(100m)，但是短信通信功能比较实用，主要采用北斗-GPS 兼容机、GPS 技术进行高精度定位，使用北斗系统可实现数据通信功能。

5.4.3　数据集成

数据集成模块由数据集成处理单元和北斗收发单元组成，数据集成处理单元负责采集水压传感器、流速流向传感器、电瓶电压等信息，并进行处理；北斗收发单元负责定时发送航标 MMSI、航标名、潮位、流速、位置、漂移距离、电瓶电压等信息，如图 5.10所示。

图 5.10　数据集成模块硬件组成图

集成处理单元与 3 个传感器、北斗收发单元等连接。将传感器输入的数据进行取样、处理，然后组成北斗无线发射所需要的语句。控制北斗收发终端，定时发射事先准备的语句。北斗收发单元内置北斗天线和收发器，与集成处理单元连接，定时发送数据，通过北斗卫星直接发往陆上接收单元或者发往运行商的服务器，数据集成模块硬件流程图如图5.11所示。

整个数据集成模块，在设计过程中，综合考虑了电源、接口、防水要求和取样频率等问题。

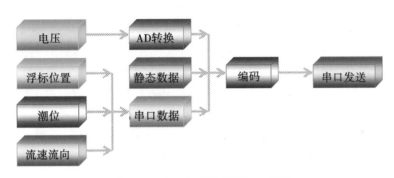

图 5.11　数据集成模块硬件流程图

5.5　技术方法

5.5.1　技术指标

1. 需要测的量

①总压强：气压与水压的总和，由水位计的压力传感器测得，单位为 kPa。

②现场水温：由水位计的温度传感器测得，单位℃。

③现场气压：由自记气压表测得，单位为 kPa。

2. 水位测量的准确度

水位测量的准确度规定为三级：一级为±0.01m；二级为±0.05m；三级为±0.10m。

3. 取样时间间隔

通常潮位观测应昼夜 24h 连续进行，每小时观测一次，在高（满）、低（枯）潮前后各半小时内，应每 5~15min 观测一次，以便取得高、低潮位及其出现时刻。观测到的潮位资料应及时绘成潮位过程线。

5.5.2　观测方法

1. 观测步骤

水位测量一般按以下步骤和要求实施：

①观测水位通常采用锚碇系留方式；

②观测前应检查水位计的取样间隔开关是否在正确位置上，上好内存记录板，打开主

机开关，记下第一次取样时间；

③水位观测应防止仪器下陷，确保仪器在垂直方向没有变动；

④观测结束收回仪器后应先用淡水冲洗，然后打开仪器。如仪器工作正常，待仪器再工作一次并记录完毕，记下结束时间，关上主开关，取出记录板，并应放入盒中妥善保存。

2. 资料处理

水位测量资料按以下要求和方法处理：

①记录板可通过厂家配带的交接器与计算机通信口相连，在计算机上读取观测值或直接打印出原始数据。

②根据打印的数据、记录的起止日期和时间，检查数据的总数是否正确，有无误码以及资料是否正常。

③经审查确认数据无误后，记录现场气压值、海水密度值和重力加速度值，并进行计算，求得水位的变化值和逐时值，水位的计算公式如下：

$$H = 10^3 (p - p_a) \frac{1}{\rho g} \tag{5.32}$$

式中，H 为水位，m；p 为总压强，kPa；p_a 为现场气压，kPa；ρ 为海水密度，由海水盐度与温度的关系曲线查得，或根据历史温、盐资料算得，单位为 kg/m³；g 为重力加速度，根据测站所在纬度算得，单位为 m/s²。

3. 水准联测

进行验潮，首先要解决水尺零点的高程问题。如果水尺零点不与国家水准网（基面）联测，不求出水尺零点相对国家的标准高程网（国家的标准基面）中（如黄海基面、吴淞基面、珠江基面）的高度，那么，这个零点就没有意义。在潮位观测结束后，这些资料将很难使用。

在水位观测过程中，如果由于某种原因，水尺的位置发生了变化，要想恢复原来的零点，也必须与岸上水准点联测才能确定。所以，在潮位观测中，水准联测是不可缺少的工作。在联测之后，我们才能够把水尺零点、水尺旁边临时水准点，岸上固定水准点与国家标准基面之间的高度关系求出。这样，就能保证水位观测获得统一的观测资料。这就是水准联测的目的所在。

所谓水准联测，就是用水准测量的方法，测出水尺零点相对于国家标准基面的高程，从而固定了水位零点、平均海面及深度基准面的相互关系，也就保证了潮位资料的统一性。

5.6　观测成果分析整理

以某海区观测潮位为例，潮位记录表形式如表 5.1 和表 5.2 所示：

表 5.1   潮位记录表

日期	潮别	潮位	时分	潮差	历时
1	低潮	1.33	2：40		
				1.72	4：40
	高潮	3.05	7：20		
				1.47	7：00
	低潮	1.58	14：20		
				1.65	5：10
	高潮	3.23	19：30		
				1.68	7：50
2	低潮	1.55	3：20		
				1.51	4：55
	高潮	3.06	8：15		
				1.41	7：15
	低潮	1.65	15：30		
				1.05	4：55
	高潮	2.70	20：25		
				1.45	7：35
3	低潮	1.25	4：00		
				1.55	5：40
	高潮	2.80	9：40		
				1.12	6：55
	低潮	1.68	16：35		
				1.01	5：35
	高潮	2.69	22：10		

表 5.2   潮 位 表

项目			一月	二月	三月	四月	五月	六月	七月	八月	九月	十月	十一月	十二月	全年
高潮潮位（m）	最高	潮位	4.46	4.25	4.69	4.46	5.11	5.26	5.14	5.43	4.87	5.61	4.64	4.44	5.61
		公历：日-时.分	13 15：35	11 15：25	10 13：25	30 5：10	27 3：10	26 3：40	25 3：20	23 3：00	21 15：00	8 15：35	4 14：50	4 15：00	10-8 15：35
		农历：月-日	12-2	1-2	1-29	3-21	4-18	5-19	6-18	7-17	8-17	9-4	10-2	11-2	9-4
	最低	潮位	2.42	2.20	2.00	2.91	3.20	3.58	3.19	2.93	2.69	2.81	2.65	2.71	2.00
		公历：日-时.分	21 22：35	20 23：10	21 22：45	3 19：55	18 19：55	4 11：25	4 11：50	31 10：50	29 10：10	28 9：25	27 9：35	11 9：50	3-21 22：45
		农历：月-日	12-10	1-11	2-10	2-23	4-9	4-26	5-27	7-25	8-25	9-24	10-25	11-9	2-10
	平均潮位		3.51	3.48	3.59	3.72	4.00	4.23	4.10	4.10	4.08	4.12	3.63	3.44	3.83

项目			一月	二月	三月	四月	五月	六月	七月	八月	九月	十月	十一月	十二月	全年
低潮潮位（m）	最高	潮位	1.87	2.06	2.39	2.57	2.37	2.50	2.35	2.35	2.19	2.15	2.11	1.62	2.57
		公历：日-时:分	20 15:10	19 3:05	21 2:35	19 2:10	18 1:50	7 21:20	2 4:35	31 6:20	1 19:05	15 19:40	10 14:30	27 17:20	4-19 2:10
		农历：月-日	12-9	1-10	2-10	3-10	4-9	4-29	5-25	7-25	7-26	9-11	10-8	11-25	3-10
	最低	潮位	1.05	1.00	1.10	1.32	1.55	1.76	1.63	1.58	1.39	1.31	0.75	0.84	0.75
		公历：日-时:分	1 12:25	9 9:35	15 0:25	8 9:05	1 1:35	23 22:10	23 23:00	24 12:40	20 10:55	17 8:55	29 7:00	21 12:20	11-29 7:00
		农历：月-日	11-20	12-29	2-4	2-28	3-22	5-16	6-16	7-18	8-16	9-13	10-27	11-19	10-27
	平均潮位		1.42	1.42	1.44	1.68	1.90	2.06	1.98	1.90	1.72	1.68	1.26	1.17	1.64
涨潮潮差（m）	最大	潮差	3.18	3.03	3.07	2.98	3.40	3.42	3.45	3.56	3.45	3.62	3.49	3.41	3.62
		公历：日-时:分	13 15:35	11 15:25	1 16:40	28 3:45	28 3:50	25 3:00	25 3:20	23 3:00	21 15:00	8 15:35	5 15:10	4 15:00	10-8 15:35
		农历：月-日	12-2	1-2	1-20	3-19	4-19	5-18	6-18	7-17	8-17	9-4	10-3	11-2	9-4
	最小	潮差	0.56	0.33	0.48	0.74	1.03	1.31	0.95	0.58	0.79	1.18	1.29	1.19	0.33
		公历：日-时:分	21 22:35	19 20:30	21 22:45	19 20:55	18 19:55	19 10:00	2 9:05	31 10:50	28 7:45	28 9:25	26 8:20	27 21:40	2-19 20:30
		农历：月-日	12-10	1-10	2-10	3-10	4-9	5-12	5-25	7-25	8-24	9-24	10-24	11-25	1-10
	平均潮差		2.09	2.06	2.15	2.04	2.11	2.17	2.11	2.19	2.36	2.43	2.36	2.27	2.19
落潮潮差（m）	最大	潮差	3.07	2.89	3.10	2.88	3.32	3.32	3.45	3.69	3.41	3.67	3.45	3.35	3.69
		公历：日-时:分	13 15:35	10 14:40	10 13:25	27 3:10	27 3:10	26 3:40	25 3:20	23 3:00	21 15:00	8 15:35	4 14:50	4 15:00	8-23 3:00
		农历：月-日	12-2	1-1	1-29	3-18	4-18	5-19	6-18	7-17	8-17	9-4	10-2	11-2	7-17
	最小	潮差	0.64	0.61	0.54	0.67	1.06	1.34	1.11	0.66	0.58	0.86	0.99	1.34	0.54
		公历：日-时:分	21 22:35	20 23:10	21 22:45	18 19:30	18 19:55	17 20:25	31 8:00	30 8:30	29 10:10	28 9:25	27 9:35	11 9:50	3-21 22:45
		农历：月-日	12-10	1-11	2-10	3-9	4-9	5-10	6-24	7-24	8-25	9-24	10-25	11-9	2-10
	平均潮差		2.09	2.06	2.14	2.04	2.10	2.16	2.11	2.20	2.36	2.44	2.37	2.27	2.19

项目			一月	二月	三月	四月	五月	六月	七月	八月	九月	十月	十一月	十二月	全年
涨潮历时	最大	历时	6:10	7:00	6:15	5:50	5:20	5:25	5:20	6:35	6:20	5:45	6:10	6:00	7:00
		公历:日-时.分	22 11:50	21 12:20	22 10:55	5 10:40	4 9:50	19 22:55	3 23:30	30 22:25	14 21:50	28 9:25	25 19:25	13 12:20	2-21 12:20
		农历:月-日	12-11	1-12	2-11	2-25	3-25	5-12	5-26	7-24	8-10	9-24	10-23	11-11	1-12
	最小	历时	3:40	3:45	3:40	3:45	3:25	3:30	3:30	3:30	3:35	3:30	3:40	3:40	3:25
		公历:日-时.分	13 3:15	12 3:40	11 2:10	13 16:10	26 15:00	25 15:35	24 15:30	21 14:10	21 15:00	7 2:50	6 3:40	6 4:20	5-26 15:00
		农历:月-日	12-2	1-3	1-30	3-4	4-17	5-18	6-17	7-15	8-17	9-3	10-4	11-4	4-17
	平均历时		4:27	4:34	4:30	4:22	4:19	4:13	4:16	4:17	4:21	4:23	4:28	4:31	4:24
落潮历时	最大	历时	8:45	8:35	9:10	8:40	9:15	9:10	9:20	9:05	8:45	9:05	9:10	8:55	9:20
		公历:日-时.分	11 14:05	10 14:40	21 8:30	19 7:40	27 3:10	26 3:40	25 3:20	1 22:15	28 20:30	8 15:35	24 17:50	6 16:30	7-25 3:20
		农历:月-日	11-30	1-1	2-10	3-10	4-18	5-19	6-18	6-25	8-24	9-4	10-22	11-4	6-18
	最小	历时	6:40	6:10	5:55	6:40	7:00	7:30	7:15	6:45	6:30	6:05	6:20	6:45	5:55
		公历:日-时.分	20 8:30	20 23:10	21 22:45	18 19:30	17 18:50	7 13:50	5 12:55	1 9:50	1 12:35	28 9:25	26 8:20	11 9:50	3-21 22:45
		农历:月-日	12-9	1-11	2-10	3-9	4-8	4-29	5-28	6-25	7-26	9-24	10-24	11-9	2-10
	平均历时		7:58	7:51	7:54	8:03	8:06	8:12	8:11	8:09	8:04	8:02	7:58	7:54	8:02

第6章 海流测量

海流主要由具有周期特性的潮流和相对稳定的常流(余流)两个部分组成。潮流是伴随潮汐涨落现象所做的周期性变化的海水流动,由月亮和太阳的引潮力引起。常流(余流)是海水沿一定朝向一个方向的大规模运动,它是由多种原因,如风的作用、海洋受热不均匀、地形的影响等产生的。常流有点像陆地上的江河,它可以把一个区域的海水运输到另一个区域,但它比江河的能量又大得多,强大者其宽度有时可达200km,深度可达2000m。

进行海流测量时,通常按一定的时间间隔持续测量一昼夜或多昼夜。对于获得的资料,经过计算后可将潮流和常流分离开来,水平方向上的周期性的流动即为潮流,其剩余部分即为常流,也称为余流。

海流作为多种海洋水文要素的重要载体,是海洋动力环境的重要参数,它对海洋中多种物理过程、化学过程、生物过程和地质过程,以及海洋上空的气候和天气的形成及变化,都起着重要作用,例如全球气候的变迁、海岸的侵蚀、海洋工程的破坏、海洋生物的迁徙等。掌握海流运动规律可以直接为国防、生产、渔业、海运交通、发电、海洋工程建设、海洋油气开发等服务,例如,在寒流和暖流交汇的地方往往可以形成渔场,在港口航道建设中要计算海流对泥沙的搬运,在海上航行时要考虑顺流、逆流对船速的影响等。因此进行海流测量是一项十分重要的工作,是掌握海流规律的基础。海流测量也一直是海洋科学研究和海洋工程实施所必须关注的焦点,是人类开发和利用海洋的必要手段。

6.1 海流

海流是海洋中发生的一种有相对稳定速度的非周期性流动。其流动速度在不同地区各不相同,有的可达$1m/s$,有的仅$0.01 \sim 0.1m/s$。海流的发生原因主要有两种,一种是受海面风力的作用,另一种是由于海面受热冷却不均、蒸发降水不匀所产生的温度、盐度差异,从而密度分布不均匀。前一种原因是动力学的,所产生的海流称为风生海流。在大洋区域由于受盛行风所产生的海流,具有独自体系,称为风生环流。后一种原因是热力学的,所产生的海流称为热盐环流。在浅水区域,这两种原因所形成的海流可以影响整个深度;在深水大洋,风生海流所影响的范围仅限于大洋的上层和中层,而热盐环流既可以发生在大洋的上层和中层,又可以发生在大洋的深层。海流在由一个地区向另一个地区运动的过程中,必然伴随着海水物理性质的迁移。它们可能将温暖的海水带进寒冷地区,使海面空气升温,也可能将较冷的海水带进温暖地区,使海面空气降温,对所经地区的气候起调节作用。进入海洋中的污染物也随着海流运动而搬迁。寒暖流交汇之处往往形成渔场。

此外，海流对船舶、舰只运动也有影响。

当不考虑海面风的作用时，远离沿岸的大洋中部的大尺度海水流动，基本上是接近水平的，并近似认为是定常的，因此流动是压强梯度力和科氏力平衡的产物。这种流动称为地转流，是海洋中一种最基本的流动形式。由于在均匀密度场和非均匀密度场中，压强梯度力的分布规律不同，则相应的地转流也有所差异。为了区别起见，将均匀密度场中的地转流称为倾斜流，而非均匀密度场中的地转流称为梯度流。

在远离海岸的深海大洋里，一旦有一定常恒速的风力作用于广阔的海面，海水便因风应力而发生流动，并且这种流动凭借海水的铅直湍流混合往深处发展。随着时间的推移，各层的流速和流动所及的深度将趋于定常。

风应力和热盐作用是形成大洋总环流的最基本动力。在大洋上层 1000m 左右的范围内，风应力起着主导作用，因此，风生大洋环流决定了大洋上层环流的主要特征。大洋环流的水平尺度为 10000km，属大尺度运动，$R_0 \lhd 1$，$E_1 \lhd 1$，地转运动是最基本的流动。海洋上层的大洋环流是由一些环流所组成的，在副热带处的环流，其流速东西不对称，在狭窄的西海岸边界层中，海流速度特别强，这就是所谓的西向强化现象，是大洋环流的最突出特征。在赤道海区、南极附近海区以及大洋中部海区的流动也具有各自不同的特点。

在实际大洋里，除了因风力作用产生的海流之外，还存在着因海水受热、冷却等引起的密度分布不均匀所产生的流动——热盐环流。实际海洋里动力环流和热盐环流是并存的，在海洋的下层则以热盐环流为主，因为风生动力环流只能影响上层。在海洋深层的温度、盐度和密度的变化都比较小，一般说来热盐环流的速度是缓慢的。但实际观测表明，并非所有的深层热盐环流速度都很缓慢。因此要研究大洋环流，不仅要研究风生大洋环流，而且还要研究热盐环流。风生大洋环流理论上只考虑了风应力的作用，而忽略了热盐因子的效应，热盐环流只考虑了热盐因子在形成环流中的作用，而滤掉了风力的影响。尽管风生大洋环流和热盐环流研究的许多成果阐释了大洋环流的一些主要特征，但毕竟与实际有一定的差距。事实上，大洋是一个动力-热力系统，大洋环流是一种风生-热盐环流，是动力因子和热力因子相互制约、相互调整的结果。

6.2　测量原理

6.2.1　机械旋桨式海流计测量原理

机械旋桨式海流计是海洋水文测量中常用的海流测量仪器，它是根据海流对海流计转子(即旋桨部位)的动量传递而进行工作的。当海水流过海流计时，海流的直线运动能量产生转子转矩，此转矩克服转子的惯性、轴承等内摩阻，以及海流与转子之间相对运动引起的流体阻力等，使转子转动。从流体力学理论分析，上述各力作用下的运动机理十分复杂，而其综合作用结果使复杂程度加深，难以具体分析，但其作用结果却十分简单：即在一定的速度范围内，海流计转子的转速与海流速度呈简单的近似线性关系。因此，国内外都应用传统的水槽实验方法，建立转子转速与水流速度的经验公式

$$V = Kn + C \tag{6.1}$$

式(6.1)是以前的公式，由生产厂家提供，现有标准规定的公式为

$$V = a + bn \qquad (6.2)$$

式中，K、b 为海流计转子的水力螺距；C、a 为常数；n 为海流计转子的转率。

尽管使用上述公式即可简单地计算出海流速度，但并不意味着 V 和 n 间存在着数学上的线性关系。而仅说明在一定的流速范围内，n 和 V 呈近似的线性关系。故该公式仅仅是一个经验公式。经验公式是根据海流计检定试验得到的一组实验点据，经数据处理，求得 $K(b)$ 和 $C(a)$，从而得到该经验公式。当流速超出规定范围时，此经验公式不成立或误差较大。

直读式海流计是目前国内使用较广的旋浆式海流计。它主要由水下探测器、水上显示器和传输电缆等部分组成，其结构如图 6.1 所示。水下探测器和水上显示器之间用一根三芯轻便负重电缆连接，100m 电缆在空气中仅重 6kg。电缆中有增加强度的钢丝，所以强度较高，可以直接承吊水下探测器。

在水下探测器中，流速传感器由旋浆与磁敏器件组成。旋浆在水流的冲击下转动，旋浆的转速正比于被测流速。仪器经内部率定，就能测出实际流速值。旋浆的转动通过磁性耦合，使防水密封机身内的干簧管产生相应的动作。尾舵用于感受流向，使机身在水中的形态稳定，保持与水流方向一致。在防水密封的不锈钢机壳内，装有发送测量信号的传感器及变换电路。仪器的旋浆具有良好的流入角特性和倾斜特性。

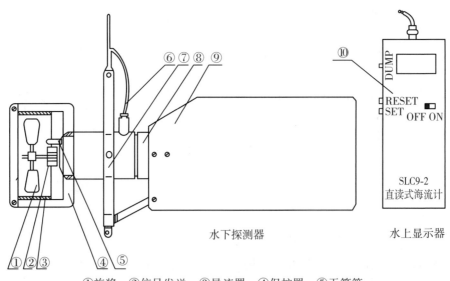

①旋浆；②信号发送；③导流罩；④保护罩；⑤干簧管；
⑥传输电缆；⑦吊架；⑧机身；⑨尾翼；⑩数据终端

图 6.1　直读式海流计结构图

仪器的水上显示器主要由单片机、液晶显示器及电源组成。单片机是仪器的核心，用于定时控制、测量、记忆、数据处理、显示驱动及打印驱动。单片机通过控制晶体管 T2 的导通来控制电缆芯线 3（相对于地）的电位。电缆芯线 1 接地。芯线 2 用于传输测量

信号。

在测流状态下 T2 不导通，电缆芯线 3 的电位为 0，PNP 型晶体管 T1 由 R3 提供的偏压而导。旋浆(图 6.1①)上嵌有两小块磁铁(图 6.1②)，在密封机壳内的相应位置装有干簧管 G(图 6.1⑤)。当旋浆转动时，磁铁块与干簧管的距离时远时近，从而使干簧管 G 时通时断而产生电流脉冲，其频率正比于流速。流速为 3~350cm/s 时，相应的脉冲频率为 0~17.5Hz。流速脉冲经电缆芯线 2 传到水上显示器。因 R1 的存在，电流脉冲变为电压脉冲。在快测档，每次 10s 的脉冲微分计数为 350，即 350cm/s。在正常档，每次测速用 150s，经单片机计算后，显示平均流速。该仪器流速测量范围为 3~350cm/s，启动流速小于 3cm/s。在测速状态下，V-F 变换器因无电源而不工作。

在流向测量状态时 T2 导通，电缆芯线 3 的电位为电源正(约+6V)。在此条件下，电阻 R3 和 R4 的比例使晶体管 T1 所得的偏压不足而不导。这时，尽管旋浆和干簧管仍在照常动作，但不会产生流速脉冲电流。而电缆芯线 3 的正电位使一个+5V 输出的精密恒压源工作，该恒压源向流向传感器供电，使流向传感器动作，输出信号。同时，V-F 变换器因获得工作电源而开始正常工作。流向传感器把机身方向和地磁子午线的夹角变为电压信号，经电缆芯线 2 传到水上显示器。相应于量程 0°~360°，信号的频率为 1~440Hz。流向传感器采用原国家海洋局海洋技术研究所研制的 YLS-2 型电位计罗盘，这种罗盘体积小，精度高。它与双垂直尾翼和水平尾翼配合测出流向值。由于仪器采用了较好的隔磁措施，使整机的流向精度小于±4°。每次流向测量状态只保持 1.2s。为了延长电池的使用寿命，所用单片机及接口集成线路都是 CMOS 型，并尽可能按间歇方式工作。水下探测器和水上显示器共用一组 6V 直流工作电压。水下探测器的工作状态由单片机通过三芯电缆 1、2、3 控制，由流速和流向传感器采集的信号经过 A/D 转换后，通过三芯电缆送至单片机进行数据处理，然后传送至显示器、打印机和存储器。该仪器的记忆功能，仅限于每小时的整点数据，只能记忆 48 个数据。该仪器不搭配任何外部设备即可按液晶显示数字直读方式工作，又能配合打印机工作，还有能与任何微机系统连接的 RS-232 接口，既能给出当时直读的测量数据，又能导出存储的测量数据。测量系统采用低功耗单片机对测量数据进行处理，整机以低功耗运行，每次测量结束都有音响提示，如图 6.2 所示。

6.2.2 电磁海流计测量原理

电磁海流计是应用法拉第电磁感应定理，通过测量海水流过磁场时产生的感应电动势来测定海流的。虽然法拉第在 1832 年提出这一原理，但是实际的测量仪器却在 1950 年才由美国伍兹霍尔海洋研究所的冯·阿克斯完成。

流动的水体作为一个运动的导体切割磁力线时，根据法拉第电磁感应定理，在磁场中运动导体产生的电动势可表示为：

$$E = BLv\sin\theta \tag{6.3}$$

式中，B 为磁场强度；v 为海水的流速；L 为运动的导体长度，即电磁海流计每对接收电极的距离；θ 为 B 与 v 的夹角(图 6.3)。

电磁海流计的接收电极上产生的动生电动势与海流的速度成正比。而在传感器的一个水平层面上设计的相互垂直安装的两对接收电极可同时测量出海流在这两个相互垂直方向

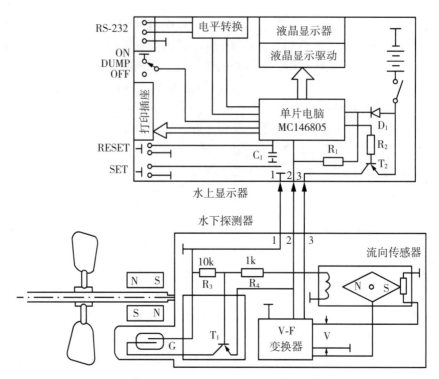

图 6.2 某型直读式海流计工作原理图

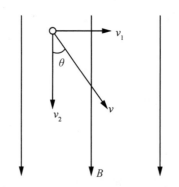

图 6.3 法拉第电磁感应定理图

上的速度分量。它们分别被称为海流速度的 Y 方向和 X 方向分量。这样，可以根据在测量时刻电磁海流计的 Y 轴方向与罗盘南北轴线之间的夹角来计算被测海流速度在地理坐标上的两个分量，计算出被测海流的合成速度和方向。图 6.4 表示电磁海流计的测量方向与地理坐标之间的关系。

$$V_{\text{North}} = V_Y \cos\theta - V_X \sin\theta \tag{6.4}$$

$$V_{\text{East}} = V_X \cos\theta + V_Y \sin\theta \tag{6.5}$$

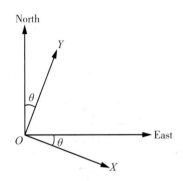

图 6.4 电磁海流计的测量方向与地理坐标之间的转换关系图

6.2.3 声学多普勒海流计测量原理

声学多普勒海流计是利用"声学多普勒效应"原理研制而成的测量海流的仪器。1842年，奥地利物理学家及数学家克里斯蒂安·多普勒(Christian Doppler，1803—1853)发现，当频率一定的振源与观察者之间作相对运动时，观察者接收到来自该振源的辐射波频率会发生变化。这种由于振源和观察者之间的相对运动而产生的接收信号相对于振源频率的频移现象被称为多普勒效应。测出此频移就能测出物体的运动速度。实际测量时，换能器发射某一固定频率的声波 f_0，由于水体中颗粒物的漫反射，换能器可以接收到被水体中颗粒物散射回来的声波 f'，假定颗粒物的运动速度 V 与水体流速相同，当颗粒物的运动方向接近换能器时，换能器接收到的回波频率比发射波频率高；当颗粒物的运动方向背离换能器时，换能器接收到的回波频率比发射波频率低。如果静止介质中的声速取为 C，那么声学多普勒频移，即发射声波频率与回波频率之差 f_d 可表示为

$$f_d = f' - f_0 = \frac{f_0 V}{C}(\cos\theta_1 + \cos\theta_2) \tag{6.6}$$

式中，f_d 为多普勒频移；C 为声波的传播速度；θ_1、θ_2 分别为 V 和 I_1A、I_2A 连接线的夹角，如图 6.5 所示，I_1 为发射器(振源)，A 为颗粒物，I_2 为接收器；f_0 为 I_1 发射的频率；f' 为 I_2 接收到的反射波频率；V 为颗粒物的运动速度；V_1 为颗粒物沿换能器声束方向上的流速分量；V_2 为颗粒物垂直换能器声束方向上的流速分量。

仪器换能器固定后，C、θ_1、θ_2、f_0 均为常数，且大部分声学多普勒仪器的发射器和接收器设计为同一个换能器，即 $\theta_1 = \theta_2 = \theta$，于是可得水体中颗粒物的运动速度，即水体的运动速度为

$$V = \frac{Cf_d}{f_0(\cos\theta_1 + \cos\theta_2)} = \frac{Cf_d}{2f_0\cos\theta} = Kf_d \tag{6.7}$$

式中，K 为系数，$K = \dfrac{C}{2f_0\cos\theta}$。

由此可知，水体流速 V 与 f_d 呈线性关系，这便是声学多普勒海流计测量流速的基本公式。

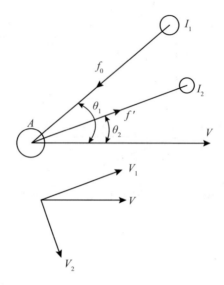

图 6.5　声学多普勒海流计测量流速原理图

　　由于流速分量 V_2 与换能器声束方向垂直，不会产生多普勒频移，因而一个换能器只能测得与其声束方向一致的流速分量 V_1，而要获得海流的二维流速、流向数据，必须测得 V_2，因此声学多普勒海流计至少要配置 2 个换能器，而目前比较成熟的该类仪器一般都配置 3~4 个换能器，以便提供海流的三维流速、流向数据。图 6.6 所示为挪威诺泰克公司生产的三波束声学多普勒海流计"Aquadopp"（中文简称"小阔龙"）。

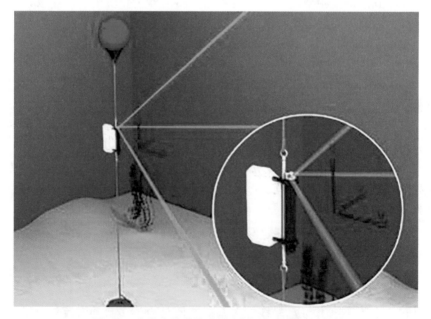

图 6.6　声学多普勒海流计"小阔龙"测流示意图

6.2.4 声学多普勒海流剖面仪测量原理

声学多普勒海流剖面仪(Acoustic Doppler Current Profiler,ADCP),是目前观测多层海流剖面的最有效的仪器。其测量原理与声学多普勒海流计一样,都是根据"多普勒效应",利用发射和接收的超声波声速(至少三束)测得水体反散射的多普勒频移,便可以求得三维流速并且可以转换为地球坐标系下的 E(东分量)、N(北分量)和 U(垂直分量)。

由于声速在一定水域中,在一定深度范围内的水体中的传播速度基本是不变的,根据由声波发射到接收的时间差,便可以确定深度。利用不断发射的声脉冲,确定一定的发射时间间隔及滞后,通过对多普勒频移的谱宽度的估计运算,便可以得到整个水体剖面各分层单元水体的流速、流向数据。图 6.7 所示为挪威诺泰克公司生产的浅海型三波束声学多普勒海流剖面仪"Aquadopp Profiler"(中文简称"阔龙")。

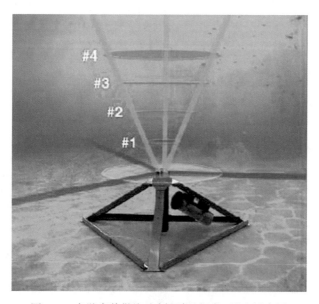

图 6.7　声学多普勒海流剖面仪"阔龙"测流示意图

6.3　主要仪器设备

海流观测是水文观测中重要又困难的观测项目,现场条件对海流观测的准确度能产生极大的影响。为了在恶劣的海洋条件下,能准确、方便地观测海流,科学家研制出了各具特色的海流观测仪器。根据流速传感器的工作原理,海流观测仪器可分为旋转式和非旋转式两大类。根据海流计的设计原理,又可分为机械旋桨式海流计、电磁海流计、声学多普勒海流计、声学多普勒海流剖面仪(ADCP)这四类,其中机械旋桨式海流计属于旋转式海流计、后三类属于非旋转式海流计。

6.3.1　机械旋桨式海流计

机械旋桨式海流计的基本原理是依据旋桨叶片受水流推动的转数来确定流速，用磁盘确定流向。根据这类仪器记录部分的特点，大致可分为厄克曼型、印刷型、照相型、磁带记录型、直读型等旋桨式海流计。

1. 厄克曼海流计

1905 年，瑞典物理海洋学家 V. W. Ekman 首先设计制造出了一种海流仪器，主要由轭架、旋桨、离合器、计数器、流向盒及尾舵等部件构成，如图 6.8 所示。70 多年来一直保持其最初的形式，但目前在向电子化方向发展，仪器的测量深度不受限制。但是，不能测低速流，因为旋桨起动速度一般为 3cm/s，测量精度一般为：流速 ±5cm/s，流向 $10° \sim 15°$。

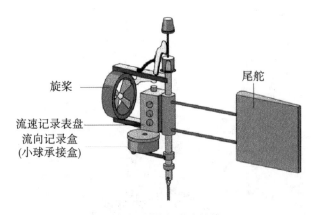

旋桨

尾舵

流速记录表盘
流向记录盒
(小球承接盒)

图 6.8　厄克曼海流计结构图

2. 印刷型海流计

印刷型海流计是船用或浮标用的定点自记测流仪器，如图 6.9 所示，最大使用深度为 6000m，连续记录时间长达半年，流速流向记录在纸带或锡箔上。印刷型海流计的记录装置由弹簧带动，工作程序由定时机构控制，测量流速范围一般为 $3 \sim 200 \text{cm/s}$，流速的均方误差小于 2%，流向精度为 ±5°，自记工作时间由时钟控制轮决定。

3. 照相型海流计

照相型海流计是船用的定点自记测流仪器(图 6.10)。照相型海流计用一个大直径导流叶轮测量流速，流向随海流的转动方向的度盘示数进行照相记录，其测量值记录在耐压壳内的胶卷上。胶卷一般宽 16mm、长 15m，可记录 6000 张照片，该仪器的测量深度为 150m，自记工作时间达 30 天。

4. 磁录式海流计

磁录式海流计是浮标用定点自记测流仪器，其工作原理多数将测量数据以二进制编码方式记录在磁带上，也有用其他方式记录在磁带上的。最大使用深度为 $1000 \sim 6000 \text{m}$，大致测量流速范围为 $3 \sim 400 \text{cm/s}$，准确度为 $3 \sim 5 \text{cm/s}$，流向准确度为 ±5°。如挪威产的安德拉海流计(图6.11),也是目前全世界使用较为广泛的海流计之一。

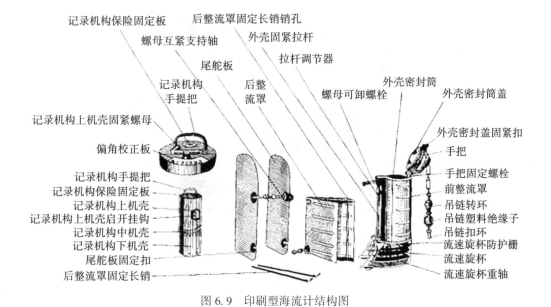

图6.9 印刷型海流计结构图

记录机构保险固定板
螺母互紧支持轴
尾舵板
记录机构手提把
记录机构上机壳固紧螺母
偏角校正板
记录机构手提把
记录机构保险固定板
记录机构上机壳
记录机构上机壳启开挂钩
记录机构中机壳
记录机构下机壳
尾舵板固定扣
后整流罩固定长销

后整流罩固定长销销孔
外壳固紧拉杆
拉杆调节器
后整流罩
螺母可卸螺栓
外壳密封筒

外壳密封筒盖
外壳密封盖固紧扣
手把
手把固定螺栓
前整流罩
吊链转环
吊链塑料绝缘子
吊链扣环
流速旋杯防护栅
流速旋杯
流速旋杯重轴

图6.10 照相型海流计

图 6.11 安德拉海流计

5. 直读式海流计

直读式海流计是船用定点测流仪器。流速流向测量的电信号均经电缆传递到显示器，测量数据直观、资料整理方便，测量速度快，有的可以兼测深度。仪器最大使用深度为 150~660m，流速测量范围为 5~700cm/s。这种仪器在美国、苏联、日本都有生产，中国海洋大学海洋仪器厂也进行了批量生产，图 6.12 即为我国生产的 SLC9-2 型直读式海流计。

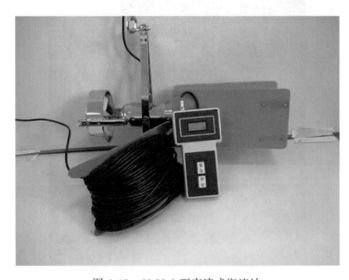

图 6.12 SLC9-2 型直读式海流计

6.3.2　电磁海流计

根据磁场的来源不同可分为地磁场电磁海流计和人造磁场电磁海流计两种。

地磁场电磁海流计又可细分为深海型和表层型。深海型不适用于表层测流，在水深大于100m的海区才适用；表层型只适用于测表面层的海流。地磁场电磁海流计的优点是可以走航自记，水下部件结构简易，可靠性高；缺点是由于它与地球垂直磁场强度有关，不能在赤道附近使用，只适用于地磁垂直强度大于0.1A/m²的海区，同时，它受船磁的影响也较大，其测流范围在3~300cm/s。测量精度流速为±2cm/s，流向为±5°。

人造磁场电磁海流计的使用受深度和纬度的限制不大，它适于船用或锚碇水下测量，和通常使用的直读式海流计差不多，只是水下传感器不同。如法国海洋鉴定设备公司生产的MK Ⅲ型电磁海流计，它的水下传感器呈流线形，底部垂直地安装两对电极，内装有电磁线圈，把30Hz的正弦交流电作用在线圈上，线圈便产生一交流磁场；当海水流过磁场时，电极产生一个输出信号，根据输出信号的相位和振幅，最后换算得出流速值。该仪器流速测量范围为15.4~257cm/s，测量精度为±0.26cm/s。

目前，世界上广泛使用的是美国InterOcean Systems公司生产的S4型电磁海流计，其外形是球形(图6.13)，很好地解决了仪器倾斜对测流的影响。它采用凹槽式外壳，使其具有稳定的水力学特性，确保具有优良线性特征。其内部没有任何机械运动装置或突起的构件。其主要优点是精度高，测量值可靠，体积小，操作简便，无活动部件，对流场影响小，其测量范围是流速0~350cm/s，流速精度为±1cm/s，或±2%满量程，流向精度为±2°。

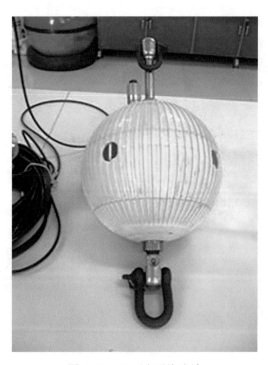

图6.13　S4型电磁海流计

6.3.3 声学多普勒海流计

声学多普勒海流计是利用"声学多普勒效应"原理，测量距离换能器一定距离处的水体某一区域的平均流速、流向的点式海流计。其优点是：非接触式测量，对水体不干扰，声速可以自动较准，能连续记录，仪器无活动部件，无磨擦和滞后现象，测量时感应时间快，测量精度高，可测弱流等。其缺点是仪器存在本身的发射功率、电池寿命和声波衰减等问题，因此该类仪器在某些领域的使用受到了一定的限制。

目前比较成熟的声学多普勒海流计主要包括挪威诺泰克公司生产的"小阔龙"、"威龙"、"小威龙"系列，美国 SonTek/YSI 公司生产的 ADV 系列和挪威安德拉公司生产的 RCM9 型多普勒海流计。其中以挪威诺泰克公司生产的海流计最为全面，测量环境涵盖深海、浅海和实验室，涉及水深从 6000 米深的大洋到十几厘米深的实验室水槽。

1. "小阔龙"

"小阔龙"可以测量水中某一区域的 2 维(2 个波束)或 3 维(3 个波束)平均流速、流向，根据其压力传感器的最大测深范围，分为 300m 型的"小阔龙"和 3000m、6000m 型的"深海小阔龙"。"小阔龙"均可在线实时数据采集或自容式使用，其测流精度高，无干扰。仪器自身配有罗盘、倾斜仪、压力和温度传感器。"小阔龙"的测流范围一般为±5m/s(其中"深海小阔龙"为±3m/s)，并可根据用户的需要定制更宽的测量范围。流速测量精度为测量值的 1%±0.5cm/s，流向精度为±2°。测量区域：测量单元为 0.75m，测量位置为 0.3~5.0m(用户可调节)，默认位置 0.3~1.85m(延波束方向)，图 6.14 为"深海小阔龙"坐底测量示意图。

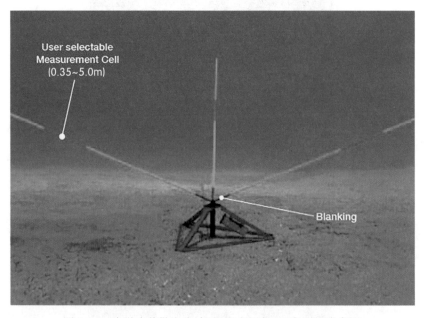

图 6.14 声学多普勒海流计"深海小阔龙"坐底测量示意图

2."威龙"

"威龙"(Vector)是专为测量一点的流速而设计的，以高达64Hz的频率进行高精度的三维流速测量。标准配置为罗盘、倾斜仪、压力和温度传感器，可用于自容式或在线测量。Vector采用相干多普勒处理技术，该技术的特点是精确、无干扰、采样频率最高达64Hz，并且没有零点漂移。因而广泛应用于波浪动力学研究，波浪的轨迹研究，边界层的水流研究，波浪、水流联合监测，河流、河口、海岸等的紊流研究。

其测流范围包括±0.01~0.1m/s、0.1~0.3m/s、0.3~2.0m/s、2.0~4.0m/s、4.0~7.0m/s这5个可选区间。流速测量精度为测量值的±0.5%或±1mm/s，流向精度为±2°。测量区域：距探头0.15m，直径为15mm，高度为5~20mm(用户可选)的圆柱形水体，图6.15为"威龙"进行三维海流测量的示意图。

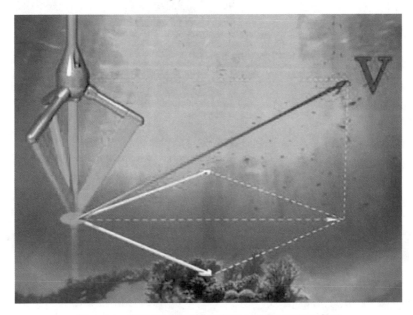

图6.15 声学多普勒点式海流计"威龙"测流示意图

3."小威龙"

"小威龙"(Vectrino)是一款高精度声学多普勒点式流速仪，用来测量水流的三维流速。它应用广泛，主要用于实验室，也可用于河道测量以及海洋测绘，用来测量流速的快速波动。因而分为实验室型和野外型两种，其测量技术的基础是相干多普勒处理，它的特点是测量精度高，没有零点漂移。

"小威龙"的声学传感器包括1个发射换能器和4个接收换能器。采样点远离传感器，从而避免了仪器本身对水流的干扰。"小威龙"由发射换能器发射一个短的声学脉冲，当该脉冲经过4个接收换能器的聚焦点的时候，"回声"得到多普勒频移。多普勒频移的变化要根据水中声波的传播速度进行调整(所以温度也要测量)，流速的矢量数据以很快的速率传送到计算机。

实验室型"小威龙"在各种实验环境中得到广泛应用，比如在水工实验室里测量湍流和三维流速，它也可用于水槽、水池和水工模型中。野外型"小威龙"则专门用在边界层测量、海滩水流的急升或者湖泊、小溪和湿地的低流速研究中。

其测流范围包括±0.01~0.1m/s、0.1~0.3m/s、0.3~1.0m/s、1.0~1.4m/s 这 4 个可选区间。流速测量精度为测量值的±0.5%或±1mm/s。测量区域：距探头 0.05m（其中野外用的为 0.1m），直径为 6mm，高度为 3~15mm（用户可选）的圆柱形水体，图 6.16 为"小威龙"进行三维水流测量的示意图。

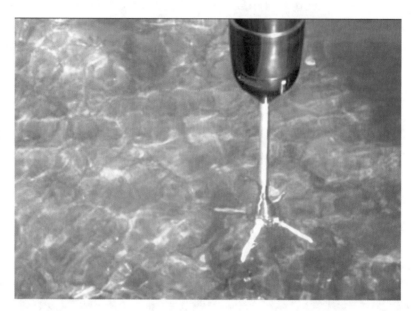

图 6.16　声学多普勒点式海流计"小威龙"测流示意图

6.3.4　声学多普勒海流剖面仪

声学多普勒海流剖面仪（以下简称"ADCP"）是利用声学多普勒效应原理，测量水体剖面各分层单元的平均流速、流向的海流计。相对于传统仪器，ADCP 具有测量速度快，可进行断面同步测量，时空分辨率高，最快采样频率达 15Hz，空间分辨率最高达 0.1m，能获取三维流速信息且测量对水体无干扰等优点。目前 ADCP 已在从近岸到远海的各项水文测量和海洋调查工作中得到了广泛应用。其使用方式也多种多样，有定点、走航、水平（H—ADCP）等，极大地提高了水文测验的效率和观测精度。但是由于布置方式和多种环境因素影响，ADCP 在实际应用过程中也存在着一些问题。

由于 ADCP 的探头置于水下一定深度，且靠近海床底部的回声信号会受到干扰，形成"旁瓣效应"，因此会在测量水体的表层和底部各形成一个"盲区"，而无法获取海流数据。对于表层盲区，多利用传统的流速仪进行补充监测，以弥补表层数据的不足。对于近底层，由于传统仪器的限制，难以直接观测其流速，一些研究者通过对数剖面法、极值法来进行外推计算获取，但其适用性尚需进一步验证。

目前比较成熟的声学多普勒海流剖面仪主要包括挪威诺泰克公司生产的"阔龙"、"浪龙""远龙"系列，美国 RDI 公司生产的"骏马"系列 ADCP 和美国 SonTek/YSI 公司生产的 ADP 系列产品。其中，挪威诺泰克公司生产的"阔龙"以其外观精巧轻便、安置灵活多样等特点而广泛应用在近岸工程水文测量领域，而美国 RDI 公司生产的"骏马"系列"哨兵"型(Sentinel) ADCP 以其特有的"底跟踪"技术而在内河流量和近岸断面走航测量中大显身手。

1. "阔龙"

"阔龙"在水中应用声学多普勒技术测量海流剖面。它应用广泛，可固定在水底、锚系、浮标和其他物体上(图 6.17)。它自成系统，包括记录数据的内部存储器以及自容式应用所需的所有部件。"阔龙"系列体积小、重量轻，可应用于 1~100m 剖面范围的海流测量。其声学频率包含 400K、600K、1M、2MHz 4 种，对应的最大剖面范围从 100~20m。测流范围一般为 ±10m/s，并可根据用户的需要定制更高的测量范围。流速测量精度为测量值的 ±1%±0.5cm/s，流向精度为 ±2°。

图 6.17　声学多普勒海流海流剖面仪"阔龙"浮标测量模式安装图

2. "哨兵"型 ADCP

如图 6.18 所示，"哨兵"型自容式声学多普勒海流剖面仪亦称"骏马"系列"哨兵"型 ADCP。该仪器适用于水深 200m 以浅的上层海洋或浅海海域的海流测量作业。如装上电缆，也可用于直读式在线海流测量。该仪器体积小，重量轻，携带和布放方便，用于海流剖面测量既可自容，又可直读，具有底跟踪功能，还可进行走航测量，使用灵活，是目前海洋常规测流比较理想的工具。

图 6.18　"哨兵"型自容式声学多普勒海流剖面仪测量模式图

6.3.5　海流计的发展

1. 光学式海流计

通过多年的研究，国外有人认为激光多普勒技术可以应用于海洋中测流，认为激光多普勒海流计的准确度能达到百分之几的量级，空间分辨率大约为 0.5m，时间分辨率大约为 0.5s。此技术尚处在研究阶段，离实际应用还有距离。

2. 电阻式海流计

该类型的仪器是利用海流对电阻丝的降温作用来测流的，其优点是可测瞬时流和低速流，测量精度高，可以遥测，但当前还未见于实际应用。

3. 遮阻涡流海流计

遮阻涡流海流计的工作原理是：将一扁平或圆柱杆置于流场中，必在其后产生海水涡动现象，用声学方法测出涡流的频率，并根据频率与流速成正比、与圆柱杆的直径成反比的关系得出流速值。测量信号传输到记录系统加以记录。美国 J-TEC 联合公司生产的 CM-1106CD 型涡流计就是其中一种，其流速测量范围为 10～500cm/s，测量精度为量程的 ±2%。

以上所述的各种类型的海流计是目前国内外海流测量仪器的概括介绍，各国在海流调查中应用得最多的是各种类型的安德拉海流计、直读式海流计以及性能卓越的目前测弱流的唯一仪器——声学多普勒海流计。电阻式海流计和遮阻涡流海流计是近几年正在研究的新型仪器，尚处于探索阶段。海流仪器的发展趋势将是长期自记式仪器、深层剖面式测量仪。

6.4　技术方法

6.4.1　技术指标

1. 时间标准

在我国领海、大陆架、专属经济区进行的海流观测应统一采用北京时间，在远洋或他国进行的海流观测可采用当地时间或北京时间、格林尼治时间，并在资料载体上标明所采用的时间标准。

2. 定点测站定位要求

对于采用定点方法测流，测流点的定位误差不应超过±(5+3*H*)(m)，*H*为测流点水深(m)。以船只作为承载工具进行海流连续观测时，应至少每3h观测一次船位，如发现船只移位超过上述定位误差范围，应移回原位，重新开始观测。

3. 海流的观测要素

海流观测的主要观测要素为流速和流向。单位时间内海水流动的距离称为流速，单位为m/s或cm/s，流向指海水流去的方向，单位为度(°)，正北为0°，顺时针方向旋转，正东为90°，正南为180°，正西为270°。

流向一般为瞬时值；流速值通常使用3min的平均流速，如流速的观测值不是3min的平均流速，应在观测记录上说明取样时段。近岸海区，海流观测宜在风浪较小的条件下进行。海流观测的辅助观测要素为潮位、风向、风速、海况。

4. 海流观测的准确度要求

海流观测的方式有多种，有漂流浮标、定点测流和走航测流。对于定点测流，应达到表6.1中规定的准确度。

表6.1 海流观测的准确度

流速(cm/s)	水深(m)	准确度	
		流速	流向
<100	≤200	±5cm/s	±5°
	>200	±3cm/s	
≥100	≤200	±5%	±5°
	>200	±3%	

5. 海流连续观测的时间长度和时次

海流连续观测的时间长度通常应不少于25h，至少每小时观测一次(即至少26次整点观测)。在进行工程研究的海流观测时，如是旋转流或往复流，还需满足潮流闭合要求，即在低潮(或高潮)前整点开始测量，转流后整点收测。在潮差大的海区测流，在涨急、落急或转流时应每30min加测一次。海流连续观测期间，每一测流点缺测3次以上者，原则上应重新观测。

采用短期资料进行潮流调和分析时，海流连续观测次数不宜少于3次，分别在大、中、小潮日期进行。一般的潮流分析中，可采用一次或二次海流观测资料，一次观测应在大潮日期进行，二次观测应分别在大、小潮日期进行。半日潮海区在朔(初一)、望(十五)后2~3d为大潮；上弦(初八左右)和下弦(廿二、廿三)后2~3d为小潮。日潮海区大潮在回归期间，小潮在分点潮期间。

具体选择潮型时，可从潮汐表上查取潮差最大、最小的日期作为大、小潮观测日期。对潮型的代表性要求较高时，可进行潮差累积频率统计，绘制潮差累积频率曲线图，从图中选用累积频率为10%、50%和90%的潮差作为大、中、小潮三种潮型的典型潮差参考，据此选择大、中、小潮观测日期。

采用长期资料进行潮流调和分析时，海流连续观测天数不宜少于15d；分析风海流或波流等其他类型的海流时，应在不同季节和不同气象条件下进行观测；分析河口的径流影响时，应在洪水期和枯水期分别进行观测。

预报潮流的测站，一般应不少于3次符合良好天文条件的周日连续观测。

6. 海流观测的标准分层

根据海港工程及海洋调查海流观测几十年来的经验积累和习惯做法，可根据实际工作需要从下面两种分层法中任选。

(1)海港工程类

海港工程类海流观测的标准分层见表6.2。

表6.2 海流观测的标准分层(海港工程类)

垂线水深(m)	测点数	测点位置水深(m)
<2	1	$0.6H$
$2 \leqslant H < 5$	2	$0.2H$、$0.8H$
$5 \leqslant H < 8$	3	$0.2H$、$0.6H$、$0.8H$
$8 \leqslant H < 11$	5	表层、$0.2H$、$0.6H$、$0.8H$、底层
$\geqslant 11$	6	表层、$0.2H$、$0.4H$、$0.6H$、$0.8H$、底层

(2)海洋调查类

进行海洋调查类工作时，按表6.3的标准分层。

表6.3 海流观测的标准分层(海洋调查类) 单位：m

水深范围	标准观测水层	底层与相邻标准水层的最小距离
<50	表层、5、10、15、20、25、30、底层	2
50~100	表层、5、10、15、20、25、30、50、75、底层	5
100~200	表层、5、10、15、20、25、30、50、75、100、125、150、底层	10
>200	表层、10、20、30、50、75、100、125、150、200、250、300、400、500、600、700、800、1000、1200、1500、2000、2500、3000(水深大于3000m时，每1000m加一层)、底层	25

注：表层指海面下3m以内的水层。

其中底层的规定如下：水深不足50m时，底层为离底2m的水层；水深在50m~200m范围内时，底层离底的距离为水深的4%；水深超过200m时，底层离底的距离，根据水深测量误差、海浪状况、船只漂移情况和海底地形特征综合考虑，在保证仪器不触底的原则下尽量靠近海底。底层与相邻标准水层的距离小于规定的最小距离时，可免测接近底层的标准水层。

另外，采用声学多普勒海流剖面仪可以获得海流的铅直连续变化分布，但是在正式资料汇编中，为了满足工程应用的需要以及资料的统一使用，还需给出上述标准层次的流速和流向。

6.4.2 观测方法

伴随着科学技术和海洋学科本身的不断发展，海流的观测方法也在不断改善。按所采用的方式和手段，海流的观测方法大体分为随流运动进行观测的拉格朗日法和定点的欧拉法。拉格朗日法是将每个流体粒子的运动表示为时间的函数。欧拉法给出的是流场中某一固定点的速度(速率和方向)。在这两种方法中，所有的讨论都是就相对于固体地球固定的坐标系而言的。在理论研究中用欧拉法较方便，但在描述大洋环流时，拉格朗日法则更常用。

拉格朗日法又称随体法，追踪流体质点运动，记录该质点在运动过程中物理量随时间变化的规律。拉格朗日法是以研究单个流体质点运动过程作为基础，综合所有质点的运动，构成整个流体的运动。以某一起始时刻每个质点的坐标位置(a, b, c)，作为该质点的标志。任何时刻任意质点在空间的位置(x, y, z)都可以看成是(a, b, c)和t的函数。

欧拉法是以流体质点流经流场中各空间点的运动，即以流场作为描述对象研究流动的方法。它不直接追究质点的运动过程，而是以充满运动液体质点的空间——流场为对象。研究各时刻质点在流场中的变化规律。欧拉法不考虑单个流体质点运动过程，而是研究流场各空间点，通过观察在流动空间中的每一个空间点上运动要素随时间的变化，把足够多的空间点综合起来而得出的整个流体的运动情况。

1. 浮标漂移测流法

浮标漂移测流法是根据自由漂浮物随海水流动的情况来确定海水的流速、流向，主要适用于表层流的观测。最早的漂浮物就是船体本身或偶然遇到的漂浮物，而后逐渐发展成使用人工特制的浮标。

浮标漂移测流方法虽然是一种比较古老的方法，但在表层观测中有其方便实用的优点，而且随着科学技术的发展，已开始应用雷达定位、航空摄影、无线电定位、GPS卫星定位等工具来测定浮标的移动情况，这样就可以取得较为精确的海流资料。

漂浮法测流是使浮子随海流运动，再记录浮子的空间-时间位置。为此，使用了表面浮标(如漂流瓶、双联浮筒)、中性浮子、带水下帆的浮标、浮游冰块等。这些方法具有主动和被动性质，因此，可以借助岸边、船上、飞机或者卫星上的无线电测向和定位系统跟踪浮标的运动。测较大深度的流速和流向则采用声学追踪中性浮子方法。

(1)漂流瓶测表层流

漂流瓶(又称邮瓶)通常被用来研究海流的大致情况，根据漂流瓶的漂移路径及所花时间，就可以大致地确定流速和流向。

(2)双联浮筒测表层流

双联浮筒(图 6.19)是浮标测流中常用的一种工具，船只锚碇后或在海上平台等相对稳定的载体上，在船尾放出双联浮筒，根据它的移动情况测定表层流的平均流速和流向。

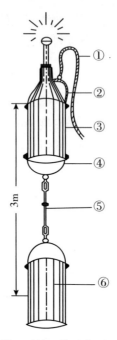

①测绳；②上索环；③上浮筒；④下索环；⑤连接索；⑥下浮筒

图 6.19　双联浮筒

(3)跟踪浮标法

①船体跟踪：将一个浮体(或双联浮筒)施放于一选定的海面上，使之自由地随海水流动，观测者乘船始终尾随浮体移动并按特定的时间间隔从船上采用 GPS 定位，这样连续观测，一般要延续一个半日潮周期，并画出浮体在此时间段内的运行轨迹，进而得出该海区相应时间段内的海水运动的基本状态。这种方式必须在良好的天气状况下才能进行。

②仪器跟踪：随着高科技技术的发展和应用，新的更准确、更方便的仪器跟踪浮标及相应的观测方式相继产生，并开始应用于海流实测之中。有的使用人工特制的随海水自由流动的浮标，在岸上用雷达跟踪定位；有的浮标(图 6.20)本身加装有 GPS 接收机和信号发射装置，可以定时地发射无线电信号，通过卫星通信等无线方式传送回地面接收系统；还有的使用航空摄影的方式来测定浮标的移动情况，从而观测相应的海区海水流动的状况等。

(4)中性浮子测流法

深海中下层海流的观测相对而言是比较困难的，通常的观测方法都难以实施。而中性浮子由于其本身具有可调节性，可适用于这种深海海流的观测，如美国 Benthos 公司生产的中性浮子，可适用于 0~6000m 深度范围内的海流测量。

实测中，首先根据温盐观测值，确定出待测海流层的海水密度，按此等效密度调节中

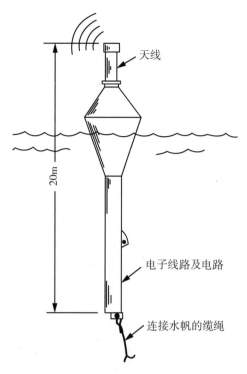

图6.20　一种漂流浮标

性浮子，施放的中性浮子在预定的水层上处于重力和海水浮力相平衡的状态下，在这个预定水层上随周围海水一起漂流，该浮子中装有仪器，不时地向外发出声脉冲，在观测船上利用声呐监听这种声脉冲，即可跟踪中性浮子的漂移，消除掉因船体漂移产生的相对运动，即可测出相应水层的流动速度和方向。

2. 定点测流法

定点测流法是目前海流测量中最常用的一种技术方法，它是以锚碇的船只或浮标、海上平台或特制固定架等为承载工具，安装海流测量设备进行海流观测，从而实现对海洋中某一位置的海流的长期测量。根据安装载体的不同，通常可划分为以下3种定点测流方法：

（1）定点台架方式测流

在浅海海流观测中，若能用固定台架悬挂仪器，使海流计处于稳定状态，则可测得比较准确的海流资料并能进行长时间的连续观测。

①水面台架：若在观测海区内已有与测流点比较吻合的海上平台或其他可借用的固定台架，用以悬挂海流计，将是既经济又有效的测流方式。实测时，要尽可能地避免台架等对流场产生的影响，否则，测得的海流资料误差过大，甚至不能使用。

②海底台架：按一定尺寸制作如等三角形、正棱锥形或圆台形台架放置于海底，将海流计或声学多普勒海流剖面仪固定于框架中部的适当位置，就能长时间连续观测浅海底层流和剖面流。当然，首先必须要保证仪器安全，并能确保台架不会在风浪的作用下倾斜、翻倒或出现其他意外事件。

（2）锚碇浮标测流

以锚碇浮标(图6.21和图6.22)或潜标为承载工具,悬挂自记式海流计进行海流观测,称为锚碇浮标测流。有的仅观测表层海流,有的则用于同时观测多层海流。后者需要悬挂多台海流计方可实现海流的多层同步观测。目前发展的大、中型多要素水文气象观测浮标一般都配有声学多普勒海流剖面仪(ADCP),一台ADCP即可进行长时间的连续多层海流剖面观测,从而提高了观测效率。

图6.21　多要素海洋水文气象观测浮标

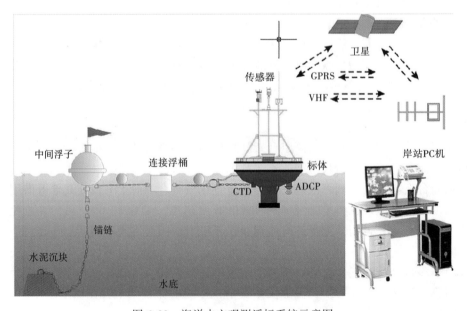

图6.22　海洋水文观测浮标系统示意图

（3）锚碇船测流

以锚碇船只为承载工具，利用绞车和钢丝绳悬挂海流计观测海流仍是常用的测流方式。首先根据水深确定观测层次，然后将海流计沉放至预定水层，测量流速和流向并记下观测时间。当施放海流计的钢丝绳或电缆的倾角大于10°时，须作深度的倾角订正。如用自记海流计，可根据绞车和钢丝绳的负载，采用三脚架和平衡浮标，在绞车的钢丝绳上悬挂多台海流计同时观测多层海流。在锚碇船只上搭载 ADCP 观测海流是近年来最主要和最常用的测流方式。

3. 走航测流法

走航测流法，顾名思义就是在船只航行的同时测量海流的一种技术方法。它不仅可以节省时间，提高效益，而且还可以同时观测多层海流。此外，走航测流法可以实现采用常规方法很难测量的海区（如深海）的海流观测。

声学多普勒海流剖面仪（ADCP）的问世和发展，使这种测流方法得以实现和应用推广，为海流观测开辟了新的途径，测流方式也上升到新的水平。其测流原理是：ADCP 首先测出海水相对于船的相对运动速度和方向，同时利用声学底跟踪技术测出船相对于海底的绝对运动速度和方向或利用高精度 GPS 求出船的绝对运动速度和方向，再经矢量合成得出海水对海底的运动速度和方向，即可得出海流的流速和流向。

4. 河口海岸海流观测方法

目前，近岸海区或海港工程的海流观测方法主要有以下四种类型：

①单站定点连续观测：采用一艘船（或其他观测载体）在给定的位置上进行海流连续观测，取得该处的实测海流资料，以了解海流的分布及变化状况。

②多站同步连续观测：采用几艘船（或其他观测载体）在几个给定的位置上同时进行海流连续观测，取得这几处的实测海流资料，以了解施测海区海流的分布及变化状况。

③走航断面观测：用一艘船（或其他载体）在给定断面上走航连续观测，可根据观测目的设定采样距离（或时间）间隔，以了解断面上海流的分布及变化状况。走航断面观测多与定点观测配合进行。

④大面流路观测：在海岸附近，用船只投放浮标，待浮标进入预定水域后，定位测量不同时间的浮标位置，然后绘制浮标在不同时间的位置图。这样可以大体了解水质点的运移途径，以及分流点和合流点的位置。

6.5 观测成果分析整理

6.5.1 报表

测量结束后，按测点水深进行数据处理，并计算垂线平均流速、流向。按照报表内容将各时刻各层数据逐一输入报表内，并进行检核。分层测点数如表6.4所示。

表6.4   垂线测点位置分布

垂线水深(m)	测点数	测点位置水深(m)
<2	1	0.6H
2≤H<5	2	0.2H、0.8H
5≤H<8	3	0.2H、0.6H、0.8H
8≤H<11	5	表层、0.2H、0.6H、0.8H、底层
≥11	6	表层、0.2H、0.4H、0.6H、0.8H、底层

注：①H 为垂线水深；②表层为水面下 0.5m，底层为海底面上 0.5m。

(1)加权法计算垂线东分量及北分量流速平均

①六点法按式(6.8)、式(6.9)计算：

$$V_{Em} = \frac{1}{10}(V_{0.0E} + 2V_{0.2E} + 2V_{0.4E} + 2V_{0.6E} + 2V_{0.8E} + V_{1.0E}) \tag{6.8}$$

$$V_{Nm} = \frac{1}{10}(V_{0.0N} + 2V_{0.2N} + 2V_{0.4N} + 2V_{0.6N} + 2V_{0.8N} + V_{1.0N}) \tag{6.9}$$

②五点法按式(6.10)、式(6.11)计算：

$$V_{Em} = \frac{1}{10}(V_{0.0E} + 3V_{0.2E} + 3V_{0.6E} + 2V_{0.8E} + V_{1.0E}) \tag{6.10}$$

$$V_{Nm} = \frac{1}{10}(V_{0.0N} + 3V_{0.2N} + 3V_{0.6N} + 2V_{0.8N} + V_{1.0N}) \tag{6.11}$$

③三点法按式(6.12)、式(6.13)或按式(6.14)、式(6.15)计算：

$$V_{Em} = \frac{1}{3}(V_{0.2E} + V_{0.6E} + V_{0.8E}) \tag{6.12}$$

$$V_{Nm} = \frac{1}{3}(V_{0.2N} + V_{0.6N} + V_{0.8N}) \tag{6.13}$$

或

$$V_{Em} = \frac{1}{4}(V_{0.2E} + 2V_{0.6E} + V_{0.8E}) \tag{6.14}$$

$$V_{Nm} = \frac{1}{4}(V_{0.2N} + 2V_{0.6N} + V_{0.8N}) \tag{6.15}$$

④两点法按式(6.16)、式(6.17)计算：

$$V_{Em} = \frac{1}{2}(V_{0.2E} + V_{0.8E}) \tag{6.16}$$

$$V_{Nm} = \frac{1}{2}(V_{0.2N} + V_{0.8N}) \tag{6.17}$$

式中，V_{Em} 为东分量流速平均(m/s)；V_{Nm} 为北分量流速平均(m/s)；$V_{0.0E}$、$V_{0.2E}$、$V_{0.4E}$、$V_{0.6E}$、$V_{0.8E}$、$V_{1.0E}$ 分别为对应表层、0.2H、0.4H、0.6H、0.8H、底层的东分量流速(m/s)，H 为测流垂线测流时的水深；$V_{0.0N}$、$V_{0.2N}$、$V_{0.4N}$、$V_{0.6N}$、$V_{0.8N}$、$V_{1.0}$ 分别为对应表层、0.2H、0.4H、0.6H、0.8H、底层的北分量流速(m/s)。

（2）矢量法计算垂线的平均流速流向

按式（6.18）、式（6.19）计算：

$$V_M = \sqrt{V_{Em}^2 + V_{Nm}^2} \qquad (6.18)$$

$$\alpha_M = \arctan\left(\frac{V_{Em}}{V_{Nm}}\right) \qquad (6.19)$$

式中，V_M 为垂线平均流速（m/s）；α_M 为垂线平均流向（°）。

表 6.5 为×潮×站流速流向报表。

表 6.5 **×潮×站流速流向报表**

海区：渤海　　　　站名：×站　　　　潮型：×潮　　　　站位：×× ××

观测日期：×年×月×日~×月×日　　农历：×月×日~×月×日　　调查船：渔 01072

序号	时间	水深	表层		0.2H		0.4H		0.6H		0.8H		底层		垂线平均	
			流速	流向	流速	流向	流速	流向	流速	流向	流速	流向	流速	流向	流速	流向
1	09：00	9.1	0.42	82	0.38	79	0.39	74	0.39	75	0.33	77	0.28	73	0.37	77
2	10：00	8.8	0.26	89	0.21	68	0.20	72	0.18	70	0.16	59	0.13	58	0.19	70
								……								
27	11：00	8.7	0.18	65	0.21	55	0.15	36	0.12	19	0.07	13	0.04	23	0.13	40
28	12：00	8.5	0.29	291	0.37	288	0.38	287	0.41	282	0.37	282	0.28	278	0.36	285

测量：××　　　记录：××　　　制表：××　　　计算：××　　　检校：××

6.5.2 海流矢量图

根据各测站实测海流流速、流向，绘制各潮次海流流速、流向矢量图，如图 6.23 所

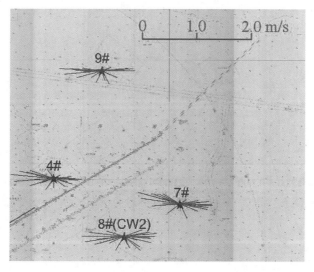

图 6.23 各测站海流流速流向矢量图（×潮）

示。矢量图上需标注比例尺。以测站站位为中心绘制各时刻流速流向矢量线，矢量线起点为测点站位，终点为矢量另外一端，矢量线方向为起点指向终点的方向。矢量线长度为流速大小，矢量线方向与其起点位置的北方向的夹角为流向大小。

6.5.3 潮流历时

根据各个测站的实测数据，计算得到各个测站的各次涨憩和落憩时刻。根据各测站的涨憩和落憩时刻，计算得到涨潮和落潮历时（表 6.6）。

$$涨潮历时 = 涨憩时刻 - 落憩时刻$$
$$落潮历时 = 落憩时刻 - 涨憩时刻$$

表 6.6　　　　　　　　　　　　观测海域涨、落潮潮流历时统计表　　　　　　　　单位：h：min

站名	涨潮				落潮			
	×潮	×潮	×潮	平均	×潮	×潮	×潮	平均
×站	5：26	5：26	6：04	5：38	7：04	7：01	6：44	6：56
×站	5：47	5：48	6：12	5：55	6：36	6：40	6：25	6：33
				……				
×站	6：12	5：37	6：24	6：04	6：10	6：59	5：48	6：19
×站	5：40	5：33	6：08	5：47	6：29	6：50	6：26	6：35
平均	5：47	5：43	6：22	5：57	6：32	6：44	6：22	6：33

6.5.4 潮位及流速-流向过程线

将各个测站的垂线平均流速根据落潮为正、涨潮为负的原则处理各时刻流速数据，各测站代表潮位采用就近代表性潮位站原则匹配，利用各时刻对应流速、流向和临近潮位站的潮位数据绘制潮位及垂线平均流速-流向过程线图，如图 6.24 所示。

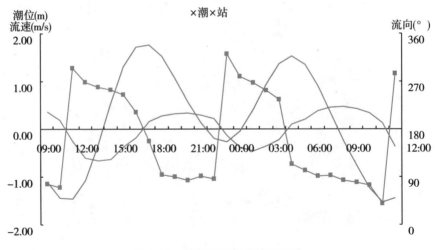

图 6.24　潮位及流速-流向过程线

6.5.5　潮段垂线平均流速、流向

根据涨憩和落憩时刻划分涨潮段和落潮段，将某涨潮段(或落潮段)内的海流按照东分量和北分量进行分向统计，得到涨潮段(或落潮段)的平均东分量和平均北分量，再根据式(6.18)和式(6.19)重新计算涨潮段(或落潮段)垂线平均流速、流向。成果提供格式见表6.7和表6.8。

表6.7　　　　　　　　　　　　各测站潮段平均流速统计表　　　　　　　单位：流速(m/s)

站名	涨潮				落潮			
	×潮	×潮	×潮	平均	×潮	×潮	×潮	平均
×站	0.19	0.17	0.20	0.19	0.18	0.19	0.13	0.17
×站	0.34	0.31	0.24	0.30	0.32	0.28	0.19	0.26
......								
×站	0.55	0.53	0.32	0.47	0.56	0.43	0.35	0.45
×站	0.63	0.48	0.46	0.52	0.58	0.57	0.44	0.53
平均	0.42	0.35	0.30	0.35	0.40	0.34	0.24	0.33

表6.8　　　　　　　　　　　　观测海域涨、落潮平均流向统计表　　　　　　　单位：(°)

站名	涨潮				落潮			
	×潮	×潮	×潮	平均	×潮	×潮	×潮	平均
×站	242	233	266	247	75	47	69	64
×站	268	267	265	267	79	59	94	77
......								
×站	204	204	200	203	31	31	30	31
×站	208	209	204	207	30	24	24	26
平均	243	246	246	245	72	64	69	68

6.5.6　垂线平均最大流速

根据表6.5的海流实测数据，分潮段后，选取各潮段垂线平均最大流速及对应流向，并对应填写于表6.9内。

表 6.9　　　　　　　　　　各测站涨落潮段垂线平均最大流速统计表

单位：流速（m/s）、流向（°）

站号	潮段	×潮		×潮		×潮	
		流速	流向	流速	流向	流速	流向
×站	涨潮	0.34	215	0.30	215	0.34	274
	落潮	0.34	50	0.36	26	0.29	44
×站	涨潮	0.66	271	0.52	276	0.45	260
	落潮	0.49	77	0.44	58	0.32	87
				……			
×站	涨潮	0.96	204	0.83	208	0.63	205
	落潮	0.79	33	0.59	32	0.48	31
×站	涨潮	1.08	209	0.88	208	0.73	213
	落潮	0.87	32	0.82	25	0.65	25

6.5.7　最大流速特征值

根据表 6.5 的海流实测数据，分潮段后，选取各测站涨潮段和落潮段出现的最大流速海流及其对应的流向和测层，以及该测站垂线平均最大流速及其对应流向，对应填写于表 6.10 内。

表 6.10　　　　　　　各测站垂线上测点最大流速特征值统计表（大潮）

单位：流速（m/s）；流向（°）

项目 测点	涨　潮					落　潮				
	实测最大			垂线平均最大		实测最大			垂线平均最大	
	流速	流向	测层	流速	流向	流速	流向	测层	流速	流向
×站	0.47	250	表层	0.43	245	0.38	40	表层	0.35	35
×站	0.82	262	表层	0.66	260	0.57	87	表层	0.47	83
					……					
×站	0.84	208	表层	0.79	209	1.14	30	表层	0.97	31
×站	1.27	206	表层	1.24	208	1.04	20	表层	1.02	20
最大值	1.27	206	表层	1.24	208	1.14	30	表层	1.02	20

6.5.8　潮段平均流速垂向分布

通过对各个测站的各层实测的流速资料进行统计，按涨潮段、落潮段分别统计平均值，得到各测站的涨、落潮段平均流速垂向分布（表6.11）。表中的统计结果说明了变化规律。

表6.11　　　　　各测站涨、落潮段平均流速垂向分布统计表（大潮）　　单位：流速（m/s）

站名	涨潮						落潮					
	表层	0.2H	0.4H	0.6H	0.8H	底层	表层	0.2H	0.4H	0.6H	0.8H	底层
×站	0.30	—	—	0.27	—	0.24	0.28	—	—	0.24	—	0.23
×站	0.44	0.41	0.41	0.38	0.36	0.27	0.29	0.33	0.32	0.29	0.28	0.24
				······								
×站	0.53	—	—	0.50	—	0.45	0.69	—	—	0.58	—	0.50
×站	0.72	—	—	0.70	—	0.68	0.81	—	—	0.80	—	0.78
平均	0.47	—	—	0.45	—	0.37	0.47	—	—	0.41	—	0.35
与表层比值	1.00	—	—	0.95	—	0.79	1.00	—	—	0.88	—	0.75

6.5.9　潮流准调和分析

1. 潮流椭圆要素

近岸带实测的海流包括由天体引力所产生的潮流以及主要由水文、气象条件所造成的非潮流（也称余流）两部分。潮流是海水受日、月等天体引潮力作用后产生的周期性水平流动。根据《海港水文规范》（JTS 145—2—2013）9.3.1.3，短期海流观测资料可采用准调和分析法进行分析。潮流准调和分析的目的是根据海流周日观测资料，分离潮流和非潮流，同时算得潮流调和常数（表6.12和表6.13），进而计算其潮流特征值，并判断海区的潮流性质。

表6.12　　　　　　　　观测海域各测点垂线平均潮流椭圆要素表

单位：长半轴（cm/s），长轴向（°）

测站	O_1			K_1			M_2			S_2			M_4			MS_4		
	长半轴	椭圆率	长轴向	长半轴	椭圆率	长轴向	长半轴	椭圆率	长轴向	长半轴	椭圆率	长轴向	长半轴	椭圆率	长轴向	长半轴	椭圆率	长轴向
×站	12.4	-0.14	90	8.0	-0.07	265	14.7	-0.02	96	3.1	-0.04	256	1.3	-0.11	58	1.9	-0.03	292
×站	11.1	-0.17	167	10.5	-0.23	332	17.2	-0.14	162	7.3	-0.18	320	1.4	-0.28	109	2.6	-0.14	278

表 6.13　　　　　　　　　　　　　　观测海域各测点潮流椭圆要素表

单位：长半轴(cm/s)，长轴向(°)

测站		O₁			K₁			M₂			S₂			M₄			MS₄		
		长半轴	椭圆率	长轴向	长半轴	椭圆率	长轴向	长半轴	椭圆率	长轴向	长半轴	椭圆率	长轴向	长半轴	椭圆率	长轴向	长半轴	椭圆率	长轴向
×站	表层	12.8	-0.22	88	8.2	-0.01	267	13.4	-0.06	87	5.2	-0.05	261	2.7	-0.17	90	3.5	-0.02	294
	0.2H																		
	0.4H																		
	0.6H																		
	0.8H																		
	底层																		
	垂线平均	12.4	-0.14	90	8.0	-0.07	265	14.7	-0.02	96	3.1	-0.04	256	1.3	-0.11	58	1.9	-0.03	292
×站	表层	9.8	-0.45	145	11.6	-0.05	302	14.1	-0.06	159	7.5	0.00	302	1.6	-0.09	102	3.2	-0.35	271
	0.2H																		
	0.4H																		
	0.6H																		
	0.8H																		
	底层																		
	垂线平均	11.1	-0.17	167	10.5	-0.23	332	17.2	-0.14	162	7.3	-0.18	320	1.4	-0.28	109	2.6	-0.14	278

2. 潮流类型

海区的潮流类型取决于半日潮流成分和全日潮流成分的相对比重，即主要分潮流的振幅比，如半日潮流占绝对主导地位即为正规半日潮流，反之如全日潮占绝对主导即为正规全日潮流。根据《海港水文规范》(JTS 145—2—2013)9.3.3，潮流按以下判别标准可分为规则的半日潮流和不规则的半日潮流、规则的全日潮流和不规则的全日潮流。其判别式如下：

$$F = \frac{W_{O_1} + W_{K_1}}{W_{M_2}} \tag{6.20}$$

式中，W_{O_1}、W_{K_1}、W_{M_2} 分别为主太阴日分潮流、太阴太阳赤纬日分潮流和主太阴半日分潮流的椭圆长半轴长度(cm/s)。

当 F≤0.5 时为规则半日潮流；当 0.5<F≤2.0 时为不规则半日潮流；当 2.0<F≤4.0 时为不规则全日潮流；当 4.0<F 时为规则全日潮流。

计算结果见表 6.14，各站垂线平均的 F 值为 0.84~1.65，平均为 1.29。本海域潮流类型是以不规则半日潮流性质为主。受地形、季节性海流变化等因素影响，潮流在某些局部发生变形，呈现出不规则形态。

表 6.14   **各站各层示性系数 F 值统计表**

站号	潮流示性系数						
	表层	0.2H	0.4H	0.6H	0.8H	底层	垂线平均
×站	1.57	1.61	1.57	1.35	1.19	0.95	1.39
×站	1.52	1.26	1.27	1.26	1.33	1.31	1.26
……							
×站	0.92	0.94	0.87	0.77	0.81	0.73	0.84
×站	1.90	1.82	1.69	1.53	1.48	1.45	1.65

3. 潮流的可能最大流速

潮流的可能最大流速由地形、天气等多种自然因素形成，潮流的可能最大流速只是海流可能最大流速的一部分，所以用潮流准调和分析方法计算的潮流的可能最大流速存在偏小的可能。

根据《海港水文规范》(JTS 145—2—2013)，对规则半日潮流海区，潮流的可能最大流速可按下式计算：

$$V_{max} = 1.295W_{M_2} + 1.245W_{S_2} + W_{K_1} + W_{O_1} + W_{M_4} + W_{MS_4}$$

对规则全日潮流海区，潮流的可能最大流速可按下式计算：

$$V_{max} = W_{M_2} + W_{S_2} + 1.600W_{K_1} + 1.450W_{O_1}$$

不规则半日潮流海区和不规则全日潮流海区，潮流的可能最大流速应采取以下两式计算后的最大值：

$$V_{max} = W_{M_2} + W_{S_2} + 1.600W_{K_1} + 1.450W_{O_1}$$

$$V_{max} = 1.295W_{M_2} + 1.245W_{S_2} + W_{K_1} + W_{O_1} + W_{M_4} + W_{MS_4}$$

式中，V_{max} 为潮流的可能最大流速，单位为 cm/s；W_{M_2}、W_{S_2}、W_{K_1}、W_{O_1}、W_{M_4}、W_{MS_4} 分别为主太阴半日分潮流、主太阳半日分潮流、太阴太阳赤纬日分潮流、主太阴日分潮流、太阴四分之一日分潮流和太阴太阳四分之一日分潮流的椭圆长半轴矢量。

表 6.15 是各测站潮流可能最大流速表。

表 6.15   **各测站潮流可能最大流速表**   单位：cm/s°

站号	表层		0.2H		0.4H		0.6H		0.8H		底层		垂线平均	
	流速	流向	流速	流向	流速	流向	流速	流向	流速	流向	流速	流向	流速	流向
×站	50.6	268	49.6	268	52.7	268	50.2	270	48.4	273	35.7	272	48.4	270
×站	52.3	318	51.4	334	61.6	336	67.4	338	60.6	346	43.0	348	56.7	338
……														
×站	65.3	281	63.7	276	61.2	275	58.3	274	56.0	277	45.4	269	58.4	276
×站	146.8	299	136.1	302	120.2	301	111.1	299	103.6	294	83.3	293	115.8	299

4. 潮流的运动形式

潮流的运动形式由潮流的椭圆旋转率 K 值来描述，K 值为潮流椭圆的短轴和长轴之比。当 $|K|$ 大于 0.25 时，潮流表现出较强的旋转性，即旋转流；当 $|K|$ 小于 0.25 时，潮流表现为往复流。根据前述的分析，由于施测海域潮流类型属于不规则半日潮流性质，且半日分潮流中，M_2 分潮最具有代表性，因此我们根据 M_2 分潮流的椭圆旋转率 K 值来分析施测海域潮流的运动形式。根据表 6.16 所列的 M_2 分潮的 K 值可以看出：各测站的 $|K|$ 显著小于 0.25，即各测站均表现为往复流。且 $|K|$ 越接近零，往复性表现越明显，旋转性越微弱。与实测结果相一致。

表 6.16　　　　　　　　　　　　　　　各测站 M_2 分潮的 K 值

测站	×站	×站	……	×站	×站
$|K|$	0.02	0.14	……	0.08	0.05

5. 余流

余流一般指实测海流去除周期性潮流后所剩留部分，从计算结果来看(表 6.16)，季节因素和潮型对余流影响较大。垂线平均，各潮次观测海域余流速度大潮平均为 5.5cm/s，小潮平均为 4.2cm/s。余流流向，各站差异较大。

观测海域余流流速，以×测站为最大，平均约为 11.8cm/s。其次是×测站，平均为 6.7cm/s。最小余流发生在×测站，平均为 1.0cm/s，见表 6.17。

表 6.17　　　　　　　　　　　观测海域各测站余流统计表　　　　　　　单位：cm/s°

站号	层次	×潮		×潮	
		流速	流向	流速	流向
×站	表层	2.1	174	6.7	240
	0.2H				
	0.4H				
	0.6H				
	0.8H				
	底层				
	垂线平均	5.5	152	6.2	227
×站	表层	2.3	0	8.0	263
	0.2H				
	0.4H				
	0.6H				
	0.8H				
	底层				
	垂线平均	1.1	186	4.0	280

　　根据计算得到的各测站各层余流，可绘制各潮次各测站各测层的余流矢量图，如图6.25所示。

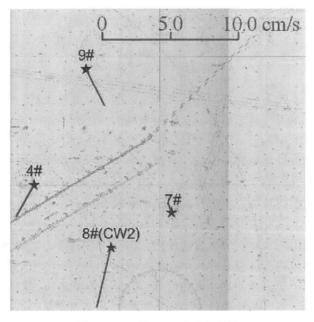

图 6.25　×潮 0.6H 余流矢量图

第7章 波浪测量

随着社会经济的不断发展，人类在近海岸地区的活动日趋频繁，各类港口工程、桥梁工程、围海工程及整治工程越来越多，规模越来越大，工程项目的风险也越来越引起人们的重视。波浪是港口海岸及近海工程中最为活跃、最为重要的动力要素之一，是作用于海岸及海洋建筑物上的一种重要环境荷载，直接威胁到近岸建筑物的安全与稳定，同时波浪与水流的共同作用还会影响建筑物周围泥沙运动、污染物的扩散等环境的演变。同时，在港口工程建设中，防浪建筑物需抵御外海波浪的直接冲击，在保证自身稳定的前提下还要维持港内水域的平稳，因此波浪条件直接影响着防浪建筑物的设计型式和规模。随着波浪的传播，掩护型港口港内水域受绕射波的作用，泊稳条件和码头结构型式、高程等都与波高大小有关；在破波带内，波浪破碎作用会引起水体的剧烈紊动，泥沙会被大量掀起并随水流输运，可能会产生骤淤或冲刷。由此可见，波浪是影响港口工程平面规划布置、码头与防浪建筑物设计、工程区泊稳条件、工程造价控制及工程安全的重要因素。因此，监测波浪的传播规律对港口海岸及近海工程建设具有重要的指导意义。

现场原型观测是一种直接的波浪研究方法，即采用仪器对复杂的波浪运动进行实地测量，获取现场观测资料，是理论分析或总结某些规律的基础，也可为物理模型试验及数值模拟提供验证资料。许多现场观测的规模十分庞大，采用了许多现代化高新技术，如在单点测量中引入了卫星定位系统进行精确定位；在平面测量中使用了遥感技术、同位素跟踪等观测技术。与物理模型研究方法相比，现场观测实现了所谓1:1的模型研究。但现场观测受客观条件的限制大。本章主要对海浪的基本概念、测量原理及仪器进行介绍。

7.1 波浪

波浪是海水质点在它的平衡位置附近产生一种周期性的震动运动和能量传播的现象。波浪形成后，可以看到液体表面作此起彼伏的波动。大多数波浪是海面受风吹动引起的，人们把这种波浪称为"风浪"或"海浪"。风浪的大小取决于风速、风时和风距的大小。风浪直接受风力作用，是一种强制波。当风平息后或风浪移动到风区以外时，受惯性力和重力的作用，水面会继续保持振动，这时的波动属于自由波，这种波浪称为"涌浪"或"余波"。

7.1.1 波浪分类

1. 按波浪所受的干扰力和周期分类

（1）表面张力波

波面张力是它的恢复力的波浪称为表面张力波，其波长小于1.7cm，最大波高为1~

2mm，波能也很小，风是它的生成力。

（2）重力波

周期为 1~30s 的波浪，其主要干扰力是风，风是它的恢复力，称为重力波。

（3）长周期波

长周期波是风暴或地震所形成的。其中由风暴引起气压下降而导致水面上升的大浪，称为台风浪；海底地震或海底火山爆发引起的波动称为海啸。由天体作用引起的波浪称为潮波，潮波的周期最长。

2. 按波浪形态分类

根据波浪形态可分为规则波和不规则波。规则波波面平缓光滑、波形规则，具有明显的波峰波谷，二维性质显著，离开风区后自由传播的涌浪接近于规则波。大洋中的风浪，波形杂乱，波高、波周期和波浪传播方向不定，具有明显的空间三维性质，因此这种波称为不规则波或随机波。风浪和涌浪有时同时存在，叠加形成的波浪成为混合浪。

3. 按波浪传播海域的水深分类

①深水波：如果海域的水深足够深，不影响表面波浪运动时，这时的波浪称为深水波，一般规定 $h/L \geq 0.5$ 时为深水波，其中 h 为水深，L 为波长。

②有限深水波：$0.5 > h/L \geq 0.05$ 时为有限深水波。

③浅水波：$h/L \leq 0.05$ 时为浅水波。

4. 按波浪运动状态分类

①振荡波：若波动每经过一个周期后没有明显的向前推移，也就是说各质点基本上围绕其静止位置沿着某种固有轨迹运动，这种波浪称为振荡波。

②推进波：振荡波中某剖面对某一参考点作水平运动，称为推进波。

③立波：波剖面无水平运动，只有上下震荡，则为立波。

5. 按波浪破碎与否分类

当波浪由深水区向浅水区传播时，因种种原因而产生变形，最后破碎。因此可把波浪分为破碎波、未破碎波和破后波。

6. 按其他方法分类

①内波：发生在海水的内部，由两种密度不同的海水相对作用运动而引起的波浪现象。

②气压波：气压突变产生的波浪。

③船行波：船行作用产生的波浪。

7.1.2 波浪要素

波浪的大小和形状可用波浪要素来说明。如图 7.1 所示，波浪的基本要素有波峰、波陡、波谷、波底、波高、波长、周期、波速、波向线和波峰线等。

①波峰：波峰是波浪周期性运动的高处部分，其最高处称为波峰。

②波谷：波谷是波浪周期性运动的低处部分，其最低处称为波谷。

③波高：波高是波峰到波谷之间的垂直距离。

④波长：波长是两个波峰（或波谷）之间的水平距离。

⑤波峰线：垂直于波浪传播方向上各波峰顶的连线。

⑥波向线：与波峰线正交的线，即波浪传播方向。

⑦周期：波浪起伏一次所需的时间，或相邻两波峰顶通过空间固定点所经历的时间间隔，通常以 T 表示，单位以秒(s)计。

⑧波陡：波高与波长之比，通常以 δ 表示，即 $\delta = H/L$。

⑨波速：波形移动的速度，通常以 C 表示，它等于波长除以周期。

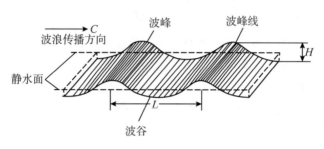

图 7.1　规则波波形示意图

7.1.3　随机波统计理论基础

在实际海洋中，波浪是随机的，也就是说，在一定的时间及地点，波浪的出现及其大小，完全是一个随机现象，无法预知。从数学上讲，它属于随机范畴，应该采用概率统计的方法加以分析。以波高为例，通过每次观测，可测到一个确定的结果，但每次观测的结果彼此是不相同的，是随时间随机变化的。这种变化必须用随机函数，也叫随机过程，加以描述。

随机过程有各种不同的类型，在海浪研究中，应用最广泛的是平稳随机过程，它的特点是过程的统计特征(平均振幅、反差等)不随时间坐标原点的推移而变化，即某时刻 t 的统计特征与时刻 $(t+\tau)$ 相吻合。此外，在一般情况下，海浪作为一个随机过程具有各态历经性，由于各态历经性，过程中的每一个变量的期望值，与其沿时间的平均值相等，即一个充分长时间的现实能代替同一时段现实的总体。

海洋中的不规则波可看作是一个平稳的各态历经的随机过程，因此可在一个样本中任取足够长的一段，即可分析得到总体的时域特性和频域特性。

波浪的尺度常用波高、周期表示。对于不规则波形，通常采用上跨(或下跨)零点法。以上跨零点法为例，取平均水位为零线，把波面上升与零线相交的点作为一个波的起点。波形不规则地振动降到零线以下，接着又上升再次与零线相交，这一点作为该波的终点(也是下一个波的起点)。如横坐标轴是时间，则两个连续上跨零点的间距便是这个波的周期；若坐标轴是距离，则此间距是这个波的波长。把这两点间的波峰最高点到波谷最低点的垂直距离定义为波高。对于中间可能存在的小波动，只要不与零线相交即不予考虑。

按上跨零点法从图 7.2 的波浪记录上读得各个波高和周期，列入表 7.1 中，可见各波高值相差很大(表中 n 表示波高大小的次序)。为了描述图 7.2 的波浪系统，一般采用两种方法：一是对波高、周期等进行统计分析，采用有某种统计特征值的波作为代表波浪的特征波方法；二是用波浪谱表示。下面依次介绍这两种方法。

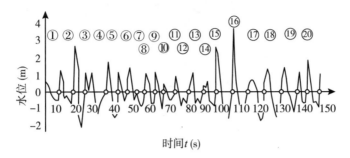

图 7.2 波浪观测记录实例(按上跨零点法定义波浪)

表 7.1 　　　　　　　　　　　波浪数据记录表

波序	波高 H(m)	周期 T(s)	波高顺序 n	波序	波高 H(m)	周期 T(s)	波高顺序 n
1	0.54	4.2	21	12	1.95	8.0	15
2	2.05	8.0	12	13	1.97	7.6	14
3	4.52	6.9	2	14	1.62	7.0	18
4	2.58	11.9	8	15	4.08	8.2	3
5	3.20	7.3	4	16	4.89	8.0	1
6	1.87	5.4	17	17	2.43	9.0	9
7	1.90	4.4	16	18	2.83	9.2	7
8	1.00	5.2	20	19	2.94	7.9	6
9	2.05	6.3	13	20	2.23	5.3	11
10	2.37	4.3	10	21	2.98	6.9	5
11	1.03	6.1	19				

对于特征波的定义，欧美国家多采用部分大波的平均值法，俄罗斯等采用超值累计率法，我国两者兼用。通常采用大约连续观测 100 个波作为一个标准段进行统计分析。

1. 按部分大波平均值定义的特征波

(1)最大波

H_{max}、T_{Hmax}：波列中波高最大的波浪和相应于最大波高的周期。例如表 7.1 中的第 16 个波，得 $H_{max}=4.9$m、$T_{Hmax}=8.0$s。T_{Hmax} 表示相应于最大波高的周期，以下依次类推。

(2)十分之一大波

$H_{1/10}$、$T_{H1/10}$：波列中各波浪按波高大小排列后，取前面 $\frac{1}{10}$ 个波的平均波高和平均周期。表中十分之一大波为 16 与 3 的均值，得 $H_{1/10}=4.7\mathrm{m}$、$T_{H1/10}=7.5\mathrm{s}$。

（3）有效波（三分之一大波）

$H_{1/3}$、$T_{H1/3}$：按波高大小次序排列后，取前面 $\frac{1}{3}$ 个波的平均波高和平均周期。表中波系有效波为 16、3、15、5、21、19 和 18 号波的均值，得 $H_{1/3}=3.6\mathrm{m}$、$T_{H1/3}=7.8\mathrm{s}$。

（4）平均波高和平均波周期

波列中所有波高的平均值和周期的平均值。

$$\begin{cases} \overline{H} = \dfrac{\sum H_i}{N} \\ \overline{T} = \dfrac{\sum T_i}{N} \end{cases} \tag{7.1}$$

式中，$\overline{H}=2.4\mathrm{m}$；$\overline{T}=7.0\mathrm{s}$。

（5）均方根波高 H_{rms}

$$H_{\mathrm{rms}} = \sqrt{\frac{1}{N}\sum H_i^2} \tag{7.2}$$

式中，$H_{\mathrm{rms}}=2.66\mathrm{m}$。

这些特征波中最常用的是有效波，西方文献中泛指海浪的波高、周期时多指有效波（$H_{1/3}$、$TH_{1/3}$）。

国际水利研究协会（IAHR）编写的波浪要素参数表统一了不规则波浪的术语、定义和符号。建议采用 $H_{1/3,\,u}$ 和 $H_{1/3,\,d}$ 分别表示按上跨零点法和下跨零点法定义的有效波高，其余类推。本节采用上跨零点法。为简便计，故符号中均略去下标 u。

2. 按超值累积概率定义的特征波

常用的有 $H_{1\%}$、$H_{5\%}$、$H_{13\%}$。以 $H_{1\%}$ 为例，其定义是指在波列中超过此波高的累积频率为 1%。其他特征波的定义可依次类推。

上述各特征值可由对实测资料进行统计分析予以确定，大波特征值和累积特征值可以相互转换，$H_{13\%}$ 约相当于 $H_{1/3}$；$H_{1/10}$ 约相当于 $H_{4\%}$。

3. 波高分布

根据朗吉特-希金斯对于窄谱波分析，对于深水波，波列中的波面振幅 a 具有瑞利（Rayleigh）分布，其分布函数为

$$f(a) = \frac{a}{\sigma_\eta^2}\exp\left(-\frac{a^2}{2\sigma_\eta^2}\right) \tag{7.3}$$

式中，σ_η 为波面坐标的方差。

利用求原点矩的方法可得平均振幅 $\overline{a}$ 的表达式为

$$\overline{a} = \int_0^\infty af(a)\mathrm{d}a = \sqrt{\frac{\pi}{2}}\sigma_\eta \tag{7.4}$$

由 $H=2a$，$\overline{H}=2\overline{a}$ 与上两式可求得平均波高表示的波高理论概率分布函数为

$$f(H) = \frac{\pi}{2} \frac{H}{\overline{H}^2} \exp\left[-\frac{\pi}{4}\left(\frac{H}{\overline{H}}\right)^2\right] \tag{7.5}$$

式中，$\overline{H}$ 为平均波高。

相应的波高累积频率(简称累计率)函数 $F(H)$ 为

$$F(H) = \exp\left[-\frac{\pi}{4}\left(\frac{H}{\overline{H}}\right)^2\right] \tag{7.6}$$

常用的累积频率波高 H_F 与平均波高关系可根据上式得到，分别为

$$\begin{cases} H_{1\%} = 2.42\overline{H} \\ H_{5\%} = 1.95\overline{H} \\ H_{13\%} = 1.61\overline{H} \end{cases} \tag{7.7}$$

对于深水波，常用的部分大波的平均波高 H_p 与平均波高关系为

$$\begin{cases} H_{1/10} = 2.03\overline{H} \\ H_{1/3} = 1.60\overline{H} \\ H_{\mathrm{rms}} = 1.13\overline{H} \end{cases} \tag{7.8}$$

当波列足够长，即 N 足够大时，最大波高的数学期望值 $\overline{H}_{\max}$ 为

$$\frac{\overline{H}_{\max}}{H_{1/3}} = \left(\frac{\ln N}{2}\right)^{1/2} \tag{7.9}$$

对于波周期，一个波列也有相应的波周期的分布和相应的 T、$T_{1/10}$、$T_{1/3}$ 和 T_{rms} 等特征值。$H_{\max}$ 与 $T_{\max}$ 不一定对应在同一个波上，同样 $H_{1/10}$ 也不一定对应 $T_{1/10}$。因为在同一个波列中，最大波高的波，其相应的周期不一定最长，最小波高的波，其周期不一定最短，这从表7.1的记录中也可以发现。但在一般应用中，往往将它们配对使用。

4. 海浪谱理论简述

上述的海浪统计规律只能反映出波浪的外在特征，而难以描述波浪的内部结构。为了进一步了解海浪特性，便引进了"谱"的概念。海浪谱可以用来描述波浪的内部结构，说明波浪内部由哪些部分组成及其内在关系。当然，波浪的内部结构与其外在表现是有关联的，也正因为海浪的内部结构复杂，使其外在表现千变万化。

20世纪50年代初，郎吉特-希金斯用莱斯(Rice)分析电子管噪声电流的方法，将无限多个不同振幅、频率和初始相位的余弦波叠加起来描述某一固定的海面，即

$$\eta(t) = \sum_{n=1}^{\infty} a_n \cos(\sigma_n t + \varepsilon_n) \tag{7.10}$$

式中，a_n，σ_n 分别为第 n 个余弦组成波的振幅和圆频率；ε_n 为第 n 个波的初相位角，ε_n 为一个均匀分布于 $0 \sim 2\pi$ 的随机量。

如果将频率介于 $\sigma \sim \sigma + \Delta\sigma$ 范围内的各组成波的振幅平方的一半叠加起来，并除以包含所有这些组成的频率范围 $\Delta\sigma$，其结果将是一个 σ 的函数，令它为 $S(\sigma)$（有些书中

用 $S(f)$ 表示, $S(f) = 2\pi S(\sigma)$), 则有

$$\sum_{\sigma}^{\sigma+\Delta\sigma} \frac{1}{2} a_n^2 = S(\sigma)\Delta\sigma \tag{7.11}$$

由于一个组成波平均波能为

$$\bar{e}_n = \frac{1}{2}\rho g a_n^2 \tag{7.12}$$

则全部组成波的总能量为

$$\bar{E} = \sum_{n=1}^{\infty} \frac{1}{2}\rho g a_n^2 \tag{7.13}$$

式(7.13)的含义相当于 $\Delta\sigma$ 时间间隔内全部组成波的能量和(差一个乘积常数 ρg), 故 $S(\sigma)$ 相当于单位频率间隔内的平均波能量, 称为波能密度。海浪的总能量由所有组成波提供, 函数 $S(\sigma)$ 给出了不同频率间隔内组成波提供的能量, 因此实际函数 $S(\sigma)$ 就相当于波能密度相对于组成波频率的分布函数, 这一函数称为波频谱, 通常简称为频谱。由于它反映了波能密度分布, 所以又称为能谱。

图 7.3 是一个波频谱的示意图, 其横坐标为频率 σ , 纵坐标为波能密度 $S(\sigma)$ 。可以看出, 在 $\sigma=0$ 附近, $S(\sigma)$ 很小, 随着 σ 增大, $S(\sigma)$ 先是急剧增大, 增到最大值后又迅速地减小, 最后又趋近于零, $S(\sigma)$ 最大值相应的频率称为谱峰频率 σ_p 。理论上 $S(\sigma)$ 分布于 $\sigma=0 \sim \infty$ 之间, 但其显著部分集中于一狭窄的频域内。这是因为当频率很大时, 波周期很小, 波长很短, 其所含的能量也很小, 因此以重力波为主体的实际海浪中, 常表现为窄谱波。`

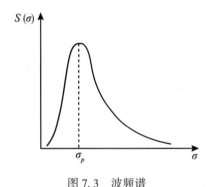

图 7.3　波频谱

以叠加手段确定的波频谱, 只能描述某一固定的波面, 不能反映波浪内部相对于方向的结构, 也不足以描述大面积内的波面。因为在实际的海浪中, 引起某一固定点海面波动的一个波列, 总有一个主要的传播方向, 但其构成除了有沿主波向的组成波外, 还有许多其他不同方向的组成波。为了描述这种波列, 可将无穷多个振幅为 a_n , 频率为 σ_n , 初相为 ε_n 并沿着 x , y 平面上与 x 轴成 θ_n 角方向传播的组成波叠加起来, 即

$$\eta(x, y, t) = \sum_{n=1}^{\infty} a_n \cos[k_n x\cos(\theta_n) + k_n y\sin(\theta_n) + \sigma_n t + \varepsilon_n] \tag{7.14}$$

和前面一样，可定义

$$S(\sigma, \theta) = \sum_{\sigma}^{\sigma+\Delta\sigma}\sum_{\theta}^{\theta+\Delta\theta} \frac{1}{2}a_n^2/\Delta\sigma\Delta\theta \tag{7.15}$$

式(7.15)表示频率在 $\Delta\sigma$ 间隔范围和方向在 $\Delta\theta$ 间隔范围内各组成波提供的能量的平均值，故函数 $S(\sigma, \theta)$ 相当于波能密度相对于组成波的频率和方向的分布，这是一种二维谱。给定频率时，$S(\sigma, \theta)$ 描述不同方向间隔的能量密度，因而它是反映海浪内部方向结构的能谱，通常称为方向谱(图7.4)。

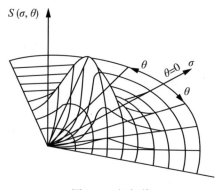

图 7.4 方向谱

方向谱对于研究海浪预报、波浪折射、绕射、波浪作用下泥沙运动等具有重要意义。方向谱一般可写成如下形式：

$$S(\sigma, \theta) = S(\sigma)G(\sigma, \theta) \tag{7.16}$$

式中，$G(\sigma, \theta)$ 为方向分布函数。

方向分布函数表示海浪能量在不同方向上的分布状态，频率不同，能量相对于方向的分布形式亦有不同。

波频谱的形状与波浪的生成机理有关，主要决定于风速、风距和风时3个要素，目前世界上常用的这类谱有 PM 谱、Brestchneider 谱、联合北海波浪计划(JONSWAP)谱等。此外，也可以根据海区的实测波浪资料(波向和波周期)来求得适合于当地条件的谱，例如我国《海港水文规范》(JTS 145—2—2013)中提出的海浪方向谱，其表达式为：

$$S(f, \theta) = S_\eta(f)G(f, \theta) \tag{7.17}$$

7.2 测量原理

海浪观测具有非常重要的意义。海浪观测既要在岸边台站上进行，也要在海上(或船上)实施。岸边台站的海浪观测时为了取得沿岸地带(包括港湾)较有代表性的海浪资料，观测地点应面向开阔海域，避免岛屿、暗礁和沙洲等障碍物的影响。安设浮标处水深，应不小于该海域常风浪的波长的一半，而且海底尽量平坦并避开潮流过急区域。海上(船上)的海浪观测所获得的离岸较远的开阔海域的海浪资料，可用于理论研究、风浪预报、传播航行及捕捞等。

海浪观测主要通过目测和仪器测量两种方式对海区风浪或涌浪的波面时空分布及其外貌特征进行测量刻画，并利用测得的波浪数据计算出海域波浪的特征参数以及区分波浪等级。目前常用的测波仪包括：光学式测波仪、测波杆、压力测波仪、声学测波仪、重力测波仪、太空波浪测量、遥感测波仪。

7.2.1 测波杆

测波杆是借助于桩柱、支架或中性浮标垂直固定于海中的测波标杆。用目测的方法跟踪波面在标尺上的高低变化，称为目测测波杆；利用海水的导电性，通过电测方法测量测波杆浸泡于海水中的高度来测量波高的，称为电测测波杆，又称电接触式测波仪。测波杆可长期定点连续观测，获取连续波形资料，做波谱分析。

优点：简单、使用方便，具有高频响应，易于安装。

缺点：准确度较低，且受主观因素影响较大，但其性能随盐度改变从而影响仪器的率定，污染也是问题，需要常维护。

7.2.2 压力测波仪

压力测波仪的工作原理是：安放在水下或海底的压力传感器测量海水压力的变化，再换算成波高，根据线性波理论，可得到波面与波动压力之间的关系。常用在浅海区，主要是记录长周期波。

优点：安装在水下或海底，可避免海面大风浪的破坏。

缺点：受海水滤波作用的影响，波动压力随着频率的增大沿水深严重衰减，不能准确地测量短期波。

7.2.3 声学测波仪

1. 水下声学测波

利用置于海底的声学换能器垂直地向海面发射声脉冲，通过接收回波信号，测出换能器至海面垂直距离的变化，再换算成波高。将 ADCP 放在水底，或者安装在水下浮式结构上，可以记录自由表面的波动，测量涌浪的效果较好。ADCP 利用多普勒频移可以得到剖面流速，通过计算流速之间的交叉谱，利用最大似然算法可以得到方向谱。ADCP 可用到水深 50m 处，取得可信的量测精度。

优点：安装在水下或海底，可避免海面大风浪的破坏。高精度、易操作。

缺点：受浪花和气泡的干扰，测量破碎波的准确度受到影响。在恶劣气候（如暴风雨）和波况（如破波）条件下，在水气交界处边界面并不十分清晰，导致波浪记录产生较为严重的噪声。

2. 水上测波-气介式声学测波

测波仪安装在各种海上平台上，传感器垂直向下发射声脉冲，测量传感器至水面的距离。

优点：该仪器不存在波浪浮筒的随波性问题，也不存在压力式波浪仪由压力波反演海面波的传递函数不准确的问题。

缺点：受波浪破碎而产生的飞溅以及大雨的影响，使用这种仪器时不同发射频率对样本的质量也有不同的影响。

7.2.4 重力测波仪

重力测波仪的原理是用随波运动的浮体内的加速度计测量海水质点沿重力方向的加速度，经二次积分后求得波高。浮标搭载着加速度计与倾角计量测水粒子的运动，借由所测得的垂直加速度、东西及南北向倾角求出波浪参数与波谱。分为船用和浮标用两类，船用的包括重力加压力、重力加超声波、重力加雷达 3 种；浮标用的记录方式分为自记式、发报式和电缆传输式 3 种。

重力测波仪能较真实地测出表面波参数，没有设置水深的限制，是远洋深海测波的主要手段。有走航测量的优点，还可以获取大风浪条件下海浪的资料。模块化设计，系统易于维护，通信方式灵活，具有移位及时报警功能，联系工作时间长，电池可重复利用。

7.2.5 遥感测波

将 GPS 接收器安装于海上浮标上，由接收器接收卫星所发射的无线电波以及无线电波行径的时间或波数，可以定位出接收器的位置坐标，以 GPS 的信号量测浮标体的运动，进而求取波浪参数。中雷达高度计可以测量出海面有效波高，合成孔径雷达(SAR)可以测量有效波高和海浪方向谱。

使用步骤：①获取 GPS 速度信号；②侦测与滤除 GPS 信号漏损数据；③利用傅里叶变换分析法计算垂直速度谱；④速度谱转换为水位谱；⑤计算示性波高与平均周期；⑥利用有限傅里叶级数法计算方向波谱。

优点：适用于各种海况，不需要岸上基准站，也不需要卫星运动信息，使用单一的 GPS 接收器即可进行波浪量测，是未来具有潜力的波浪量测工具。

缺点：必须在有非常高密度的 GPS 基准站的条件下才能处理因 GPS 信号中断偶尔出现信号漏损的问题，因此会影响波浪分析结果的准确性。雷达高度计用于海岸地区因其空间变化较大，轨迹所覆盖的范围和重复性都是相对程式化的，不能获得波浪周期和方向。

遥感测波分为无线电反射波法和航空摄影法。

1. 无线电反射波法

根据接收到的几个劳兰台无线电反射波信号的强弱确定波高，根据多普勒频移的方向判断波向；雷达波长通常在厘米范围内，只有非常小的水波才反射雷达波(由风、流，或由破碎产生的毛细波，其他表面张力波)，但较长的波中水质点运动的轨迹，在波峰处略短于波谷处。

2. 航空摄影法

利用激光平行光线照射从飞机垂直向下拍摄的全息照片，通过傅里叶变换透镜形成夫琅和费衍射图像，再用光电读出器测出波浪的方向和能量。

优点：大面积快速测波。

缺点：由于水面的变化，通常需要运行两架飞机，使用两个照像机同时拍照。

7.3　主要仪器设备

7.3.1　重力式测波仪

1. 波浪骑士测波仪

波浪骑士测波仪是可靠的海浪观测仪器，广泛应用于海浪波高、波周期及波的方向谱测量，具有很高的波浪测量精度及较好的耐用性和稳定性。在西方国家中，使用最多的测波装置就是波浪骑士浮标。它最早是由荷兰 Datawell BV 实验室研制的，是一种不需要依托而漂浮在海面上的装置，因而可以布防在开阔的海域。仪器的记录和感应装置放在海面圆球状密封浮体中，浮体下部连接锚链，锚链末端由搁置在海底的铁锚或沉块系留住。要求锚链和沉块的长度及轻重配置，既能使圆形浮体随波浪自由起伏，又不至于在大浪条件下测波装置随流漂失。记录波浪的基本原理，是因为其中安装有加速度计的缘故。通常情况下它可以有效地记录高达 30m 的波浪。欧洲范围内无人波浪站多用它进行常规波浪观测。此外，在卫星定标检验工作中，波浪骑士浮标是卫星高度计有效波高产品检验的主要手段之一；在高度计有效波高检验工作中，采用波浪骑士浮标进行现场同步测量，测量结果与待检验的卫星测量的有效波高进行比对，对卫星高度计的有效波高产品的准确性进行检验。

波浪骑士测波仪是波高和波向测量的世界标准。它的成功基于已被充分证明的精确的稳定平台传感器，采用一个加速度计即可测量波高。在波向方面，可以直接测量纵横摇而不需要积分。结合了水平加速度计和罗经后，构成了完整的传感器单元，这也是整套设备的核心部分。

现以 MK III 型波浪骑士测波仪为例（图 7.5），总结仪器特点如下：

①实时波高测量，每半小时波高和波向谱数据输出；

②高频通信范围高达 50km。如果需要不同的发射频率，专利的 Datawell 高频通信模块很容易更换；

③LED 闪光灯集成安装在天线顶部，增加了浮标的可见性；

④用于浮标定位的 GPS 接收机现在已经成为波浪骑士的标准配置，有利于浮标回收；

⑤集成了基于最新闪存技术的数据采集器；

⑥水温传感器可以提供海表温度；

⑦大容量电池可以在所有波浪条件和天气环境下安全可靠地连续工作数年，无需更换；

⑧内置电量计可精确估算剩余电量的维持时间。

仪器标配的高频通信范围可以覆盖 50km，通过运用 Argos 或 Orbcomm 卫星通信联合或取代仪器的高频装置，可以实现进一步地扩大通信范围。近岸应用条件下，也可以采用 GSM 通信。MK III 型波浪骑士有两种规格：70cm 直径，可连续工作一年；90cm 直径，可连续工作三年。仪器基本参数见表 7.2。

图 7.5 MK Ⅲ 型波浪骑士示意图

表 7.2   仪器基本参数

测量波高	波高范围	$-20\sim20$m
	分辨率	1cm
	比例尺精度	校准后精度<0.5%
	周期	$1.6\sim30$s
测量波向	波向范围	$0°\sim360°$
	分辨率	$1.5°$
	误差	$0.4°\sim2°$(随纬度变化)
	参考系	地磁北极
	周期	$1.6\sim30$s
基本参数	高频装置	频率范围 $27\sim40$MHz；覆盖范围 50km(海面环境)；
	数据采集器	128M 闪存
	信号灯	4 个黄色 LED 灯
	GPS	每 30 分定位一次，精度为 10m
	水体温度	$-5\sim46$℃，分辨率为 0.05℃

可选设备	Iridium／Argos／Orbcomm	卫星通信，用于遥测应用
	GSM	移动通信，用于近岸应用
	太阳能供电系统	配置 Boostcap 电容，太阳能电板
	壳体喷漆	Brantho korrux 三合一涂料(无防污染)
	雷达反射器	两个，安装在壳体上
	壳体直径	70mm 和 90mm(不包括防碰圈)
	材料	不锈钢 AISI316 或者 Cunifer10
	重量	225kg(90mm)；105kg(70mm)
	电池	70mm：工作一年，1 组电池，每组 15 个 0.9m 直径：工作三年，3 组电池，每组 15 个 型号：Datacell RC20B(黑色，200Wh)
	工作温度	-5~46℃

2. SZF2-1 型测波仪(重力式)

SZF2-1 型测波仪是一种能定点、定时(或连续)地对波浪要素进行测量的小型浮标自动测量系统，能同时测取两侧海浪的波高、周期、波向。可单独使用，也可作为海岸基/平台基海洋环境自动监测系统的基本设备。

(1)仪器基本原理

SZF2-1 型测波仪采用重力加速度原理进行波浪测量，当波浪浮标随波面变化作升降运动时，安装在浮标内的垂直加速度计输出一个反映波面升降运动加速度的变化信号，对该信号做二次积分处理后，即可得到对应于波面升降运动高度变化的电压信号，将信号做模数转换和计算处理后可以得到波高的各种特征值及对应的波周期。

利用波高倾斜一体化传感器、方位传感器除可以测得波高的各种特征值和对应的波周期外，还可以测得浮标随波面纵倾、横倾和浮标方位的三组参数，通过计算处理，得到波浪的传播方向。

(2)仪器结构和组成

仪器结构和组成如图 7.6 所示：浮标体内的仪器舱采用不锈钢制作，外壳用玻璃钢材料制作，外壳与仪器舱之间填充发泡剂。浮标体起着数据采集、处理和发送的作用，浮标体内安装了波浪传感器，浮标数据采集、处理和控制机，数据发射机和电池。仪器高 650mm，宽 860mm，水线(基准线)高 330mm，(水线)排量 139kg。

(3)仪器的工作方式

仪器的工作方式有三种，包括：定时测量方式、连续测量方式和检测工作方式。定时测量方式又分为 3 小时定时测量方式和 1 小时定时测量方式。

①3 小时定时测量方式有标准测量和加密测量两种状态。标准测量状态浮标在每天 2、5、8、11、14、17、20、23 时(北京时)自动进行一次测量，每次测量间隔 3 小时；加密

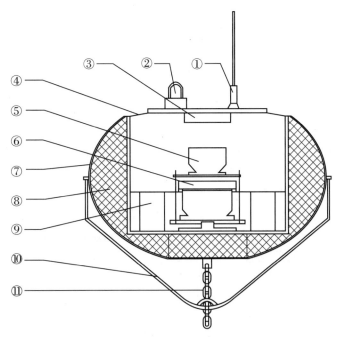

①鞭状天线；②闪光灯；③数传发射机；④(不锈钢)仪器舱；⑤方位传感器；
⑥波高倾斜传感器；⑦(玻璃钢)浮标体；⑧防护层；⑨单元电池；⑩系留环；⑪短链

图 7.6　SZF2-1 型测波仪

测量状态测量间隔 1 小时。每次测量都在整点进行。标准测量状态方式依据"加密门限值"，浮标自动判别并进行标准测量和加密测量之间的状态转换。以"十分之一大波波高"特征值作为加密门限值的比较参数，当标准测量测得的十分之一大波波高大于等于预置的加密门限值后，浮标自动转换为加密测量状态。加密门限值在浮标布防前由用户预先设置。

②1 小时定时测量方式，浮标在每天 24 个整点进行测量。浮标内的传感器在正点前的 21min 加电，传感器通电后稳定 3min，工作 17min，发射机工作 1min，然后传感器被断电，浮标内控制电缆进入休眠状态(低功率)，等待下一个测量时次的到来。

连续测量方式是浮标循环地进行"数据采集、发送"过程。由于发射机工作时不进行数据采集，故相邻两组数据在时间上不连续，间断约 1min。采样间隔为 0.5s 的数据采集时间为 17min，发射时间 1min，循环往复，在第一次通电的时候，传感器需稳定 3min；采样间隔为 0.25s，数据采集时间为 8min32s。

检测工作方式是浮标以 0.125s 的采样间隔工作，主要用于检测系统的工作状态。检测时间第一次需要 7min(包含 3min 传感器稳定时间)，之后每次工作时间为 4min20s。当设置了浮标的工作方式时，岸站接受处理机也处于相应的工作方式。接收机在接收时次(正点前)提前 6min 打开接收机，准备接收数据。

(4)仪器数据处理

波浪浮标在每次测量结束后，对波高、倾斜角、方位角的采样数据进行处理，得到波浪特征值最大波高、平均波高、有效波高和十分之一大波波高(H_{max}，$\bar{H}$，$H_{1/3}$，$H_{1/10}$）及对应的周期值（T_{max}，$\bar{T}$，$T_{1/3}$，$T_{1/10}$）和按 16 个方位角划分的波向出现率。

(5) 仪器数据传输与存储

浮标与岸站接收处理机采用单向 VHF 数字通信，每次测量结束后，向岸站接收处理机发送测量的数据。浮标向岸站接收处理机传送的数据有：测量时间、波高原始数据（2048 点采样值）、波浪统计特征值、波向出现率及浮标电池电压值。

浮标内设有数据存储器，存储依据用户预先设置的"储存门限值"进行，浮标自动判别和存储测量数据。以"十分之一大波波高"特征值作为存储门限值的比较参数。当每次测得的十分之一大波波高大于等于用户预置的存储门限值时，浮标自动存储所采集的原始数据和特征值数据；当十分之一大波波高小于用户预置的存储门限值后，浮标不再存储所采集的原始数据和特征值数据。如果需要对每次测量的数据都进行存储，可以将存储门限值设置为 0，存储内容包括：测量时间，波高、纵倾、横倾、方位 4 组原始数据，波浪统计特征值，波向出现率及浮标电池电压值。

仪器采用无线数字通信方式，遥测距离不小于 10km。岸站的接收处理机具有数据接收、打印、存储和转送功能。

卫星打印机打印观测时间（年、月、日、时、分），波浪统计特征值、波向出现率及浮标电池电压值。接收处理机存储器存储数据的容量可达到 1024 组测量数据，存储器存储的数据有：测量时间、波浪统计特征值、波向出现率、浮标电池电压值和波高原始数据。存储时，接收处理机自动依据存储数据的顺序为存储的数据标号（自 0~1023）。通过 RS-232 串口与 PC 机相连，接收处理机可以将数据传送给 PC 机。

(6) 仪器技术指标

仪器的各项测量指标见表 7.3。

表 7.3 **测量指标**

测量参数	测量范围	测量精度
波浪高度	0.3~20m	±（0.3+5%×测量值）m
波浪方向	0°~360°	±10°
波浪周期	2~20s	±0.5s

(7) 仪器布置方式

海上工作有锚碇和船舶系留两种。锚碇方式如图 7.7 所示。

3. 浮标列阵

为了解决在观测时只能获取一维波谱或波高，不能观测波向和波浪空间结构的问题，同时布置若干个测量一维波的仪器，组成仪器阵列来测量，即所谓的浮标阵列。而某一特定阵列只适用于一定频率范围内的波浪。当长短波俱在或海浪谱的宽度较宽时，要设计一个仪器阵列，使其适用于各种波长的波浪观测，则是一个复杂而艰巨的任务。Pitch-roll

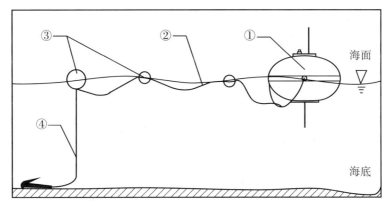

①测量浮标；②水平缆；③浮力球；④锚系

图 7.7　SZF2-1 型测波仪单点锚碇系留示意图

bouy 的感应器可以同时测得浮标前后颠簸、左右摇摆以及上下起伏。然后根据这 3 个参数确定二维方向谱。在布防时，必须保证即使在天气恶劣的情况下，也不致使其倾翻。此外，整理所获得的资料也是一件十分艰巨的工作。有些厂家也已研制了专业软件，用于处理输入专用微机或通过计算机的浮标记录，从而可方便地直接得到方向分布和频率分布。

另有一种苜蓿叶浮标可以测量二维波浪的波剖面。实际上它是由 3 个浮体组成的，可以用来精确地获得二维波谱。

测量海浪传播方向的方法还有很多。例如设法测定近水面处水质点的运动速度，同时再结合所测定的海面波动，即可推导出海浪的传播方向。总之，定量地测定海浪的方向是一项比单纯地测量波高更为艰难的工作。不过人们终将完全摆脱依靠目测法估计波向的局面。趋势所迫，势在必行，所以还有大量的研制工作，留待今后研究和发展。

上述的光学测波仪以及重力式测波仪都采用了海面浮标设备，其优点很多，然而它们的共同缺点就是容易丢失。业外人员自觉或不自觉地破坏了测波装置。此外，如果浮标的锚碇系统不牢，在恶劣天气条件下，浮标也有被吹走或卷走的可能。若将测波仪器置于海底或水下，其隐蔽性好，不易遭受人为和天气的影响，因而此类测波仪在近年来应用逐渐扩大。较为常见的包括：压力式测波仪和声学式测波仪。

7.3.2　压力式测波仪

压力式测波仪又叫压力传感器或压力换能器，仪器通过记录海水的压力变化，简要算出海面的波动。信号记录有自容式和电缆传输式两种。自容式是将压力感应器与信号记录系统仪器置于水下，定期回收后再进行资料处理；电缆传输式，是借助电缆把水下感应器与岸上的记录系统连接起来。前者的优点是经济方便，省钱省力。后者的优点是可以做到实时监测，如果遇到故障，可以及时发现并在第一时间排除问题。压力式测波仪所记录的曲线是随水深衰减的，须对压力数据做深度修订。这种修订依赖于所测量的海浪频率。当波长较长时，测量精度不低于 95%；波长较短时，测量精度受到的影响较大。因此，此类仪器多用于浅水近岸区域。

表面波的作用随深度衰减，水层的过滤作用是非线性的且随波动的频率而异，故如何准确地将水下测到的压力变化换算为水面的波高或波谱是很困难的事件。

在浅水波理论的基础方程中，一个重要的假定是认为质点在铅直方向上的加速度对压强分布没有什么影响，也就是说，压强分布完全服从流体静力学法则。目前，压力式测波仪测量数据的转换正是以这种低阶浅水理论为基础的。

根据小振幅波动理论，水面下 Z 处的压力随随时间 t 的变化为

$$P(t) = P_\omega ga \frac{\mathrm{ch} k(d+z)}{\mathrm{ch} kd} \cos(kx - \omega t) \tag{7.18}$$

式中，Z 轴向上为正；z 为测波仪传感器没入深度，波沿 X 轴正向传播；k 为波数（ $k = 2\pi/L$，L 为波长）；ω 为圆频率；a 为自由表面波振幅；P_ω 为水的密度；d 为水深；g 为重力加速度，且

$$\omega^2 = gh \cdot \mathrm{th} kd \tag{7.19}$$

压力变化的振幅为

$$\Delta P = \rho_\omega ga \frac{\mathrm{ch} k(d+z)}{\mathrm{ch} kd} \tag{7.20}$$

试验及海上观测表明，压力的衰减较上式为快。所以当实测压力转换为表面振幅时，需添加修正因子 n，得

$$a \approx n a_p \frac{\mathrm{ch} kd}{\mathrm{ch} k(d+z)} \tag{7.21}$$

式中，$a_p = \dfrac{\Delta P}{\rho_\omega g}$ 代表记录的水下压力振幅，以水柱高度表示。a 即为压力式测波仪记录换算波高的公式。在应用中，须一致订正系数 n。从当前能够查到的国内外资料看，推荐 n 值取为 1.0~1.52。

目前，关于压力式测波仪的布放深度，在我国海洋界一直存在争议。生产厂家给出的最佳布放深度为 5~15m。然而，一部分海洋工作者已经将压力式测波仪应用于几十米至近百米。这样一来，压力式测波仪的数据就需要严格处理和检验。

现以 SBY1-1 型压力式波浪仪做简要介绍，如图 7.8 所示。

该压力式波浪仪采用德国的陶瓷电容压力传感器和 316L 不锈钢外壳，具有精度高、稳定性好、内置温度补偿、抗腐蚀、抗磨损和抗冲击性能好等优点。同时，由于测量膜片表面平整，直接与海水大面积接触，有效避免了传压孔被泥沙堵塞的问题。

仪器工作方式有直读式和自容式两种。

仪器详细参数如下：

①波高测量范围：0~10m，0~20m。

②波高最大允许误差：±（0.2+5%测量值）m，标定误差为 2cm。

③波周期测量范围：2~30s。

④波周期最大允许误差：±0.25s。

⑤提供各种波浪特征参数、波浪曲线和波谱。

图 7.8 SBY1-1 型压力式波浪仪示意图

⑥采样频率：4Hz。

⑦采样时间长度：17~20min。

⑧采样时间间隔：每小时正点开始测量。也可根据用户的要求设定采样时间长度和采样间隔。

⑨工作电源：（12±1）VDC，直读式工作电流 50mA，待机电流 5mA。自容式工作电流 30mA，待机电流 0.4mA。

⑩存储容量：1GB、2GB 任选。

⑪通信口：标准 RS-232 口，可用短波电台、CDMA、GPRS 等传送数据，也可向 PC 机直接传送数据，对数据进行后处理。

7.3.3 声学式测波仪

声学测波仪（或回声测波仪），如一个倒置海底的回声测深仪。它从海底垂直向海面发射窄幅的水声脉冲信号，在起伏的海面处返射回来后再被接受。发出和回声接收的时间差即被用来度量波高。一般说来这类仪器的工作频率约为 700kHz，而脉冲频率约为 10Hz，脉冲的幅宽以不超过 5° 为佳。在测量时，如果海气之间有一个明显的界面，而且海水的温盐层结构比较稳定时，多数情况下获得的数据精度可达 95%。但是当海面出现波浪破碎，或天气恶劣，海面富集有大量气泡或水沫时，测量的精度便会受到影响。由于这种仪器消耗功率较大，所以多数情况下需要铺设电缆供电。与压力测波仪相比，其优越性在于：不需要进行深度订正，所以并不存在由此引起的误差问题。但是这并非表示其适用于远洋深水海域，因为在安装仪器时，水深仍是一个重要的问题，此外电缆的铺设同样耗资巨大。

现介绍目前常用的几种声学式测波仪。

1. SBY2-1 型声学式波浪仪

SBY2-1 型声学式波浪仪基于超声波测距原理，如图 7.9 所示。由发射超声换能器向水面发射一束由窄脉冲调制的超声波，经水面反射后返回到与发射换能器在同位置上的超声波接收换能器，期间经历的路径为 $2L$。设声波传播速度为 C，声波经过 $2L$ 路程的时间为 T，则有：$L = 1/2\ CT$。通过测准 C 和 T 就可得到准确的 L，由 L 随时间变化的序列值即可提取波浪参数。

图 7.9　SBY2-1 型声学式波浪仪及仪器布设示意图

该仪器的波高测量范围为 0～10m，波高测量标定误差为 2cm，最大允许误差在 ±(0.2+5%测量值) m 之内。波周期测量范围为 2～30s，最大允许误差为 ±0.25s。工作时，电源要求稳定在 12±1VDC，工作电流 200mA，待机电流 5mA。仪器设定采样时间间隔为每小时正点开始测量；采样时间长度为 17～20min，采样频率为 4Hz。也可根据具体要求，设定采样间隔和采样时间长度。

测量结束后，该仪器可以提供各种波浪特征参数、波浪曲线和波谱。仪器有 1GB 和 2GB 两种储存空间，也可以通过标准 RS-232 接口，可用短波电台、CDMA、GPRS 等传送数据，也可向 PC 机直接传送数据，对数据进行后处理。

2. DP-LPB1-2 型岸用声学测波仪

DP-LPB1-2 型岸用声学测波仪是一种适用于沿海台站、港口码头、海上平台及江河湖泊测量波浪的波高及周期的测波仪器（图 7.10）。仪器由时钟控制自动开机工作，实现全自动智能化观测。该系统以声呐测距的原理测量波浪，系统由水下换能器及支架和岸上主机、打印机、计算机及信号电缆等部分组成，并且具有报警功能。该系统已列入原国家海洋局海滨观测规范，作为我国波浪观测的主要手段之一。该仪器功能齐全、精度高、性能稳定可靠；安装简单、操作方便。

DP-LPB1-2 型岸用声学测波仪的波高测量范围为 0～20m，分辨率为 1cm，测量准确度 ≤±2%；波周期测量范围 ≥1.0s，分辨率 0.1s，测量准确度 ±0.2s。水下换能器布放水深为 1.5～50m，与陆上主机之间的信号传输距离 ≤1500m。采样间隔有 0.2s、0.3s、0.4s、0.5s 4 种模式可供选择。该仪器在交流电与直流电条件下均可工作；工作时，周边温度需维持 0～50℃。根据需要，有定时测量和连续测量两种方式可供选择。

测量后可以通过定时打印波浪特征值数据或者存储器存储原始数据获取，并可以通过

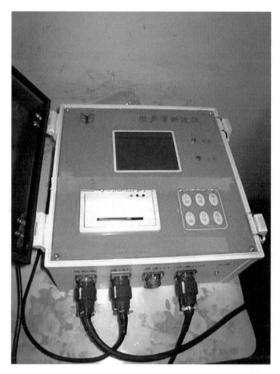

图 7.10　DP-LPB1-2 型岸用声学测波仪示意图

RS232 或 RS485 接口与计算机连接，可进行实时传输和存储资料的调取，将数据转换。

3. SBA3-2 型声学测波仪

SBA3-2 型声学测波仪由水上机和水下机两部分组成(图 7.11)。水上机由单片机数据采集、存储及控制系统，数据处理系统，发射机，接收机，电源等模块组成；水下机由声学换能器、常平架、标志浮标、电缆、尼龙绳及锚链等组成。适用于海洋台站、港工建设、石油平台以及湖泊、水库等波浪的测量。该仪器能自动定时测量和加密测量波浪高度、周期，统一计算波浪特征值，仪器可保存 2 个月的特征值和原始数据。SBA3-2 型声学测波仪根据超声波回声测距原理，将声学换能器安装在常平架上，测点海底通过电缆与主机相连。由水上机发射电脉冲，经换能器转换成声信号，成束状垂直向海面发射超声波，当超声波到达海面(波面)时产生反射，反射波回到海底，激励换能器，再把声信号转换成电信号送给接收机。若连续向海面发射超声波脉冲信号，随着波浪的变化，即可得到连续的、返回时间不同的回波。当声速一定时，测得传播时间就可算出换能器至水面(瞬时)的垂直距离。设海水中的声速为 C，声波由换能器到海面的往返时间 t 与瞬时的水深成正比

$$t = 2(H + h)/C \tag{7.23}$$

式中，C 为海水中的声速，m/s；H 为基本水深，m；h 为瞬时波高，m。

测波仪连续地发射和接收声脉冲，可得到一系列与瞬时水深成正比的时间，即可得到

图 7.11　SBA3-2 型声学测波仪示意图

波浪的采样值。由数据处理系统完成波浪的分波、特征值的计算，并将原始数据和特征值存入存储器。

该仪器测波范围为 0.1~20.0m。当波高小于等于 1m，波高测量准确度±0.1m；当波高大于 1m，测量准确度为±(0.1+10%×测量值)m。测量周期范围为 2~20s，波周期测量准确度为±0.5s。采样频率为 2 次/s。

工作电源要求交流 85~265V 或直流 12±1V（交直流自动转换）。水上机工作环境温度 0℃~+40℃，相对湿度不超过 85%；换能器工作水深 5~60m；底流小于 3 节；常平架投放点海底最大倾斜度应小于 20°，淤泥层厚度小于 0.5m。

SBA3-2 声学测波仪具有两种工作模式，即单机模式和系统模式，仪器可独立使用。仪器由键盘置入参数，完成测量、运算、存储、显示和打印。系统模式，仪器可作为一智能采集终端，通过标准 RS-232C 串行口与其他系统相连接。系统模式的缺省设置符合海洋技术所研制的台站测量系统通讯协议。系统机（上位机）通过串口设置仪器的工作参数和工作方式，可强迫仪器工作。仪器通过串行口将采集的原始数据和计算的特征值传送给系统机，再由系统机完成测量数据的转储及按照《海滨观测规范》（GB/T 14914—2006）完成波浪观测月报表等。

测量结束后数据可以通过 LCD 显示，微型打印机打印，或 RS-232C 串行接口通信输出。

4."浪龙"AWAC 声学式测波仪

挪威 Nortek 公司生产的 AWAC 声学多普勒波浪海流剖面仪（Acoustic Wave And Current，俗称"浪龙"）是一款自容式测波仪，是目前世界上唯一采用声学表面跟踪技术（AST）的座底式测波设备。声学多普勒流速剖面仪（Acoustic Doppler Current Profiler，

ADCP)是一种测流速仪器，根据多普勒原理，运用矢量合成法遥测海流的垂直剖面分布，在不对流场产生任何扰动的情况下，能够实时测出多层次的海水流场信息，也不存在机械惯性和机械磨损等问题。利用 ADCP 来观测波浪进行波浪反演研究，既有仪器阵列测量方向谱的高精度，又有良好的操作性，使得波浪测量准确、高效、经济，因而得到了越来越多的关注。它小巧坚固，配备压力传感器，可以同时测量波高、波向、流速剖面等，具有全天候的波浪、海流监测能力，在海洋波流观测中有广泛的应用。其波高测量精度指标为测量值的±1%，波向误差±2°，周期范围 0.5~30s。"浪龙"可根据测得的 3 组不同的波浪数据，计算出波高和周期，这 3 组数据分别是压力、波浪轨道速度和波高表面位置。压力由高精度的压电电阻元件测量得到，波浪轨道速度根据沿每个波束的多普勒频移得到，波高表面位置由表面声跟踪(AST)测量得到。对于表面声跟踪测量，AST 是设备中间的专用传感器，可沿垂直声束发射一个短的声学脉冲，其水面反射信号能够被很好的处理，可获得厘米以下的精度。AST 不受流速和压力信号衰减的影响，可不受干扰地对水表面进行直接测量，其观测波浪的最小波周期可达 0.5s。由于波浪本身是一个随机事件，所以开始测量之前需要设置测量周期和采样数。测量开始后，测量单元和 AST 窗口会随流速剖面变化自动做出相应的调整，并立即发射测波脉冲。流速单元和 AST 窗口的位置、大小由最小压力值决定。通过自动调节测波脉冲，"浪龙"可确保测量各种波浪的信号水平和数据质量最优，同时还可以自动计算最大的潮汐变化(图 7.12)。

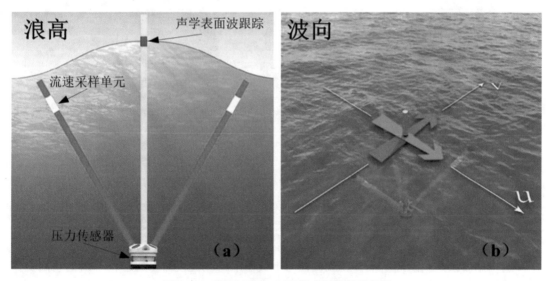

图 7.12 "浪龙"AWAC 声学式测波仪示意图

5. "骏马"系列 ADCP 波浪仪

美国 TRDI 公司开发/生产的"骏马"系列 ADCP 波浪仪是波浪方向谱测量领域的重大突破。ADCP 波浪仪所采用的 IML 矩阵算法已获得美国国家专利。

ADCP 波浪仪的硬件部分与"骏马"系列 ADCP("哨兵"型或"监测"型)相同，只是在 ADCP 主机中增加了波浪数据采集和处理的固件，并配备压力传感器和波浪方向谱实时分析软件。因此，已经配备有压力传感器的"哨兵"型或"监测"型ADCP可以很容易地升级为ADCP波浪仪。用户可以购买升级所需的固件和软件自行进行升级，不必将ADCP运回TRDI公司。

"骏马"系列三种频率的ADCP(1200kHz、600kHz、300kHz)都可以升级为ADCP波浪仪。用户可以根据需要采用自容记录或实时监测。

ADCP波浪仪采用三种方法测量波浪方向谱：流速单元矩阵法、波面跟踪法和PUV法。以流速单元矩阵法和波面跟踪法为主要方法。

ADCP波浪仪的主要优点如下：

①能够在测量波浪方向谱和波浪参数、潮位的同时测量海流剖面。

②仪器安装在海底，丢失的可能性减小。

③波浪方向分辨率较高，可以分辨从不同方向传播过来的相同频率的波浪。

④截止频率较高，能测到较高频率(较短周期)的波浪。

目前，已有几百台ADCP波浪仪在全球各地投入使用。国内也已有十几个用户使用这种设备，效果很好。图7.13为ADCP波浪仪及其测出的波向图。

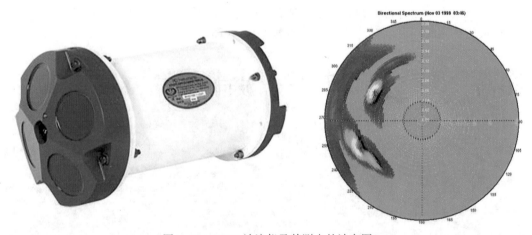

图7.13 ADCP波浪仪及其测出的波向图

7.3.4 遥感测波仪

遥感测波仪是指感应器不直接放置在海上或水下的测波仪器。通常，可以把它们安置在岸边(如岸用测波雷达)或安置在某种载体上(如飞机、卫星等)，也可以安置在平台上(如石油平台)。属于这一类的仪器主要有：合成孔径雷达、激光测波仪、卫星高度计等。

1. 合成孔径雷达

合成孔径雷达或激光测波的工作方式是类似的，可安装在岸边、海上平台或飞机上。当它们发射的无线电波或激光光束到达起伏的海面时，将被发射回去并接收下来，从而测定海面的波高。在一般情况下，这些装置的测量精度是相当高的。如果海面情况恶劣复杂，测量精度就会受到影响。目前在西方的海洋仪器市场上均有简便的便携式装置，可以用于临时设置的波浪站。此外，经过特殊设计的合成孔径雷达或激光装置，均可用来观测潮汐或气象潮。特别是近几年来，在遥感海洋学中，合成孔径雷达的研制工作受到各国的重视，成为大面积海浪观测的有效工具之一。有许多技术报告说明，合成孔径雷达还可以用来测量波长和波向。但是所遇到的困难之一是：回波信号与波浪要素之间的确凿定量关系仍然有待于研究人员做进一步的工作。

2. 卫星高度计

卫星高度计是最具特色和潜力的主动式微波雷达系统。当高度计雷达脉冲信号传向海面时，脉冲前沿的发射首先来自波峰的反射，随后脉冲波与海面接触越来越多，来自海面的发射面积也就越来越大，反射强度逐渐增强，回波信号呈线性增长，此后脉冲后沿到达海面，回波信号的强度增加到最大。当海面平静时，脉冲的回波信号在脉冲持续时间内逐渐增强，并达到最大值；当海面为粗糙海况时，脉冲的回波信号所持续的时间更长。因此，可根据海面反射的脉冲回波前沿的斜率来反演海面波高。高度计可以测量海面波高，测量精度达到 0.5m（当 $H_{1/3} > 2.0$m 时）或 10%（当 $H_{1/3} < 2.0$m 时）。

目前看来，这些仪器方兴未艾、日臻完善，不失为一种前景广阔的技术手段。但从另一个角度思考，把它作为一种常规测波手段取代为数众多的波浪站，尚不为成熟。

3. 照相摄影术

在高空拍摄航空照片或卫星照片，也能对大面积的海浪作出粗略的估计。倘若利用一部摄影机拍摄水尺附近的海面，即可获得高精度的海面波动。但是要把摄影底片转化成可供阅读研究的波浪资料，确实是一件极为费时费力的工作，所以难以作为常规测波手段，因此照相摄影术多用于不同类型的测波仪器的比测工作。随着全息投影技术的发展和成熟，照相摄影术也有了显著的进步，然而要把它用于常规波浪观测，仍然有很多工作需要完善。

7.4 技术方法

7.4.1 技术指标

《海洋调查规范 第 2 部分：海洋水文观测》（GB/T 12763.2—2007）对海浪的观测内容、精度以及观测方法做了如下规定：

1. 观测要素

主要观测要素为波高、周期、波向、波型和海况。

2. 测量的单位和准确度

波高测量单位为米（m），记录取一位小数。准确度规定为两级：一级为±10%，二级为±15%。

周期测量单位为秒（s），准确度为±0.5s。

3. 观测时次

大面或断面测站，船到站观测一次；连续测站每三小时观测一次，观测时间为北京标准时 02、05、08、11、14、17、20、23 时。目测只在白天进行。

4. 波面记录的时间长度和采样时间间隔

自记测波仪的采样时间间隔应小于或等于 0.5s，连续记录的波数不少于 100 个波；记录的时间长度视平均周期的大小而定，一般取 17~20min。

7.4.2　观测方法

1. 目测

（1）观测点和观测海域的选择

目测海浪时，观测员应站在船只迎风向，以高船身 30m（或船长之半）以外的海面作为观测区域（同时还应环视广阔海面）来估计波浪尺寸和判断海浪外貌特征。

（2）海况的观测

以目力观测海面征象，根据海面上波峰的形状、峰顶的破碎程度和浪花出现的多少，按表 7.4 判断海况所属等级，并填入记录表中。

表 7.4 　　　　　　　　　　　　　**海况等级表**

海况（级）	海　面　特　征
0	海面光滑如镜
1	波纹
2	风浪很小，波峰开始破碎，但浪花不显白色
3	风浪不大，但很触目，波峰破裂，其中有些地方形成白色浪花——白浪
4	风浪具有明显的形状，到处形成白浪
5	出现高大的波峰，浪花占了波峰上很大的面积，风开始削去波峰上的浪花
6	波峰上被风削去的浪花开始沿海浪斜面伸长成带状
7	风削去的浪花带布满了海浪斜面，有些地方可以到达波谷，波峰上布满了浪花层
8	稠密的浪花布满了海浪斜面，海面变成白色，只在波谷某些地方没有浪花
9	整个海面布满稠密的浪花层，空气中充满了水滴和飞沫，能见度显著降低

（3）波型观测

观测时，按表 7.5 判定所属波型，并记录其符号。海面无浪时，波型栏中留空白。

表 7.5 　　　　　　　　　　　　　**波形分类表**

波型	符号	海浪外貌特征
风浪	F	受风力的直接作用，波形极不规则，波峰较尖，波峰线较短，背风面比迎风面陡，波峰上常有浪花和飞沫
涌浪	U	受惯性力作用传播，外形较规则，波峰线较长，波向明显，波陡较小

续表

波型	符号	海浪外貌特征
混合浪	FU	风浪和涌浪同时存在，风浪波高和涌浪波高相差不大
	F/U	风浪和涌浪同时存在，风浪波高明显大于涌浪波高
	U/F	风浪和涌浪同时存在，风浪波高明显小于涌浪波高

(4)波向的观测

观测波向时，观测员应站在船只较高位置，利用罗经方位仪，使其瞄准线平行于离船舷较远的波峰线，转动 90°后使其对着波浪的来向，读取罗经刻度盘上的度数即为波向（用磁罗经测波向须进行磁差校正）。当海上无浪或浪向不明时，波向记 C；风浪和涌浪同时存在时，波向分别观测，并填入记录表中。

(5)波高和周期的观测

目测波高和周期时，应先环视整个海面，注意波高的分布状况，然后目测 10 个显著波（在观测的波系中，较大的、发展完好的波浪）的波高及其周期，取其平均值，即为有效波高(H)及其对应的有效波周期。从 10 个波高记录中选取一个最大值作为最大波高。

当波长小于船长时，可将甲板与吃水线间的距离作为参考标尺来测定波高；而以相邻两个显著波峰经过海面浮动的某一标志物的时间间隔，作为这个波的周期。

当波长大于船长时，应在船只下沉到波谷后，估计前后两个波峰相对于船高的几分之几（或几倍）来确定波高；而以船身为标志物，相邻两个显著波峰经过此物的时间间隔，作为这个波的周期。

2. 仪器观测

以船只为承载工具观测波浪，观测步骤和要求如下：

当船只进入作业区后，应根据风向和海流确定船只的工作方式（漂移或抛锚）和测头的施放位置。依观测点水深和海况确定仪器记录量程，选定采样时间间隔，在采样的时间长度 17~20min 内，测定不少于 100 个波的波高和周期，取其中 100 个连续波求得各特征值或记录波面模拟曲线。观测位置应避开影响海浪的障碍物，如暗礁、浅滩、岛屿和人工建筑物等。测点附近有障碍物时，应记录影响海浪的情况。在强流区测波时，不宜采用海流会导致海浪记录漂零等误差的测波仪；测点附近有强电干扰时，不宜采用遥测波浪仪。

锚碇测波常使用声学测波仪和重力测波仪，观测步骤和要求如下：

应根据项目要求以及观测现场的海洋环境，选用测波仪类型，并确定浮标系留方式。锚碇系统连接前，应对仪器各项性能进行测试，确认仪器良好方可使用。锚系的投放与回收步骤按照锚碇潜标和锚碇明标的投放方法实施。

7.5 观测成果分析整理

7.5.1 目测海浪记录的整理

从目测的 10 个显著波的波高和周期分别取平均值，得有效波高和有效波周期。10 个波高中的最大值为最大波高,其所对应的周期为最大波周期。根据有效波高查波级表得波级。

7.5.2 仪测海浪记录的整理

仪测海浪记录以模拟曲线形式给出时,自海浪连续记录中量取相邻两上跨(或下跨)零点(图7.14中的 A_1、A_2)间一个显著波峰与一个显著波谷间的铅直距离作为一个波的波高;量取相邻两个显著波峰(图7-14中的 C_2、C_3)或两个上跨零点的时间间隔作为一个波的周期。然后依有效波高和有效波周期定义,计算有效波高和有效波周期。选取所有波高中的最大值为最大波高,其所对应的周期为最大波周期。根据有效波高查波级表得波级。

海浪以存储器记录时,可利用仪器公司或有关商家提供的专用软件进行处理。并可直接打印出有效波高、有效波周期,最大波高和最大波周期。根据有效波高查波级表得波级。

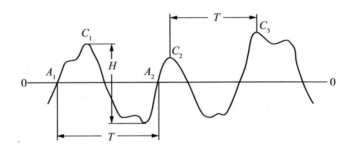

图7.14 波面随时间的变化曲线

波浪观测的原始数据填入日报表后,经分析填入月报表中,再经统计分析汇集成年报表。对于用岸用光学测波仪观测记录的月报表中,其内容包括当月每日四次定时记录的风速、风向、海况(级)、波形、风浪向、用浪向、周期、波高、最大波高和测深点水深。应指出的是,报表中的"周期"指平均周期;"波高"指连续100个波中,按波高从大至小排列,前10个大波的平均值;"最大波高"指100个波高中的最大值,使用时应特别注意。

至于遥测的波浪资料,一般都记录波高和周期的各种特征值,必要时还可调出当时波浪剖面形状或频谱供研究。

表示某海域某时间段内各方位波浪的大小及频率的统计图,图形似花朵,故称玫瑰图。波浪玫瑰图可分为波高玫瑰图和波周期玫瑰图,按年、季或月绘制。一般需要1~3年的资料才比较可靠。波浪玫瑰图可按8个或16个方位绘制,同时表示波浪的等级和频率,故可形象地显示该海区的强浪向和常浪向。绘制波浪玫瑰图时,应将波高和周期的观测值分级,一般波高可每间隔0.5m为一级,周期每间隔1s为一级,统计各自的出现次数,并除以统计期间的总观测次数。海浪玫瑰图是海洋工程规划、设计时所必需的海况统计资料,对航海、渔业生产等也有一定作用。波浪玫瑰图的绘制方式可不同,图7.15为一示例,图中的中心圆半径表示无浪频率。

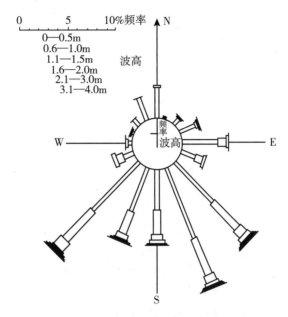

图 7.15 波浪玫瑰图

第8章　泥沙测量

本章中的泥沙是指海水中的悬浮泥沙和底沙。泥沙观测多在近岸区域。海岸带是联系海洋与陆地的重要场所，是两者物质与能量互相作用、互相交换的过渡地带，拥有丰富的自然资源，且人类活动剧烈，与人们的生产生活息息相关。悬浮泥沙浓度是评价海洋水体水质与环境的重要参数之一，它不仅决定了水体透明度、浑浊度等光学特性，还对海洋环境、海岸建设等具有重要意义。其中悬浮泥沙会对水体水质产生较大的影响，因泥沙中还有一定数量的胶体物质和黏土矿物质，一方面它具有一定的吸附能力，可以吸附污染物，起到净化水体的作用，但另一方面，也因为这种特性，使其成为污染物迁移与循环的重要载体。悬浮泥沙还是研究水流泥沙运移、地貌演变的重要依据，悬浮泥沙可以用来预测水流携沙能力，对研究近岸海域水流泥沙运动规律有重要作用，而了解和掌握悬浮泥沙的空间分布格局、运移与沉积规律以及通量变化，并结合地貌演变的主要动力——水动力，就可以为潜在地貌演变提供分析依据，而悬浮泥沙浓度变化又是水动力作用下泥沙运移、沉积以及再悬浮等运动过程的直接表现。另外，悬浮泥沙也是沿岸地区经济社会发展需要考虑的问题，它对于港口建设工程、海岸工程等具有重要的参考价值和意义。总体来说，悬浮泥沙是海岸带发展决策的一个重要影响因子，它对沿岸地区的资源开发利用、地貌演变、环境变化、经济发展等都有影响，它的重要作用使越来越多的沿岸国家关注和重视悬浮泥沙的研究。底沙的运动只局限于床底附近，其运动状态受水流和波浪的影响较大，一般情况下，底沙在天然河流中所占的绝对数量是少于悬浮泥沙的，但是要充分认识到它对水利工程的影响。底沙的危害通常体现在水库库尾的泥沙累积性淤积，港湾的淤积，开挖航道的回淤，取水、灌溉、发电装置的破坏等。悬浮泥沙所形成的淤积量往往巨大，会严重破坏水利设施，而这种淤积一般又难以用常规手段加以解决。由于底沙的输移和受力具有较大的随机性、缺乏对其有效的观测手段，增加了对底沙运动认识的难度。由于底沙造床作用明显，对于海岸地形演变往往起决定作用。

8.1　泥沙

8.1.1　泥沙的分类

泥沙由各种不同的颗粒组成，为了便于鉴别，因此就有按粒径不同分成若干小组，分别进行定名的必要。表8.1为常用的泥沙分类标准。

表 8.1 泥沙的分类 单位：粒径(mm)

我国水文工程界分类					
黏粒	粉砂	沙粒	砾石	卵石	漂石
0.005	0.05	2	20	200	

温特沃思分类										
黏粒	粉砂	极细砂	细砂	中砂	粗砂	最粗砂	粒砂	砾石	栗石	漂石
0.004	0.02	0.125	0.25	0.5	1	2	4	64	265	

阿特保(A. Atterberg)分类法创定于 19 世纪初期，1927 年为国际土壤学会所采纳，作为分类土壤的标准，在欧洲得到广泛应用。美国地质学家常用温特沃斯(C. K. Wentworth)分类法。1947 年美国国家地球物理学会制定了新的泥沙分类标准，该标准和温特沃斯分类标准基本相同，只不过在同一组中又分出若干小组，使分类定名更趋完善。我国工程水利界沿用苏联工程界的分类，这种分类和欧美的分类法略有出入。1994 年，我国水利部颁发的《河流泥沙颗粒分析规程》，规定河流泥沙按表 8.2 分类，即河流泥沙可分为泥、沙、石三大类，其中黏粒、粉砂属泥类；砂粒属沙类；砾石、卵石、漂石属石类。

表 8.2 河流泥砂分类

泥砂分类	黏粒	粉砂	砂粒	砾石	卵石	漂石
粒径(mm)	<0.004	0.004~0.062	0.062~2.0	2.0~16.0	16.0~250.0	>250.0

各国所用的泥沙分类法虽不一样，但却具有一些共同的特点。在表 8.1 中各粒径组的间隔多不相等，这是因为天然泥沙的粒径范围分散极广，自大块石至黏土颗粒，粒径相差不下百万。如果采用代数尺度，即等分的方法来作为分组的间隔，则适用于粗颗粒泥沙，不适用于细颗粒泥沙。例如对细颗粒泥沙来说，0.01mm 与 0.06mm 的泥沙性质已有根本的不同，在分类时至少需要采用 0.05mm 作为各粒径组的间距；而对于粒径为 50mm 及 49.95mm 的泥沙来说，不但在性质上没有丝毫不同，而且采用一般的测量方法也不能将它们区分开来。相反地，如果选择 5mm 作为分组的间距，则所有的砂、粉砂、黏土都属于同一小组；也就是说，对于细颗粒泥沙来说，这样的分类标准完全失去了应有的作用。因此，泥沙的分类必须采用几何尺度，即各级粒径成为一定的比例，对于阿特保和我国水利工程界分类标准来说，这个比例为 10；对于美国地球物理学会分类法来说，这个比例为 2。针对这种情况，分析泥沙颗粒级配用的筛子的各级筛孔也常做成一定的比例，例如泰勒尔筛的各级筛孔就成 $\sqrt[4]{2}$ 的比例。

8.1.2 泥沙絮凝

泥沙颗粒越细，单位体积泥沙颗粒所具有的表面面积(即比表面积)越大。泥沙颗粒越细,重力对它的作用就越小,而颗粒之间的相互作用就越来越重要。在一定的物理和化学条件下,表面带有电荷的黏性细颗粒泥沙在三种原因(布朗运动、水流剪切、差异沉降)引起的碰撞、接触中,由于微观短程力的作用会黏结形成大小、形态各异的絮团,甚至相互搭接成类凝胶网络结构(絮网)。这一现象称为絮凝。黏性泥沙颗粒之间由于存在絮凝作用而形成絮团和絮网结构,这在很大程度上改变了水体(浆体)的黏性和泥沙的沉降速度。絮凝体系的发生和发展,泥沙絮体(絮团和絮网)在水流中的行为,包括垂向沉降、密实、压缩和纵向输移,在水流剪切作用下的二次悬浮,均与分立状态下的单个颗粒有很大区别。非牛顿体的宾汉切应力的存在,泥石流特别是黏性泥石流对巨石的托浮,多沙河流高含沙水流的输移与某些河段的"揭河底",河口和近岸混浊带的形成与运动等,在追问这些现象背后的机理时,黏性泥沙絮凝发育是不能回避的问题。同样,在河口海岸水域环境中,由于受径流、潮流、盐淡水交汇等诸多因素的影响,泥沙颗粒絮凝强烈,大量细颗泥沙絮团在近底处相互键结,进而形成高浓度的类凝胶网络结构,工程上称为混浊带或浮泥层。它在河口容易形成拦门沙,妨碍正常的船只航运。因此,在开展富含黏性细颗粒泥沙的航道、河口、水库、湖沼、海岸等工程研究中,絮凝发育研究往往是其中的重点,既具有一定的理论价值又具有很强的工程应用价值。

8.1.3　粒径级配

目前有三种较为常见的表示泥沙颗粒级配的方法,分别是梯级频率图、累积频率曲线和微分频率曲线。

1. 梯级频率图

梯级频率图以泥沙粒径(或粒径的对数)为横坐标,以频率百分比(以重量计或以颗粒数目计)为纵坐标。先把泥沙按粒径大小顺序分成若干组,梯级频率图中每一级的宽度相当于粒径组的间距,高度则为在该组中的泥沙百分数。梯级频率图的形状与粒径组的数目及间隔有很大关系。选择某一组份时,梯级频率曲线具有完全的对称性,而在选用另一组分时,情况就不是这样。这种现象的存在使梯级频率曲线的应用受到很大局限。一般来说,组次分得越多,间距缩得越小,所得结果也越能真实反映泥沙的粒径分配。如果把间距缩小,同时使梯级频率曲线的面积不变,则在极限的情况下,梯级频率图则变成一条连续的曲线,这样的频率曲线并不能从实测资料中直接点绘获得(图8.1)。

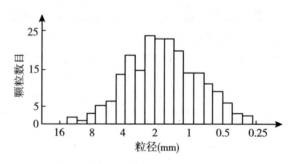

图 8.1　梯级频率曲线

2. 累积频率曲线

累积频率曲线以泥沙的粒径(或粒径对数)为横坐标,以小于某一粒径的泥沙的重量(或数目)的百分比为纵坐标。累积频率曲线也就是频率曲线的积分曲线(图8.2)。

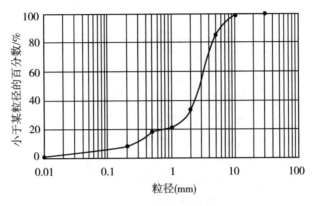

图8.2 累积频率曲线

3. 微分频率曲线

拜格诺建议采用粒径累积频率曲线的微分的对数和粒径的对数点绘关系。如图8.3所示,微分频率曲线中最高点的高速相当于累积频率曲线中的最大坡度,它的位置所在的粒径组在沙样中所占的百分比也最大。对于一般的泥沙,在最高峰以右以左的泥沙各自保持一定不变的减少率,并在图中形成两条直线。直线的坡度可以分别称为粗沙级及细沙级系数,直线交点所在的粒径称为峰点粒径。拜格诺证明,在风沙冲刷、搬运和沉积的过程中,峰点粒径及粗细沙系数发生相应变化,有一定的规律可循。

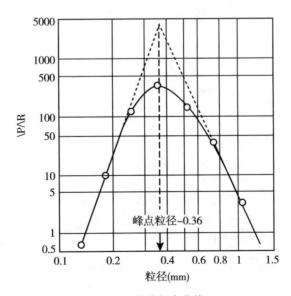

图8.3 微分频率曲线

8.2　测量原理

8.2.1　过滤称量法

传统悬沙浓度的标定方法是采用 6 点(或 3 点)法取水样,对水样进行现场(或室内)过滤、称重,再计算悬沙浓度。此方法是目前最为准确的方法,但得到的悬沙浓度值是不连续的,具有较低的时空分辨率。

长期以来,悬沙浓度的现场观测一直采用传统的取水样方法,在若干代表垂线上,泊船定时分层采取水样,经实验室分析后推算整个断面的含沙浓度。悬浮泥沙样品分析严格按规范和协议书的要求,在过滤前每个水样都先摇匀再量样,过滤中待海水全部滤干后再加蒸馏水冲洗数次以去盐。在实验室中,用马丁炉灰化滤纸过滤、烘干,然后用精度为万分之一的分析天平称重,测定泥沙含量,从而求出悬浮泥沙的浓度,表层的悬沙浓度常采用 0.2 水深(0.2h)的泥沙含量,含沙量的计算公式如下:

$$悬沙含量 = \frac{校正后的悬沙样品质量}{水样体积} \tag{8.1}$$

水样法得到的含沙量数据精度高,基本上排除了尤其是二类水中丰富的浮游动植物、黄色物质等干扰。

悬浮泥沙含沙量试验采用过滤烘干称重法,海水水样试验前应进行洗盐处理,称重采用 1/10000 电子天平。

测点含沙量按下式计算:

$$C_{Si} = \frac{W_s}{V} \tag{8.2}$$

式中, C_{Si} 为实测测点含沙量, kg/m^3 ; W_s 为水样中的干沙重, kg; V 为水样容积, m^3 。

垂线平均含沙量按下式计算:

$$C_{SP} = \frac{\sum_{1}^{n} C_i \times C_{si} \times V_{x_i}}{10 V_P} \tag{8.3}$$

在憩流前后时,流速比较小,流向比较紊乱,用上述流速加权计算垂线平均含沙量可能会呈现不合理现象,故实际用测点含沙量加权计算,亦即

$$C_{SP} = \frac{\sum_{1}^{n} C_i \times C_{si}}{\sum_{1}^{n} C_i} \tag{8.4}$$

式(8.3)和式(8.4)中, C_{SP} 为垂线平均含沙量, kg/m^3 ; C_i 为权重系数(六点法为 1、2、2、2、2、1); C_{si} 为测点含沙量, kg/m^3 ; V_{xi} 为测点平均流速, m/s; V_P 为垂线平均流速, m/s。

8.2.2 电磁波遥感法

以电磁波为信息媒介的遥感测沙手段,常用的有可见光遥感、红外遥感和微波遥感。相应的光学仪器已广泛应用于悬沙浓度的观测研究中,其原理是通过应用光的后向散射(光学散射仪)及光波衰减原理进行测量。

8.2.3 声学法

与常规的采水法和光学观测法相比,声学观测方法能够在不破坏现场环境的条件下,实时和连续地观测水中泥沙浓度剖面及其随时间的变化过程。

声学法测沙原理:当声波在水中传播遇到悬浮颗粒时,声波会发生散射。以某一类型的 ADCP 为例,ADCP 发射固定频率的声波,同时接收不同水层散射体(悬浮颗粒物)的散射信号(回声强度),因此,从 ADCP 现场观测数据中,可以提取水体有关悬浮颗粒物信息。在满足 Rayleigh 散射的条件下,ADCP 接收的声散射信号与水体悬浮颗粒物之间具有一定的相关关系,根据 ADCP 接收到的回声强度大小,可以反演水体悬浮颗粒物浓度。可见,用于设计测量流速的 ADCP,具有观测水体悬浮颗粒物浓度的潜力,可用于单宽和断面悬浮颗粒物浓度观测和通量计算,但其潜力还有待于进一步提高。

8.2.4 现场激光测沙仪

Mie 氏激光散射理论指出:照射在颗粒上的激光束,其大部分能量被散射到特定的角度上。颗粒越小,散射角越大;颗粒越大,散射角越小。激光悬沙测量仪就是根据这一原理设计的,测沙仪将不同角度上的散射能量记录下来,通过数学计算转换成颗粒粒径级配、含沙量和平均粒径。吸收率和体积散射函数是光学固有的两个特性,吸收率目前可以按常规方法测得,但是由于技术难度大,体积散射函数很难测量。

8.3 主要仪器设备

8.3.1 泥沙采样器

1. 瞬时式采样器

瞬时式采样器有横式、垂直圆管和简单取样瓶等,如图 8.4 所示。横式采样器是瞬时式采样器中应用得最广泛的一种仪器,仪器容积一般为 0.5～2.0L,结构比较简单,能在各种水深、流速、含沙量情况下应用,用拉索或锤击的方式关闭前后盖板进行取样;其缺点是所测含沙量是瞬时值,与时均值比较,具有较大的偶然误差。要减少测验误差,必须重复取样多次。

2. 积时式采样器

积时式采样器有积点式和积深式两种。积点式采样器是在测点上吸取水样,测定某一时段内平均含沙量的仪器,器内有水样仓和调压仓,两者用连通管连接,仪器入水后,调压仓内进水,空气受压缩使采样器内外静水压力平衡,以保持仪器取样时进水管内流速与

图 8.4　瞬时式采样器

天然流速一致。积深式采样器是一种沿垂线连续吸取水样，测定垂线平均含沙量的仪器，适用于浅水河流取样。取样时，要求仪器提放速度均匀并小于垂线平均流速的三分之一（图 8.5 和图 8.6）。

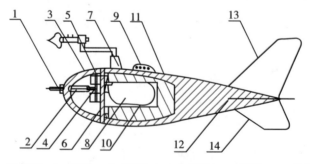

1—管嘴；2—进水管；3—头舱；4—滑阀；5—电磁铁；6—阀座；7—悬杆；8—皮囊；
9—挂板；10—皮囊门；11—配重；12—横尾；13—上纵尾；14—下纵尾
图 8.5　积时式采样器

3. 底沙采样器

抓泥斗是目前国内普遍使用的一种采泥工具（图 8.7），属拖曳式采样器，它由两个可活动的颚瓣构成，两颚瓣顶部由一条铁链连接，当铁链被挂到钢丝绳末端的挂钩上时，两颚瓣呈开放状态，采泥器一旦触及海底，挂钩锤即下垂与铁链脱钩，当采泥器上提时，通过挂钩对横梁的拉力，链接两颚瓣的钢丝绳拉紧，使两颚瓣闭合，将沉积物取入。

图 8.6 调压积时式采样器

图 8.7 抓泥斗

8.3.2 光学式仪器设备

1. OBS 浊度计

OBS 浊度计的核心是一个红外光学传感器(图 8.8)。光线在水体中传输,由于介质作用会发生吸收和散射,根据散射信号接收角度的不同可分为透射、前向散射(散射角度小于 90°)、90°散射和后向散射(散射角度大于 90°)。从理论上讲监测任一角度的红外光线散射量均可测量浊度。散射浊度计主要是监测散射角为 140°~160°的红外光散射信号,此间散射信号稳定。之所以选择红外光线是因为红外辐射在水体中衰减率较高，太阳中的红外部分完全被水体所衰减，这样 OBS 发射光束不会受到强干扰。

图 8.8　OBS-3A 浊度计

　　红外传感器由一个高效红外发射二极管，四个光敏接收管和一个线性固态温度传感器组成。红外发射二极管在驱动器作用下发射一个与轴平面呈 50°，与发射面呈 30°的圆锥体光束。红外光束遇到悬浮颗粒后发生散射，红外接收管接收 140°~160°的散射信号，在空气中光敏接收管的有效接收范围在 80cm，但在离接收面 30cm 范围内较为敏感，在水体中光敏接收管的有效接收范围为 25cm。接收范围设计确定后所有上述元件由环氧树脂固定。红外光敏接收二极管接收到散射信号送至 AD 转接器，将模拟信号转换成数字信号。然后由计算机对转换成的数字信号进行采集，按照 OBS 浊度计的测量要求进行处理，处理好的数据通过 RS_232 串口与操作计算机进行通信联系，操作计算机中安装了 OBS-3A 的操作软件，主要用于设置和控制 OBS3A 的运行方式并进行数据结果处理。仪器由 12V 直流供电，仪器内部装有 4 节 1 号高能碱性电池，供自容式采样使用。仪器的传感器和 IO 端口安装在仪器的一端，而电池和电路板装在圆柱形腔体内(图 8.9 和图 8.10)。

　　由于 OBS 测得的数据是一个浊度值，需要经过泥沙校准才能得到水体泥沙实际浓度值。泥沙校准可分为现场泥沙标定和室内泥沙标定两种方法。现场泥沙标定是通过测量时与 OBS 同步采水样，然后测定现场水样的含沙浓度，再对 OBS 浊度进行标定，通常采用垂线测量取样的方法，即将 OBS 放入不同水深的水体中，用实时观测方法测量，时间间隔设置为 1s，每一层保持 20~30s；在同一水深，采集水样，称重可得到一组相应泥沙的实际值，然后用回归法对所测得到浊度值进行标定。最好在一个潮周期内作两次采样标定，因为涨急和转流时泥沙颗粒的组成和浓度有很大差异，而粒径对 OBS 浊度值测量影响较大。另一种方法是室内标定，即在现场采集泥沙，经室内烘干，用天平称重。在标定

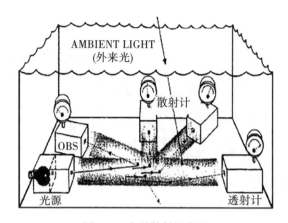

图 8.9 光学散射示意图

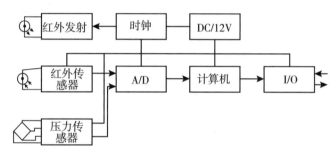

图 8.10 OBS-3A 浊度计原理框图

槽中放入 OBS 浊度计，先放一定容积的蒸馏水，此时浊度、泥沙值均为 0，然后再逐渐投入烘干的泥样，每次按总量的 5% ~ 10% 投入，这样可以得到 10 ~ 20 组不同泥沙含量和浊度的对应值。然后再用回归法来相关，从而实现泥沙校准的目的。

2. 激光测沙仪(LISST)

Mie 氏激光散射理论指出：照射在颗粒上的校直激光束，其大部分能量被散射到特定的角度上。颗粒越小，散射角越大；颗粒越大，散射角越小。激光测沙仪就是根据这一原理设计的，测沙仪将不同角度上的散射能量记录下来，通过数学计算转换成颗粒粒径级配、含沙量和平均粒径。吸收率和体积散射函数是光学固有的两个特性，这充分表现在光是如何在水中传播的过程中。吸收率目前可以按常规方法测得，但是由于技术难度大，体积散射函数很难测量。尽管如此，美国 Se-quoia 科学仪器公司研制的激光现场散射和透射仪(LISST)还是能测量 0.1b ~ 20b 散射角范围内的体积散射函数。它是激光测沙仪的关键技术，也是该公司的专利技术，如图 8.11 所示。该角度范围的体积散射函数(VSF)测量很重要，因为它可以用来预测点扩散函数，从而得到水下目标的外形。借助图 8.12 可以定义体积散射函数。

对数性激光测沙仪是利用二极管激光器发出的校直光束照射颗粒进行工作的(图 8.13(a))。激光被颗粒散射的能量可以在接收透镜的聚焦平面上测到。聚焦平面上安装一个

图 8.11　激光测沙仪（LISST）

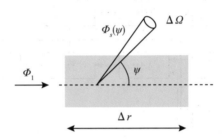

图 8.12　定义体积散射函数的几何条件

由 32 个对数间距的光敏圆环组成的特殊探测器（图 8.13（b））。每个圆环测量一个特定的小角度范围的散射。为了便于求解颗粒粒径级配与方程式，应使圆环半径减小，使相邻两个圆环半径之比为常数。圆环探测器中心有一个孔，孔的背后有光电二极管，用来测定光的透射能量 τ（图 8.13（c））。τ 可用来校正来自光表面的背景散射。

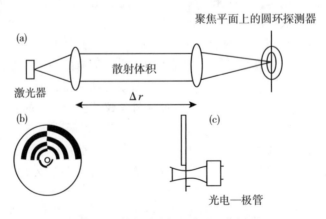

图 8.13　激光测沙仪组成及工作原理

图 8.14 表示激光测沙仪是如何测量 VSF 的。探测器的每个圆环用来采集散射到一个特定的立体角 $\Delta\Omega$ 内的光线。$\Delta\Omega$ 是由窄范围散射角所确定的。应予指出，探测器的每个圆环所采集的是被散射到一个给定范围内的光线，与沿入射光束的散射位置无关。

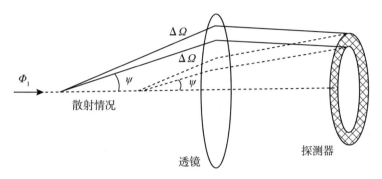

图 8.14　用激光测沙仪测量 VSF

激光束照射到颗粒后，大部分能量以不同的角度散射，颗粒越小散射角越大，反之亦然。激光测沙仪的探测器将不同角度上的散射能量记录下来，通过数学计算转换成为粒径级配和水中的颗粒浓度(含沙量)。通过特殊方法的加权计算，可以从散射记录得出颗粒总面积浓度和总体积浓度，体积浓度与面积浓度之比就可以得出平均粒径。

3. Mastersizer 3000 激光粒度分析仪

（1）工作原理

激光衍射法又称小角度激光光散射法，应用了完全的 Mie 氏散射理论，颗粒在激光束的照射下，其散射光的角度与颗粒的直径成反比关系，而散射光强随角度的增加呈对数规律衰减。Mastersizer 3000 激光粒度分析仪的工作原理如图 8.15 所示。

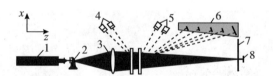

1. 激光器；2. 滤光镜；3. 透镜；4. 背散射光检测器；
5. 大角检测器；6. 前倾角检测器；7. 焦平面；8. 遮光度检测器
图 8.15　激光衍射粒度仪的工作原理图

由 He-Ne 激光器发射出的一束一定波长的激光，该光束通过滤镜后成为单一的平行光束，照射到颗粒样品后发生散射现象。散射光的角度与颗粒的直径成反比关系，散射光经傅里叶或反傅里叶透镜后成像在排列有多个检测器的焦平面上，散射光的能量分布与颗粒直径的分布直接相关，通过接受和测量散射光的能量分布就可以得出颗粒的粒度分布特征。

在单色平行激光照射单个粒子时，接收器上的衍射光强分布为：

$$I = I_0 \frac{\pi^2 D^4}{16 f^2 \lambda^2} \left(\frac{2J_2(X)}{X} \right)^2 \tag{8.5}$$

其中，I_0 为入射光强度，f 为接收透镜的焦距，λ 为德布罗意波长，$X = \pi D \sin(\theta/\lambda)$，$\theta$ 为衍射方位角，J_1 为一阶 Bessel 函数。在实际情况下，测量区往往有多个粒子，当测量区中粒子直径均为 D，数量为 N 时，可以证明所有这些颗粒所产生的总衍射光将是单个颗粒衍射光能的 N 倍。进一步推论可得：当所测泥沙样本是由许许多多大小不同的颗粒所组成的颗粒群时，该颗粒群所产生的总衍射光能将是每种颗粒所产生的衍射光能的总和。继而通过特殊的方法加权计算，可从散射的光能推算出泥沙颗粒的粒径分布(蔡小舒，2010)。

（2）仪器主要性能

①高能量高稳定性的激光光源。采用 He-Ne 激光器发射激光，波长为 633nm，该光源具有极高的稳定性和良好的抗震性和低的背景噪音。由于散射光强与光波的 4 次方的倒数呈正比，所以颗粒对于 633nm 波长的散射光能量是普通固体激光器(波长大于 700nm)的 2 倍，提高了小颗粒散射信号的强度。

②宽广的测量范围。测量物质范围为 0.02~2000mL。重现率优于 0.5%，准确率则优于 1%。

③高速的数据采集分析、高度的智能化操作。Mastersizer 的数据采集速率高达 1000 次/秒，可在 15s 内完成一个样品的测量，Mastersizer 3000 实现了仪器操作的完全智能化，通过点击鼠标在 30s 内完成从光路校正、背景扣除、数据采集到数据处理、报告生成等全部操作，如图 8.16 所示。

④灵活多样的附件和配置。高质量粒度测量的关键在于能够向光学仪器提供偏差最小、浓度适宜且完全分散的样品，有效的样品分散是实现最佳测量的关键。Mastersizer 3000 用户可以从一系列具有湿法和干法两种测量模式的样品分散装置中，选择完全满足测量需要的装置。

图 8.16　Mastersizer 3000

8.3.3 声学式仪器设备

ADCP(Acoustic Doppler Current Profiler)是根据声波的多普勒效应制造的用于水流流速测量的专业声学仪器设备。前面已经介绍过,ADCP 的主要功能是测流,但是 ADCP 输出数据中含有的声反向散射信息,使之具备了"观测"(计算)整个垂线(定点测量)或断面(走航测量)悬沙浓度的潜力。ADCP 利用的散射体主要是水体中的浮游生物和悬浮沉积物,这使得 ADCP 具备了获取悬浮体信息的功能。近年来,ADCP 已被广泛用于测量浮游生物量和研究浮游生物的分布和行为(如摄食活动等)。ADCP 的设计目的是用来测流速的,利用它的回声强度计算悬沙浓度只是它的副产品,ADCP 测量悬沙浓度的意义在于,它可以同时测量流速,从而能直接得出悬沙通量。此外,ADCP 可以走航、定点观测,在沉积动力学研究中有直接的使用价值。有研究表明,ADCP 在悬沙粒径、密度等主要物理性质在观测期间变化很小时,就能够保证较高的精度。

8.4 推移质泥沙测量技术方法

8.4.1 推移质泥沙测验仪器的选择及使用

①卵石推移质采样器的口门宽和高大于床沙最大粒径有利于取得全部粒径级的沙样。对于大卵石河床,如要求仪器口门宽也大于床沙最大粒径,则会造成采样器器身过大而严重影响采样效率,且操作困难而难于实施,故口门宽应小于或等于 500mm。

②采样器的有效容积是指泥沙样品装入采样器后不易淘出和不影响后期采样的最大样品容积。通常网式采样器取盛样仓最大容积的 30%,压差式取 40%。

③悬吊式采样器在下放到河床面上时仪器的口门需正对流向,其重量应使采样器在适用水深、流速范围内,悬索偏角一般不大于 45°。

④网式和 K 值略大于 1.0 的压差式采样器,口门应伏贴河床。

⑤若断面河床组成复杂,一部分是沙,另一部分是卵石,可选用沙质推移质采样器和卵石推移质采样器在该断面上分别进行施测。

8.4.2 床沙采样器的选择

①能取到天然状态下的床沙样品。指采样器到达河床面上不要扰动河床,采取的床沙样品是自然床面的沙样,保证样品有较好的代表性。

②有效取样容积,应满足颗粒分析对样品数量的要求。

③用于沙质河床的采样器,应能采集表面以下 500mm 深度内的样品。卵石河床采样器,其取样深度应为床沙中值粒径的 2 倍。

④采样过程中,样品不被水流冲走或漏失。主要是指沙质采样器。卵石床沙取样中,漏掉小于 5~10mm 颗粒是可能的,因它的含量很小,对整个粒配无大的影响。

⑤结构合理牢固,操作维修简便。

8.4.3　床沙采样器的使用

①使用前后应对采样器及附属设备进行检查。

②用拖斗式采样器取样时，牵引索上应吊装重锤，使拖拉时仪器口门伏贴河床。

③用横管式采样器取样时，横管轴线应与水流方向一致并应顺水流下放和提出。

④用钳式、挖斗式采样器取样时，要求在不破坏天然床面的情况下平稳地接近河床，使仪器口门与河床吻合，并缓慢提离床面。

⑤用转轴式采样器取样时，仪器应垂直下放。当用悬索提放时，悬索偏角不得大于 10°。

⑥犁式采样器较重，加之要有一定的拖力才能在河床上取到样品，所以它只适用于缆道吊船站和有大马力轮船测验的站。悬索与垂直方向保持左右 60°的角度很重要，小了可能将仪器拉翻，大了又会取不到床沙样品。

8.4.4　卵石床沙采样器的使用

①犁式采样器安装时，应预置 15°的仰角下放的悬索长度，应使船体上行取样时悬索与垂直方向保持 60°的偏角，犁动距离可在 5~10m。

②使用沉筒式采样器取样时，应使样品箱的口门逆向水流，筒底铁脚插入河床。用取样勺在筒内不同位置采取样品，上提沉筒时，样品箱的口部应向上，不使样品流失。

8.4.5　库沙取样及河段床沙调查

1. 沙质床沙取样的测次布置规定

①一类站：应能控制床沙颗粒级配的变化过程。汛期次洪水过程测 2~4 次，枯季每月测 1 次。受水利工程或其他因素影响严重的测站，应适当增加测次。

②二类站：每年测 5~7 次，大多数测次应分布在洪期。

③三类站：设站时取样 1 次，发现河床组成有明显变化时，再取样 1 次。

2. 卵石床沙取样测次布置规定

①一类站：每年在洪水期应用器测法测 3~5 次，在末卵石停止推移时测 1 次，枯季在边滩用试坑法和网格法同时测 1 次。在收集到大、中、小洪水年的代表性资料后，可停测。

②二类站：设站第一年在枯水边滩用试坑法取样 1 次，以后每年汛期末用网格法取样 1 次。在收集到大、中、小洪水的代表性资料后，可停测。

③三类站：设站第 1 年在枯水边滩用试坑法取样 1 次。

8.4.6　床沙取样方法

床沙测线的要求，应根据河床粒径在断面上的分布而定。考虑到大多数情况下床沙资料和推移质同时使用，在沙质河床上，还要和悬移质配套，因此测线也应和两者重合。一般说来，推移质测线能满足要求，床沙也能满足要求。但是，当发现不能控制横向变化时，应适当增加路线。不测推移质的站或河段，则以控制床沙组成的横向变化为原则，不应少于 5 条。

8.5 技术指标

8.5.1 悬浮泥沙水样采集

①悬浮泥沙水样采样器采用 1000mL 容积的横式取样器。

②取水样后，立即将水样装入容器内并盖紧，同时将样品瓶号、取样点号、层号、日期和时间，记入含沙量取样记录表中。

③按照正点测流与取沙同步的原则，取样时间与测流同步，取样采用分层法，各层深度与流速测量相同，流速加测测点不取悬浮泥沙水样。

8.5.2 悬浮泥沙和底质颗分取样

①悬浮泥沙颗分采样采用 1000mL 容积的横式取样器，取样容积 1000mL。悬浮泥沙颗分样取样点共 30 个，分别在 ADCP 取沙垂线及固定垂线处，在大、小潮前半个潮周期的涨急、涨憩、落急、落憩取 4 次，取样采用分层法，各层深度与流速测量相同。

②底质颗分样采用抓斗式采样器采样，泥样用聚乙烯塑料袋(保鲜袋)密封盛放，重量必须大于 0.5kg。所有取沙垂线在大、小潮期均各取一次底质颗分样。

8.6 观测成果分析整理

悬沙样品采集记录、颗粒级配、输沙率计算成果整理如表 8.3 所示。

表 8.3 　　　　　　　　　为悬沙水样记录表

序号	潮流状态	相对水深	小于某粒径累积沙重百分数(%)											$\overline{D}$	D_{50}	D_{max}
			粒　径　级　(mm)													
			0.500	0.250	0.125	0.100	0.075	0.062	0.031	0.016	0.008	0.005	0.002			
1	大潮涨急	0.0	100.0	99.8	97.9	97.5	96.6	95.2	84.1	67.2	44.5	29.3	9.7	0.019	0.009	0.266
2		0.2	100.0	99.8	96.5	95.2	93.0	91.0	80.0	64.1	41.5	26.6	8.7	0.023	0.010	0.266
3		0.4	100.0	99.9	97.1	95.6	93.0	90.7	78.6	61.9	39.4	25.0	8.2	0.024	0.011	0.263
4		0.6	100.0	99.7	96.7	95.1	92.4	90.0	77.7	61.3	39.1	24.8	8.1	0.025	0.011	0.302
5		0.8	100.0	99.8	95.8	93.8	90.5	87.9	75.8	59.8	37.9	23.9	7.8	0.027	0.012	0.265
6		1.0	100.0	99.1	94.6	92.5	89.3	86.8	75.0	58.3	35.9	22.4	7.2	0.030	0.012	0.355

续表

序号	潮流状态	相对水深	小于某粒径累积沙重百分数(%)											$\overline{D}$	D_{50}	D_{max}
			粒径级（mm）													
			0.500	0.250	0.125	0.100	0.075	0.062	0.031	0.016	0.008	0.005	0.002			
7		0.0		100.0	98.8	98.3	97.1	95.6	84.2	66.8	43.3	27.9	9.0	0.018	0.010	0.228
8	大潮涨憩	0.2	100.0	99.9	97.2	96.0	93.9	91.8	79.4	62.3	39.5	25.0	8.1	0.023	0.011	0.262
9		0.4	100.0	99.9	98.0	97.1	95.3	93.4	81.4	64.3	40.9	25.9	8.4	0.021	0.010	0.264
10		0.6	100.0	99.9	98.2	97.5	95.9	93.9	80.5	62.7	40.0	25.5	8.3	0.021	0.011	0.264
11		0.8	100.0	99.9	97.9	97.2	95.5	93.6	80.5	62.6	39.7	25.2	8.2	0.021	0.011	0.265
12		1.0	100.0	99.9	98.8	98.2	96.8	95.1	83.1	65.4	41.7	26.6	8.7	0.019	0.010	0.252
13		0.0				100.0	99.7	98.6	88.5	71.1	45.7	29.1	9.4	0.014	0.009	0.080
14	大潮落急	0.2		100.0	99.2	98.8	97.7	96.1	84.2	66.5	42.5	27.0	8.8	0.017	0.010	0.227
15		0.4	100.0	99.9	98.5	97.8	96.2	94.5	83.0	65.7	41.7	26.4	8.6	0.019	0.010	0.254
16		0.6		100.0	98.8	98.2	96.8	95.2	83.9	66.5	42.1	26.6	8.6	0.018	0.010	0.228
17		0.8	100.0	99.9	98.4	97.5	95.6	93.4	80.5	63.5	40.7	25.9	8.4	0.021	0.010	0.255
18		1.0	100.0	99.9	97.8	96.8	94.9	92.9	80.9	64.0	41.0	26.1	8.5	0.021	0.010	0.264

颗粒级配曲线如图 8.17 所示。

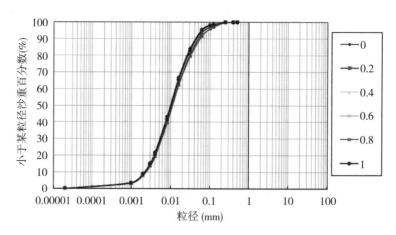

图 8.17　颗粒级配曲线

（1）输沙率计算

输沙率计算采用部分输沙率累加的方法进行。视岸坡的陡缓形态、糙率情况确定岸边系数，岸边系数取 0.70~0.90。

断面输沙率及断面平均含沙量按下式计算：

$$Q_s = \left(C_{sm1} q_0 + \frac{C_{sm1} + C_{sm2}}{2} q_1 + \frac{C_{sm2} + C_{sm3}}{2} q_2 + \cdots + \frac{C_{smn-1} + C_{smn}}{2} q_{n-1} + C_{smn} q_n \right) \quad (8.6)$$

$$\overline{C_s} = \frac{Q_s}{Q} \quad (8.7)$$

式中，Q_s 为断面输沙率，kg/s；C_{sm1}，C_{sm2}，$\cdots$，C_{smn} 为取沙垂线平均含沙量，kg/m³；q_0，q_1，$\cdots$，q_n 为部分流量，m³/s；$\overline{C_s}$ 为断面平均含沙量，kg/m³；Q 为断面流量，m³/s。

（2）输沙量计算

$$W_s = \sum_{i=1}^{n} \left[\frac{Q_{si} + Q_{s(i+1)}}{2} (t_{i+1} - t_i) \right] \quad (8.8)$$

式中，Q_{s_i}，$Q_{s(i+1)}$ 为相邻测次 t_i，t_{i+1} 时刻的输沙率，kg/s；W_s 为断面输沙量，kg。

取沙点及垂线单宽潮平均含沙量的统计见表 8.4。

表 8.4　　　　　　　　取沙点及垂线单宽潮平均含沙量统计表　　　　　　　（单位：kg/m³）

测点	涨潮			落潮			潮平均	落/涨
	大潮	小潮	平均	大潮	小潮	平均		
AD1L-1	0.059	0.040	0.050	0.055	0.036	0.046	0.048	0.92
AD1L-2	0.062	0.040	0.051	0.053	0.039	0.046	0.049	0.90
AD1R-1	0.157	0.063	0.110	0.104	0.046	0.075	0.093	0.68
AD8-1	0.062	0.040	0.051	0.053	0.038	0.046	0.048	0.89
AD2L-1	0.122	0.048	0.085	0.091	0.061	0.076	0.081	0.89
AD2L-2	0.064	0.048	0.056	0.073	0.062	0.068	0.062	1.21
AD2R-1	0.091	0.055	0.073	0.075	0.050	0.063	0.068	0.86
AD2R-2	0.078	0.032	0.055	0.074	0.040	0.057	0.056	1.04
AD3L-1	0.116	0.044	0.080	0.063	0.047	0.055	0.068	0.69
AD3L-2	0.092	0.034	0.063	0.071	0.024	0.048	0.055	0.75
AD3R-1	0.107	0.038	0.073	0.084	0.055	0.070	0.071	0.96
AD3R-2	0.104	0.032	0.068	0.089	0.034	0.062	0.065	0.90
AD5L-1	0.208	0.058	0.133	0.184	0.059	0.122	0.127	0.91
AD5L-2	0.245	0.072	0.159	0.247	0.071	0.159	0.159	1.00
AD5R-1	0.182	0.051	0.117	0.132	0.049	0.091	0.104	0.78
AD5R-2	0.364	0.052	0.208	0.185	0.052	0.119	0.163	0.57
AD6-1	1.200	0.299	0.750	0.418	0.160	0.289	0.519	0.39

续表

测点	涨潮			落潮			潮平均	落/涨
	大潮	小潮	平均	大潮	小潮	平均		
SW9	0.384	0.068	0.226	0.306	0.068	0.187	0.207	0.83
AD7-1	0.210	0.071	0.141	0.158	0.073	0.116	0.128	0.82
AD7-2	0.120	0.027	0.074	0.122	0.036	0.079	0.076	1.07
AD7-3	0.266	0.072	0.169	0.160	0.058	0.109	0.139	0.64
AD7-4	0.143	0.038	0.091	0.134	0.047	0.091	0.091	1.00
SW1	0.047	0.023	0.035	0.045	0.026	0.036	0.035	1.01
SW2	0.140	0.062	0.101	0.095	0.069	0.082	0.092	0.81
SW3	0.089	0.030	0.060	0.086	0.041	0.064	0.062	1.07
SW4	0.120	0.038	0.079	0.091	0.035	0.063	0.071	0.80
SW5	0.171	0.035	0.103	0.111	0.044	0.078	0.090	0.75
SW6	0.219	0.054	0.137	0.177	0.052	0.115	0.126	0.84
SW7	0.190	0.053	0.122	0.158	0.055	0.107	0.114	0.88
SW8	0.192	0.059	0.126	0.203	0.050	0.127	0.126	1.01

各垂线涨、落潮期潮平均含沙量(大、小潮平均)分布如图8.18所示，各垂线涨潮期潮平均含沙量分布如图8.19所示，各垂线落潮期潮平均含沙量分布图如图8.20所示。

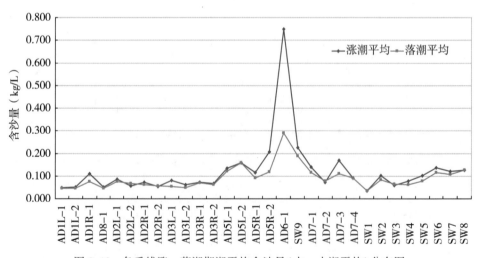

图8.18 各垂线涨、落潮期潮平均含沙量(大、小潮平均)分布图

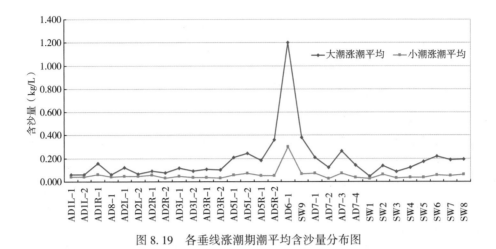

图 8.19 各垂线涨潮期潮平均含沙量分布图

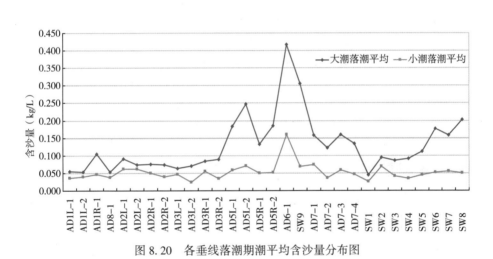

图 8.20 各垂线落潮期潮平均含沙量分布图

第9章　海洋水文资料整编

随着科学技术的发展以及计算机的广泛应用，从2002年开始，水文资料的整编工作终于从纯手工整编的方式转换成几乎全部通过计算机来完成。在手工整编的年代，一个水文监测站的水文资料整编，人均需时3~5个月。现在利用计算机，水文站只需要一周的时间便可完成全部的整编工作。工作效率得到了极大的提高，整编的成本也相应地大幅下降，有效地节约了资源。

伴随着计算机技术被应用到水文资料的整编工作之中，对于从事整编工作的人员的要求也随之提高。从事整编工作的人员除了要具备专业知识和对调查水域有充分了解外，还必须不断学习计算机技术以适应时代要求。

水文资料整编包括整编、审查、复审、汇编4个主要阶段，每一个阶段工作的侧重点都有所不同。要保证水文资料整编工作获得成功，就必须认真对待每一项工作。随着检测环境的不断变化，还有科学技术的日新月异，水文工作者必须严阵以待，与时俱进，灵活应对，好好利用计算机技术，提高水文资料整编工作的质量和效率，为国民经济的稳定发展作出贡献。

9.1　水位资料整编

9.1.1　水位资料整编工作内容

水位资料整编工作内容包含：
①考证水尺零点高程；
②绘制逐时或逐日平均水位过程线；
③数据整理；
④单站资料合理性检查；
⑤编制水位资料整编说明表。

9.1.2　水位资料整编注意事项

注意事项包括：
①当水准点高程变动、水准测量出错、水尺被撞或冰冻上拔等引起水尺零点高程变动时，应对水尺零点高程进行考证。考证时，应对本年接测和校测的各次水尺零点高程记录作全面了解，列表比较，进行检查。如有变动，应分析变动的原因、情况和时间，以确定两次校测间各时段采用的水尺零点高程及改正方法与数值。

②当出现水尺零点高程变动、短时间水位缺测或观测错误时，必须对观测水位进行改正或插补。

③确定了水尺零点高程变动的原因和时间后，可根据变动方式进行水位改正。

水位插补可根据不同情况，分别选用以下方法：

a. 直线插补法：当缺测期间水位变化平缓，或虽变化较大，但与缺测前后水位涨落趋势一致时，可用缺测时段两端的观测值按时间比例内插求得。

b. 过程线插补法：当缺测期间水位有起伏变化，可参照相邻站水位的起伏变化，勾绘本站过程线进行插补。

c. 相关插补法：当缺测期间的水位变化较大，或不具备上述两种插补方法的条件，且本站与相邻站的水位之间有密切关系时，可用相关插补法插补。相关曲线可用同时水位或相应水位点绘。如当年资料不足，可借用往年水位过程相似时期的资料。

④日平均水位的计算方法应符合下列要求：

a. 几日观测一次水位者，未观测水位各日的日平均水位不作插补。

b. 一日观测一次以上者，采用面积包围法计算。如一日内水位变化平缓，或变化虽较大，但观测或摘录时距相等时，可采用算术平均法。

⑤各种保证率水位的挑选应符合下列规定：

a. 对保证率水位有需要时，可由复审汇编单位指定部分站挑选，列入逐日平均水位表中。

b. 对全年各日日平均水位由高到低排序，从中依次挑选第 1、第 15、第 30、第 90、第 180、第 270 及最后一个对应的日平均水位，即为各种保证率水位。

9.2　潮位资料整编

9.2.1　潮位资料整编工作内容

潮位资料整编内容包括：

①考证水尺零点高程；

②数据整理；

③整编逐潮高低潮位表(或逐时潮位表)和潮位月年统计表(或逐日最高最低潮位表)；

④单站资料合理性检查；

⑤编制潮位资料整编说明表。

9.2.2　潮位插补原则

因故缺测高低潮位之间的潮位，可根据前后潮位变化趋势或参照相似潮汐，分别选用以下方法插补高低潮之间的潮位：

①当缺测期间潮位接近直线变化时，可采用直线插补法。

②当缺测期间潮位有起伏变化时，可根据相似潮汐的水位涨落比例采用比例插补法进行插补。插补时，可先将相似潮的潮位变化过程根据转折点分为数段，然后将需要插补潮

的潮位变化过程相应部分也分为同等数段，则可采用相应段的历时关系式(9.1)和潮位涨落差关系式(9.2)：

$$\frac{t_i}{t} = \frac{t_i'}{t'} \tag{9.1}$$

$$\frac{\Delta Z_i}{\Delta Z} = \frac{\Delta Z_i'}{\Delta Z'} \tag{9.2}$$

式中，t 为相似潮的涨落潮历时，h；t' 为需要插补潮的涨落潮历时，h；t_i 为相似潮的第 i 段历时，h；t_i' 为需要插补潮的第 i 段历时，h；ΔZ 为相似潮的涨落潮潮差，m；$\Delta Z'$ 为需要插补潮的涨落潮潮差，m；ΔZ_i 为相似潮的第 i 段潮位涨落差，m；$\Delta Z_i'$ 为需要插补潮的第 i 段潮位涨落差，m。

③高(低)潮位插补可选用以下方法：

a. 因故缺测高潮位或低潮位及出现时分，而本站与邻站(或上下游站)的相应高(低)潮位及其出现时分有密切相关关系时，可根据两站同时期(包括缺测前后一段时期及与缺测的潮期相隔半月或一月的时期内)的实测资料，分别点绘相应的高潮位、低潮位及其出现时分相关曲线，采用高(低)潮位相关插补法插补缺测的数值。

b. 如果只有个别高潮位或低潮位及其出现时分缺测时，可直接根据缺测前后的本站各潮期高、低潮位及其出现时分的变化规律，并参照与缺测的高(低)潮相隔半月的时期内各次高、低潮位及其出现时分的变化趋势，插补缺测的个别高(低)潮位及其出现时分。

9.2.3　单站资料合理性检查原则

①根据潮位变化的连续性，采用潮位过程线检查有无突涨突落等不合理现象。

②根据日、月、年中潮汐涨落的周期性进行检查，一般半日周期潮汐的平均周期约为12h25min。河口以内各站，涨潮历时较短而落潮历时较长。日潮不等现象呈有规律性的变化。一般在春分和秋分时期的朔、望日潮不等现象最不显著；而在夏至和冬至附近的朔、望则最为显著。

9.3　水温资料整编

1. 水温资料整编规定

水温资料整编的工作内容宜包括：

①编制逐日水温表：编制逐日水温表应在对原始观测记录进行审核的基础上整理水温逐日值、统计制表。

②单站资料合理性检查：进行单站合理性检查时，应绘制水温过程线检查，并与岸上气温、水位过程线对照。水温变化应是渐变、连续的，并与岸上气温变化趋势大致吻合。当遇有洪水，上游水库放水及有污水排入时水温可能发生较大变化。

③编制水温资料整编说明表。

2. 冰情和固定点冰厚资料整编规定

冰情和固定点冰厚资料整编的工作内容应包括：

①编制冰厚及冰情要素摘录表和冰情统计表。编制冰厚及冰情要素摘录表和冰情统计表应对原始观测记录进行审核后,整理数据和制表。

②单站合理性检查。进行单站合理性检查时,应绘制冰厚、冰上雪深、水位及气温等过程线,分析冰厚及冰情资料的合理性。

3. 冰流量资料整编规定

冰流量资料整编的工作内容应包括:

①编制实测冰流量成果表;

②编制逐日平均冰流量表;

③单站合理性检查;

④编制冰流量资料整编说明表。

编制实测冰流量成果表应对原始观测记录进行审核后,整理数据和制表。

编制逐日平均冰流量表应符合下列要求:

1)推求逐日平均冰流量的方法

(1)冰流量与相关因素关系线法

按冰厚、冰速疏密度等相关因素的变化情况及与冰流量关系的密切程度,可分别选用实测冰流量与疏密度关系曲线法、以敞露水面宽或冰厚作参数的实测冰流量与疏密度关系曲线法、实测单宽(或单厚)冰流量与疏密度关系曲线法。

用以上关系曲线法推求日平均冰流量时,当流冰变化不剧烈,一日内相关因素变化较小,日观测时距基本相等时,可根据相关因素的日平均值,在关系曲线上直接查出日平均冰流量。否则,可用各次实测相关因素推算出相应的瞬时冰流量,再用面积包围法计算日平均冰流量。

(2)冰流量因素过程线法

当冰流量测次较少,或冰流量和相关因素的关系不密切,但有经常观测的冰流量的各主要因素资料时,可采用此法。在同一图上,将施测冰流量时施测的和经常观测的疏密度、冰速、冰厚、敞露水面宽、冰花密度等因素点绘过程线。冰情变化不剧烈或连续流冰时,在综合过程线上查出一日内各测次的各因素值,用算术平均法求出各因素的日平均值,用下式计算日平均冰流量:

$$\overline{Q_i} = \overline{B} \, \overline{d_g} \, \overline{V_i} \, \overline{\eta} \qquad (9.3)$$

$$\overline{d_g} = \overline{d_{sg}} \frac{\gamma_{sg}}{0.91} \qquad (9.4)$$

式中,$\overline{Q_i}$ 为日平均冰流量,m^3/s;$\overline{B}$ 为日平均敞露水面宽,m;$\overline{d_g}$ 为日平均冰块厚或折实冰花厚,m;$\overline{V_i}$ 为日平均冰速,m/s;$\overline{\eta}$ 为日平均疏密度;$\overline{d_{sg}}$ 为日平均冰花厚,m;γ_{sg} 为日平均冰花密度,t/m^3;0.91 为冰块密度,t/m^3。

当冰情变化剧烈或发生阵性流冰时,在各冰情变化控制点推求瞬时冰流量,用面积包围法计算日平均冰流量。

(3)单位冰流量法

当冰流量测次较多,基本控制流冰过程,而经常观测的冰流量因素只有疏密度时,可采用此法。根据实测冰流量按下式计算单位冰流量：

$$Q_u = \frac{Q_i}{\overline{\eta}}$$

(9.5)

式中，Q_u 为单位冰流量，$\mathrm{m^3/s}$；Q_i 为实测冰流量，$\mathrm{m^3/s}$；$\overline{\eta}$ 为相应平均疏密度。

日测一次冰流量时，用日平均疏密度乘以该次单位冰流量即为日平均冰流量。未测冰流量之日，用相邻测次内插出单位冰流量，乘以该日的日平均疏密度，即得日平均冰流量。

2）总冰流量的计算

总冰流量按春冬两个时段分别计算。1 月 1 日至流冰终止日为春季；秋季开始流冰之日至年末为冬季。各季逐日平均冰流量之和乘以一日之秒数，即得季总冰流量。

单站合理性检查应符合下列规定：

①采用冰流量与相关因素关系曲线法的站可用历年关系曲线对照，检查线形的合理性。

②根据本站冰流量过程线与气温、疏密度、流冰厚度、水位、流量等综合过程线对照分析，检查各时段冰流量的合理性。

9.4 波浪资料整编

波浪资料整编是将波浪站的各项观测资料汇总，统计分析后找出风与波浪的关系及计算公式，研究波浪对岸边淘刷所引起的坍塌影响及研究波浪对水工建筑物的影响。

对波浪资料一般要求整理出：

①波浪自计记录连续观测的成果表。

②波浪定时观测成果表。

③波高、波向频率表。

④风力、风向频率表。

⑤绘制月、年(季、年)波高、波向分布图。

⑥绘制月、年(季年)风速(力)、风向分布图等。

整编时汇集原始资料进行复核校对后，应绘制波浪混合过程线，绘制波高、风向、风速关系图，波高与波长、波高与周期、波高与波岭、波向与风向、波陡与波岭等各种关系曲线，并进行合理性检查与资料的插补。然后再绘制各种成果图表，编写说明书。

9.5 潮流资料整编

1. 潮流量资料整编的工作内容及规定

潮流量资料整编包括以下工作内容：

①编制实测潮流量成果表和实测潮量成果统计表及实测大断面成果表；

②分析实测资料，绘制潮汐要素与潮量(平均流量)关系曲线并进行检验；

③数据整理；

④整编逐潮潮量或感潮闸坝站的逐日平均流量和引排水量；

⑤单站合理性检查；

⑥编制潮流量资料整编说明书。

潮流量实测资料分析应符合下列规定：

①进行潮流与潮汐要素关系分析时，依据潮流与潮差等潮汐要素之间的密切关系探求推算逐潮潮量(平均流量)；根据不同情况，应综合分析上游来水量、河床冲淤和潮流历时等因素对潮流变化的影响，以寻求推潮关系。

②进行感潮闸坝影响出流流量的水力因素分析时，应根据影响感潮闸坝站出入流的主要因素的有(低)潮潮位、有效潮差、开闸开始水头和闸门开启情况等，视本站具体特性作具体分析和选用。

2. 定线推流方法的选用

定线推流方法可根据不同条件选用下列方法：

(1)合轴相关法

对于较强感潮河段，河道中水流的变化主要受潮汐影响，包括上游站潮位在内的潮汐要素与潮量(平均流量)关系密切的河道站，可采用合轴相关法。

其定线方法包括：

①第一象限绘平均流量潮差关系，以潮位为参数(涨潮潮流为本站高潮位，落潮潮流为上游站低潮位)绘等值线，并确定 Q_1。

②第二象限绘 Q_2-Q 关系曲线，如测点集中在 45°直线的两侧，即可据以推流。若关系点仍散乱，则以本站高潮位与上游站高潮位潮位差或相应水位差为参数绘等值线，确定 Q_2。

③第三象限绘 Q-Q_2 关系曲线，如测点已集中在 45°直线附近，可据以推流。如测点仍散乱，则应修正第二象限的等值线，或用其他因素改正。

推流时，先根据各个潮流期的涨潮潮差和高潮位，在第一象限内查得相应平均流量 Q_1，再以 Q_1 和各个高潮位与上游站的相应高潮位潮位差(或相应水位差)，在第二象限内查得相应平均流量 Q_2，乘以涨潮历时，即得涨潮潮量。落潮潮量推求方法类同。

(2)定潮汐要素法

对于某潮汐要素与潮量关系密切的河道站，可采用定潮汐要素法。

其定线方法包括：

①点绘有效潮差(或称有效波高)ΔZ 与实测平均流量 Q 关系，以本站高(低)潮位 Z_C 为参数，绘制 ΔZ-Q 关系曲线。

②根据各实测点的潮差 ΔZ，在关系曲线上查得定高(低)潮位流量 Q_C，计算 Q/Q_C。

③初步绘制实测潮位 Z_C-Q/Q_C 关系曲线，如测点集中，符合表 9.1 的规定，即可据以推流。否则，应修正定高(低)潮位的 ΔZ-Q 关系曲线，并重复以上步骤，直至符合要求。

表 9.1　　　　　　　　　　　　堰闸（潮流）站水力因素关系定线精度指标表（%）

站　类	定线方法	定线精度指标	站　类			附注
			一类精度的水文站	二类精度的水文站	三类精度的水文站	
堰闸、涵管、隧洞站	水力因素与流量或流量系数	随机不确定度	10	14	18	上部可适当严些
		系统误差	2	2	3	
潮流（含感潮）站	合轴相关定潮汐要素—潮推流全潮要素相关	随机不确定度	10	16	20	
		系统误差	2	3	3	

推流时，先根据各个潮流期的潮差 ΔZ，在关系曲线上查出定高（低）潮位的流量 Q_c，再根据相应潮流期的高（低）潮位 Z_c，在关系曲线上查出流量比 Q/Q_c，两者相乘即得平均流量，再乘以涨（落）潮潮流历时即得相应潮量。

（3）全潮要素相关法

对于以上游来水控制为主、潮汐影响时段较长的弱潮区，且潮洪混合但潮流、潮位变幅不大、中间无较大支流加入的感潮河道站，可采用全潮要素相关法。

定线和推流应符合下列要求：

①建立涨潮潮差（或最大涨潮潮差）低潮潮位关系，绘正负流向判别关系图（分解线）或多年综合曲线。或以涨潮潮势（下游站高潮位减上游站前一低潮位）ΔZ_f（小于某一值）作为判断指标，以判断受潮控制或径流控制，据此判断流向，选用相应的计算方法。

②建立落差（上下游站高潮位之差加上上下游站平均低潮位之差）或上下游站日平均水位差一全潮平均流速（流量）或日平均流速（流量）关系，以正负流向或者平均低潮位为参数，绘全期或日平均流量关系线，据此推流。

③建立高（低）潮位潮期最大流量关系，据此推求潮期最大流量。对于关系不稳定的站，可加入潮期平均低潮潮位差（上下游站平均低潮潮位差）作为参数定线。

④建立最大涨潮潮差或有效波高潮期最小流量（负值）关系，关系不稳定者，可加入高潮潮位差（上下游站高潮潮位差）作为参数定线，以此推求潮期最小流量。

（4）一潮推流法

对于按潮引水或排水，且在闸上下水位接近时开闸和关闸的感潮闸坝站，可采用一潮推流法。

定线推流时应符合下列要求：

①建立一次开闸平均流量-有效潮差乘以开闸时（引、排水时分别为高、低潮的）水头或水深的关系曲线，并据以推流。

②建立有效潮差与一次开闸平均流量关系，以开闸开始水头为参数，先定出某一个开闸开始水头的 ΔZ-Q 关系曲线；以各次实测开闸平均流量 Q 的相应有效潮差查得流量 Q_c，

计算 Q/Q_c，再以相应的开闸开始水头点绘 $H\text{-}Q/Q_c$ 关系曲线。推流时，以有效潮差 ΔZ、开闸开始水头 H，分别查得 Q_c 和 Q/Q_c 值，两者相乘即得一次开闸平均流量 Q。

③跨越日分界的流量分割方法：根据实测资料点绘 $\Delta t/t$—$\Delta V/V$ 关系曲线（t 为一次开闸总历时，Δt 为时段历时，V 为一次开闸、引排水量，ΔV 为时段引、排水量、Δt 及 ΔV 均从开闸开始时起算），并依该关系曲线分割跨日界的各次开闸过程的引、排水量，再据以计算日平均流量。

④一潮最大流量可采用水工建筑物流量资料整编或其他方法推算。

单站合理性检查应包括以下方面内容：

①实测潮流期的水位、流、流量过程线对照：检查全潮流速、流量变化的连续性及水位、流速、流量等各要素之间变化的相应和相似性。对突出反常的测次，应分析原因。

②根据不同时期、不同潮汛的水位和流量变化规律，检查潮流量资料的合理性。

③根据多年综合曲线对照检查相应的潮沙变化规律的合理性。

9.6 泥沙资料整编

1. 悬移质输沙率资料整编工作内容及要求
悬移质输沙率资料整编工作宜包括以下内容：

①编制实测悬移质输沙率成果表；

②绘制单样含沙量（简称单沙）与断面平均含沙量（简称断沙）关系曲线或比例系数过程线或流量与输沙率关系曲线；

③关系曲线的分析与检验；

④数据整理；

⑤整编逐日平均悬移质输沙率、逐日平均含沙量表和洪水要素摘录表；

⑥绘制瞬时或逐日单沙（或断沙）过程线；

⑦单站合理性检查；

⑧编制悬移质输沙率资料整编说明表。

实测悬移质输沙率和含沙量资料的分析应符合下列要求：

①利用单样含沙量过程线，检查单沙测次对变化过程的控制及代表性，以及不合理的测次等；

②用关系曲线图检查分析；

③分析单断沙关系点的分布类型、点带密集程度以及影响因素，对于突出偏离的测次，应分析其偏离的原因；

④对于实行间测的测站，若本年有校测资料时，应与历年综合单断沙关系曲线进行分析，以检查是否满足用历年综合单断沙关系曲线推沙的条件。

2. 推沙方法
进行推沙时可采用如下方法：

（1）单断沙关系曲线法

对于单断沙关系良好或比较稳定的测站，可采用单断沙关系曲线法。并应符合下列要求：

①各种线型的定线精度应符合表9.1的规定。当一条关系曲线上的测点在10个以上者，应进行关系曲线的检验。

②通过坐标原点和点群重心，可定成直线、折线或曲线。根据关系点的分布类型，又可分类单一线法和多线法。

a. 单一线法：单断沙关系点较密集且分布成一带状，关系点无明显系统偏离，即可定为单一线推求断沙。

b. 多线法：若单断沙关系点分布比较分散，且随时间、水位或单沙的测取位置和方法有明显系统偏离，形成两个以上的带组时，可分别用时间、水位或单沙的测取位置和方法作参数，按照单一线的要求，定出多条关系曲线。

③推沙方法：

a. 单断沙关系为直线、折线、单一曲线，用计算公式、关系系数、插值法等，由单沙计算断沙。

b. 单断沙关系为多条曲线时，分别按单一线法计算断沙(表9.2)。

表9.2　　　　　　　　　　　　悬移质泥沙关系曲线法定线精度指标

站　类	定线方法	定线精度指标	
		系统误差(±%)	不确定(%)
一类精度的水文站	单一线法	2	18
	多线法	3	20
二类精度的水文站	单一线法	3	20
	多线法	4	24
三类精度的水文站	各种曲线	3	28

(2)比例系数过程线法

对于单断沙关系点散乱，定线精度不符合表9.1的规定，但输沙率测次较多，且分布比较均匀，能控制单断沙关系变化转折点的测站，可采用比例系数过程线法。推沙方法如下：

①计算比例系数

$$m = \frac{\overline{C_s}}{C'_{s'}} \tag{9.6}$$

式中，m 为比例系数；$\overline{C_s}$ 为实测断沙，kg/m^3 或 g/m^3；$C'_{s'}$ 为相应单沙，kg/m^3 或 g/m^3。

②点绘比例系数过程线：以比例系数 m 为纵坐标，时间为横坐标，参照水位、流量过程，点绘比例系数过程线。

③以实测单沙的相应时间，从比例系数过程线上求得比例系数，乘以单沙，即得断沙。

(3)流沙与输沙率关系曲线法

无单沙测验资料或单沙测验资料不完整,而流量(水位)与输沙率之间存在一定关系,且输沙率测次基本上能控制各主要水峰、沙峰涨落变化过程时,可采用流量与输沙率关系曲线法推求断沙。

①以流量(水位)为纵坐标,输沙率为横坐标,点绘在坐标纸上。对突出点应进行分析,并作出恰当的处理。绘出流量(水位)与输沙率关系曲线。定线精度应符合表9.1规定。

②根据水位或由水位推得瞬时流量,由式(8.6)的方法推求输沙率,除以流量即得断沙。

(4)近似法

当输沙率测次太少或单断沙关系不好,不能用上述几种方法,仅测单沙的站或时期,可采用近似法,即用单沙近似当作断沙。

3. 单断沙关系曲线的延长规定

单断沙关系曲线的延长应符合下列规定:

①单断沙为直线关系,测点总数不少于10个,且实测输沙率相应单沙占实测单沙变幅50%以上时,可作高沙延长。向上延长变幅应小于年最大单沙50%。若单断沙关系为曲线,延长幅度不超过30%。单沙测取位置及方法与历年不一致或断面形状有大的变化时,均不宜作高沙延长。

②顺原定单断沙关系曲线的趋势,并参考历年关系曲线进行延长。

4. 插补方法

缺测单沙可采用如下方法进行插补:

①直线插补法:当缺测期间水沙变化平缓,或变化较大但未跨越峰、谷时,可用未测时段两端的实测单沙,按时间比例内插缺测时段的单沙。

②连过程线插补法:在单沙与水位、流量变化过程较相应的测站或时期,当缺测期间的水位流量变化不大,或者是水位起伏变化虽大,但缺测时间不长,可根据水位流量的起伏变化过程,连绘单沙过程线,予以插补。

③流量(水位)与含沙量关系插补法:以缺测期之前和以后流量(水位)过程线和单沙过程线上的流量(水位)和单沙,点绘流量(水位)与单沙关系曲线,据以插补缺测的单沙。

④上下游单沙过程线插补法:本站与上下游站含沙量关系良好时,可点绘上(或下)游站的单沙与本站单沙的关系曲线,用以插补本站缺测性单沙。

5. 推求日平均输沙率及日平均含沙量的要求

推求日平均输沙率及日平均含沙量应符合下列要求:

(1)计算日平均值选用的资料

计算日平均值可视情况分别选用下述资料:

①实测点:直接用经过换算的断沙进行日平均值的计算。

②过程线摘点:根据绘定的单沙过程线,在过程线上摘录足够的,能控制流、含沙量变化的点次,经换算的断沙进行日平均值的计算。

(2)日平均值计算方法

使用单沙推求断沙时，可采用以下方法计算日平均值：

①一般情况日平均值的计算方法：采用流量加权法。以瞬逐时流量乘以相应时间的断沙，得出瞬时输沙率，再用时间加权求出日平均输沙率，除以日平均流量即得日平均含沙量。为减少计算误差，当一日内流量、含沙量涨落一致，且水、沙量日变幅（以最小值作分母）均大于 3 倍时，可在流量、含沙量最大涨落时段，直线内插 1 至 2 个点子，进行计算。

②有逆流、停滞现象时，日平均值的计算方法：

a. 全日为逆流时，其计算方法与顺流相同，但所求日平均输沙率为负值。

b. 一日内兼有顺、逆流时，其计算方法与顺流相同，用其代数和计算，如逆流输沙率大于顺流，则所求数值为负。日平均含沙量采用面积包围法计算，若所得结果为负值，则用顺、逆流输沙量绝对值总和除以顺、逆流径流量绝对值的总和得之。

c. 全日水流停滞者，日平均输沙率为 0。日平均含沙量用面积包围法计算。

d. 一日内部分时间水流停滞者，其计算方法与顺流相同。

③对于某些因条件限制，而不能采用计算机整编的资料，可视单沙测取次数及水、沙变化情况，选用算术平均法、面积包围法和流量加权法。

a. 算术平均法：适用于流量变化不大、含沙量点次分布均匀的情况。一日测取一次单沙者，则相应的断沙作为日平均含沙量。日平均含沙量乘以日平均流量，即得日平均输沙率。

b. 面积包围法：适用于流量变化不大，但含沙量变化较大且点次分布不均匀的情况。

c. 流量加权法：适用于流量和含沙量变化都较大的情况。

对于使用流量与输沙率关系曲线法，当关系曲线接近一条直线或曲率甚小时，可用日平均流量推求日平均输沙率。当关系线为曲线时，可用瞬时流量推求瞬时输沙率，然后用流量加权法或面积包围法计算日平均值。

6. 单站合理性检查

单站合理性检查宜包括下列方面内容：

①当水文站测取单沙的位置、方法没有大的变动，且推求断沙的方法与往年相同，应与历年推求断沙的关系曲线、比例系数过程线比较，以检查其合理性。

a. 历年单断沙关系曲线的对照：利用历年关系曲线图，比较各年曲线的趋势和其间相对的关系。历年关系曲线的趋势应大致相近且变动范围不大，如果趋势的变动范围较大，则应分析其原因。

b. 历年比例系数过程线对照：从往年系数变化过程与流量变化过程找出规律，再据以检查本年比例系数过程线的变化情况。

c. 历年流量（水位）与输沙率关系曲线对照：先从历年的变化幅度、曲线形状找出规律，再据以检查本年的资料。

作历年对照时，应考虑到流域自然特性和本站水沙特性的改变，可能对上述各种关系产生的影响。

②含沙量变化过程的检查：

a. 将水位、流量、含沙量、输沙率过程线绘在同一张图上进行对照检查。

b. 含沙量的变化与流量(水位)的变化常有一定的关系，可根据历年水位、流量、含沙量变化的规律，检查本年资料的合理性。如有反常现象，应检查原因，包括洪水来源、暴雨特性、季节性等因素的影响，及流域下垫面发生的改变等。

第10章　海洋水文测量实例

10.1　港口人工岛工程海流、泥沙、底质观测

A 港人工岛工程位于我国东部某省，西距 B 港约 32km，东南距 C 港近 50km，距最近的陆域海岸线约 13km，是 A 港区系统项目的重要组成部分。工程远离陆域，水沙动力条件十分复杂。在工程建设方案设计论证阶段，需要开展工程海域水文测量工作，收集海流、泥沙、盐度、底质等基础水文泥沙资料，以满足人工岛工程可行性研究及相应模型试验需要，为有关专题研究及工程规划设计提供依据。

10.1.1　概况

水文测量包括大、中、小三个全潮水文测量、潮位观测、含沙量巡测、底质取样，并对测量成果进行分析。测量区域内有多个沙洲，岸边潮间带宽阔，潮流特性属典型的半日潮，且潮流强，潮差大，历史最大潮差达 9m 以上。

10.1.2　测量布置

1. 水文测量站点布置

在各主要水流通道和模型试验验证点布置 17 个水文测量站点，施测流速、流向并同步采集悬移质含沙量和盐度分析水样，站点位置如图 10.1 所示。

水文测量平面坐标控制采用 1954 年北京坐标系，6°带，中央子午线为 123°；高程系统采用 1985 国家高程基准。

2. 潮位站布设

多数海区附近没有固定潮位站，多数情况下需要布设临时潮位站。在甲、乙、丙三处设了三个临时验潮站。临时验潮站位置如图 10.1 所示。人工观测水位的水尺设立符合规范要求。

3. 含沙量巡测

测区中部沿东西方向布置 19 个含沙量巡测点，各巡测点位置如图 10.1 所示。实际测量时，按图中所示巡测路线及坐标位置进行往返采样。

4. 底质采样

按要求，在各主要水流通道和模型试验验证点周边测区布置 399 个底质取样点，各底

质取样点的位置如图 10.1 所示。

水文测量开始前 2 小时进行潮水位观测，水文测量结束后 3 小时结束潮水位的观测。

10.1.3　测量依据

①《海港水文规范》（JTS 145-2—2013）；

②《水运工程测量规范》（JTS/T 131—2012）；

③《海滨观测规范》（GB14914—2006）；

④《海洋调查规范》（GB12763—2007）；

⑤本项目具体的技术要求。

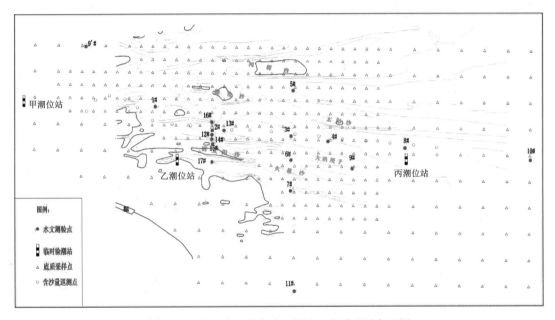

图 10.1　人工岛工程海流、泥沙、底质观测布置图

10.1.4　仪器设备

流速流向测量采用重庆水文仪器生产的 LS25-1 型直读式流速流向仪；测船定位采用 Ashtech BR2G 和 Trimble DSM212 两种型号 GPS 接收机；悬移质采样器采用 2000mL 横式采样器（实际采集 500mL 水样）；底质采样用专用拖斗式采样器；盐度测量用电导率计，同时用硝酸银滴定作对比测试；含沙量分析采用焙干法，电子天平称重。悬沙及底质颗粒分析采用英国的 MASTER SIZER 2000 型激光粒度分析仪分析。

上述仪器均经过专业技术监督部门的检验，各项指标符合要求，使用时均处于检验有效期内。测量及分析使用的主要仪器设备见表 10.1。

表 10.1   主要仪器设备

序号	设备名称	型号及技术指标	数量
1	GPS 接收机	Astech BR2G	8 套
2	GPS 接收机	Trimble DSM212	6 套
3	流速流向仪	LS25-1 型	34
4	风速风向仪	EDK-1A	
5	渔船	40~110 T	22 艘
6	水文绞车		40 台
7	铅鱼	50kg，30kg	44 只
8	采样器	横式采样器	34 个
9	量桶及漏斗	500mL	17 只
10	底质采样器	拖斗式	20 个
11	水样瓶	玻璃	9000 只
12	水准仪	NA28	1 套
13	电导率计	DDS-11C	2 套
14	电子天平	FA1004	2 台
15	颗分仪	Mastersizer 2000	2 台
16	烘箱	电子自动温控 101-3	3 台

10.1.5　现场测量

1. 水文泥沙测量

(1)测船定位

各测量船只根据测量的开测时间及抛锚位置提前出港定位，在 GPS 接收机及导航定位软件的指引下，测船准确地进入预定位置抛锚。测量人员随即记录下测船的实际位置，并在测量过程中随时观察测船位置的变化情况，确保测船始终在正确的位置上工作。

(2)流速测量及水样采集

各垂线在整时施测分层流速、流向并采集水样。涨落急(憩)时加密为半小时测一次流速、流向；盐度分析用水样与含沙量水样共用，每两小时作一次盐度测试，按要求只对表层、中层、底层作盐度测试。在前半个潮的涨落急、涨落平时，加取悬沙颗粒分析水样。悬移质水样容积为 500mL。

流速、流向需进行往返测量，按照往测自水面至水底，返测自水底至水面的测量顺序施测。当水深大于或等于 5m 时，采用六点法；水深小于 5m 时采用三点法(流速测量为 $0.2H$、$0.6H$、$0.8H$ 三层，含沙量层次与流速相同)；水深小于 3m 时，采用一点法(相对水深 0.6H 处)。每次施测提前 10 分钟左右，从表层向底层施测(以使水底或 0.8H 相对水深处在整时或半时为原则)。流速大于或等于 0.2m/s 时用 50 秒历时直读法测速，流速小于 0.2m/s 时采用记数法测流，测流历时大于或等于 60s。测速前后各观测一次流向，取两次流向的平均值作为流向实测值；若两次流向差值大于 30°，则观测第三次流向，取数值相近的两个观测值的平均数作为流向实测值。平均流向均作磁偏角改正，改正值为-5°(当地偏角改正值)。施测过程中，各测组均现场点绘流速、流向过程线图，发现流速值异常时，及时进行复测。测量期间风浪较大，部分测线由于测船摆幅太大，为保证测量正常进行，表层和底层流速测量时的水深分别作下移和上提调整。

悬移质采样采用横式采样器，采样顺序为从底层至表层依次采取。底质采样用拖斗式专用采样器，每个测流站位在大潮时采集一个底质样。

2. 潮位观测

(1)水尺零点高程测量

甲临时潮位站设有校核水准点 YE03，校核水准点高程自国家二等水准点按照三等水准的要求接测，水尺零点高程自 YE03 按四等水准的要求接测；乙临时潮位站距国家水准点较近，其水尺零点高程直接由该水准点按四等水准的要求接测。各等级水准接测按《水位观测标准》的具体规定进行。由于临时潮水位站的水尺距岸边较远，常规水准仪接测水尺零点高程的方法无法实施，故采用三角高程的测量方法，用全站仪接测各支水尺的零点高程，水尺接测的各项限差均符合规范要求。水位观测完毕后对各水尺零点高程进行校测，校测结果表明，各水尺零点高程稳定。

(2)水位观测

甲、乙临时潮位站采用人工观测潮水位，丙潮位站采用 SY-1 压力式水位计。人工观测水位涨潮每半小时观测一次，落潮每小时观测一次，在高低平潮前后每 10min 加测一次，以掌握高低潮位的出现时间。在测量期间，对各水尺进行了全潮水文测量经常性的比测，比测结果表明水尺零点高程不变。

3. 底质取样及沙样巡测

底质取样在海流观测前及间歇期间进行，每个底质取样点采集一个底质样。底质采样的交通工具视采样位置点的具体情况而定，主要有以下 4 种：①深水区用大船；②硬质沙滩用拖拉机；③软质沙滩租用小船乘潮取样；④车、船到不了的区域人工步行采样。

10.1.6　内业计算与分析

1. 水文泥沙分析计算

(1)垂线平均流速计算

垂线平均流速采用矢量合成法，按公式(6.8)~(6.19)计算。即先将各分层流速分解为南北和东西方向上的流速，再分别将上述方向上的分层流速按六点法或三点法计算出垂线平均流速，最后将这两个方向上的平均流速合成得到垂线平均流速。

(2)含沙量分析计算

含沙量分析采用焙干法进行处理，采用 1/10000 电子天平称重。沙样在焙干之前，按规范要求用纯净水洗盐 2~3 次。含沙量分析各道工序符合规范要求，成果可靠。测点含沙量按式(8.2)计算，垂线平均含沙量按式(8.3)计算。

(3)悬移质及底质颗粒分析

为揭示人工岛工程海域的泥沙运动机理及悬沙与床沙交换状况，在水文测量期间，每个海流观测站点对大、中、小潮 4 种潮流状况(涨急、涨憩、落憩、落急)进行悬沙分层采样，同时在大潮期间采集一个底质样，对其进行颗粒粒径分析。

(4)单宽流量计算

先根据各站点涨、落急时的流向，计算确定每条垂线的单宽断面方向，再将垂线平均流速投影到垂直断面的方向上，由投影后的垂线平均流速乘以相应的即时水深，即得到测线单宽流量。测线即时水深由潮水位控制站相应的即时水位减去站点海底高程求出，计算之前，将水位和海底高程的基面统一换算至 1985 国家高程基准。测线单宽潮流量的计算公式为：

$$Q_i = V_{mi} \times H_i \times B \tag{10.1}$$

式中，i 为测线号；Q_i 是测线单宽流量，m^3/s；V_{mi} 是投影后的测线平均流速，m/s；H_i 是测线计算水深，m；B 是单位宽，m。

(5)单宽潮量计算

测线单宽潮量采用面积包围法计算。即用相邻两测次的垂线单宽流量的平均值乘以它们之间的历时，得到部分时间潮量，将涨潮期或落潮期内的部分时间潮量求和，即得到涨潮量或落潮量，进一步可以求得半潮潮量和全潮净(进或泄)潮量。用涨潮(或落潮)潮量除以涨潮(或落潮)潮流历时可以得到涨潮(或落潮)潮平均流量，由涨潮(或落潮)潮平均流量除以涨潮(或落潮)潮平均单位宽度面积，可求得单宽涨潮(或落潮)潮平均流速。

(6)单宽潮输沙量计算

测线单宽潮输沙量采用面积包围法计算。即用相邻两测次的垂线输沙率的平均值乘以它们之间的历时，得到部分时间输沙量，将涨潮期或落潮期内的部分时间输沙量求和，即得到涨潮输沙量或落潮输沙量，进一步可以求得半潮输沙量或全潮输沙量。由涨潮(或落潮)潮输沙量除以涨潮(或落潮)潮量，可求得单宽涨潮(或落潮)潮平均含沙量。

2. 含盐度分析

含盐度分析采用电导率法。为保证含盐度分析结果正确可靠，同时分时段取 10% 水样用硝酸银滴定法进行率定比测，比测的测次为第一、中间和最后的一个测次。

3. 潮流调和分析

采用 6.5.9 节潮流准调和分析方法，对海流观测资料进行潮流调和分析计算。实际计算按垂线和表、中、底三层进行，基本可以满足各站点垂向上潮流特性及余流的分析要求。对于完全采用六点法测流的垂线，表、中、底层的观测数据采用相对水深 0.0H、0.6H 和 1.0H 的流速；对于浅水区采用三点法测流的垂线，表、中、底层的观测数据采用 0.2H、0.6H 和 0.8H 相对水深处的流速。

10.2 洋山深水港施工期潮流跟踪监测分析

洋山深水港是世界最大的海岛型深水人工港，港区位于浙江嵊泗崎岖列岛以北，距上海市南汇芦潮港东南约 30km 的大海上，由大、小洋山等十几个岛屿组成，平均水深 15m，是距上海最近的天然深水港址。港口北距长江口 72km，南距宁波北仑港 90km，向东经黄泽洋水道直通外海，距国际航线仅 45 海里，是上海打造国际航运中心的核心工程。

崎岖列岛主要分布在大、小洋山两条岛链上，特殊的地貌环境，塑造了大、小洋山前沿的深槽。洋山港港区规划总面积超过 25km²，包括东、西、南、北 4 个港区，一次规划，分三期实施。

洋山港港区陆域面积主要是通过封堵汊道、大面积填海而成，开创了在远离大陆、依靠外海岛礁群、强潮流、高含沙量海域建港的先例。

崎岖列岛岛群汊道之间水沙运动关系十分复杂，汊道封堵后，原水沙动态平衡关系改变。为此，在洋山深水港建设过程中，对港区岛链间水文、泥沙及地形等进行定期跟踪监测，以及时掌握工程建设方案实施后，工程海域流速、流向、潮流历时、含沙量分布、悬沙运移路径、输沙量等水沙动力要素的变化规律，为工程建设提供决策依据。

10.2.1 概况

本测次水文测量包括大、中、小三个全潮水文测量、潮位观测、含沙量分布及悬沙输移测量，并对测量成果进行分析。具体目标为：

①掌握工程建设海域流速、流向、历时、潮流与潮汐相位关系等流场要素的分布特征、变化规律。

②掌握工程建设海域含沙量分布、悬沙输移路径及数量。

③分析工程建设方案实施后流场、悬沙、底质的变化趋势。

10.2.2 测量布置

1. 监测断面布置

在主通道布置 4 条、南北汊道布置 3 条，蒋公柱前沿 1 条，共 8 条测流断面，监测断面说明见表 10.2，断面位置如图 10.2 所示。

表 10.2 　　　　　　　　　　ADCP 测流断面位置及长度表

序号	断面名称	断面位置	测线长度（m）
1	ADCP-9	颗珠山—小洋山通道	650
2	ADCP-12*	小洋山—大山塘	4470
3	ADCP-13*	大乌龟—双连山	7696

序号	断面名称	断面位置	测线长度(m)
4	ADCP-14*	镀盖塘—大洋山西	2831
5	ADCP-16	小岩礁—大洋山东	1012
6	ADCP-22*	半山—双连山	1535
7	ADCP-23*	大洋山西—小山塘	1577
8	ADCP-37	蒋公柱头部	1542

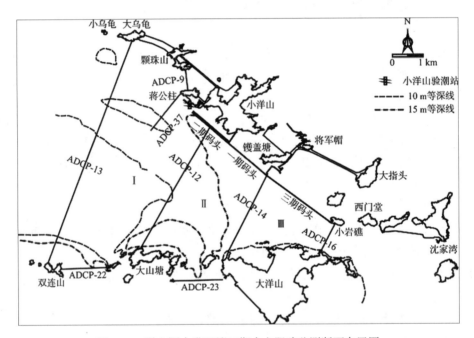

图 10.2 洋山深水港区施工期水文跟踪监测断面布置图

①平面控制:采用 1954 年北京坐标系。定位及大断面采用差分 GPS 测量,中央子午线为 122°,采用高斯正形投影。

②高程系统:小洋山理论深度基准面。

2. 潮位站布置

潮位直接引用位于工作船码头的小洋山验潮站资料。

3. 含沙量测量

每条水文测量断面在流量、流速和流向测量之外,同时利用 ADCP 进行悬沙含沙量测量。

10.2.3 测量依据

同 10.1.3。

10.2.4 仪器设备

主要仪器设备及技术指标见表 10.3。

表 10.3　　　　　　　　　　　**主要仪器设备及主要技术指标**

序号	仪器设备名称	型　号	主要性能或技术指标	仪器数量
1	GPS 接收机	Astech BR2G/DGPS-1	GPS 动态定位精度优于±0.75m	13 台
2	ADCP	150kHz	±0.5%·V±5mm/s	2 台
		300kHz	±0.5%·V±5mm/s	13 台
3	测深仪	SDH-13A	±0.3%·D±0.05m	2 台
4	渔船	木质	80-100T	9 艘
5	水文绞车	水文		13 台
6	铅鱼	水文	50kg	20 只
7	浊度仪	OBS-3A	Formazin：0-2000 NTU.2.0%	13 台
8	便携式计算机	HP、Lenovo 等		20 台

悬沙及底质颗粒分析采用英国的 Mastersizer 2000 型激光粒度分析仪分析。

所有仪器均经过专业技术监督部门的检验，各项指标符合要求，使用时均处于检验有效期内。

10.2.5 现场测量

1. 大断面测量

采用 DGPS 实时差分定位系统配备 SDH-13A 精密回声测深仪组成水下自动测绘系统，Hypach 软件进行导航和数据采集，全数字化成图。定位精度控制为图上±1.5mm，测深精度控制为±0.2m。

2. ADCP 流速流向测量

①ADCP 测流时走线尽量垂直于岸线，8 个断面同步施测，每一次测流历时控制在 25 分钟以内。

②在保证安全的情况下，ADCP 测流断面尽量测至近岸边。

3. 水样采集

水样采集用于 ADCP 走航测沙时的仪器标定。

①取样器采用 1000mL 容积的横式取样器，取样 1000ml，横式采样器上绑定经过精确对时的 OBS。

②取样时，与 ADCP 操作人员默契配合，记录采样时的#Ens 号码。

③每断面每测次取一次颗分，颗分奇数整点在北(西)取，偶数整点在南(东)取，取

样位置在 0.5H，在记录本上备注栏分别记好做颗分样的标记。

10.2.6 成果分析

1. 潮汐特征值

统计水文测量期间，工作船码头潮位站连续 7 天的潮位资料，工作船码头潮位站的特征值见表 10.4。

表 10.4 　　　　　　　　工作船码头潮位站特征值统计表　　　　　　　潮位：m

潮位站	潮位						潮差			平均涨落潮历时	
	最高	出现时间	最低	出现时间	平均高潮位	平均低潮位	最大	最小	平均	涨潮	落潮
大潮	4.37	04-12 00：00	0.40	04-11 18：25	4.08	0.56	3.97	3.18	3.60	05：20	06：53
中潮	4.10	04-16 02：40	1.13	04-15 20：10	3.65	1.42	2.97	1.92	2.30	05：50	06：33
小潮	3.75	04-17 03：35	1.44	04-16 20：55	3.49	1.68	2.31	1.36	1.86	05：55	06：35

2. 潮流分析

洋山深水港区潮流属不规则半日浅海潮流性质，受两侧岛链约束，潮流强度较强，潮流运动呈典型的往复流。潮流分析以 ADCP-14 镬盖塘—大洋山西断面为例。

（1）潮流与潮位的相位关系

涨、落潮憩流相位差沿程分布：落潮先从南端开始，然后是北端，最后是中部主流区；涨潮从码头前沿先开始，从北向南逐渐滞后。整个断面上起涨和起落时间相差长短与潮流强弱有关，大潮期起落时间相差约为 1.5 小时，起涨时间相差约为半小时；小潮期起落时间相差约为 1 小时，起涨时间相差约为半小时，如图 10.3 所示。

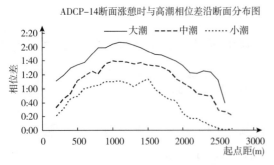
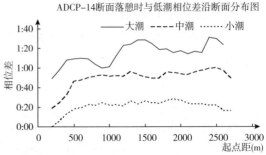

图 10.3　ADCP-14 断面潮流与潮汐相位差沿断面分布图

（2）潮流历时

涨、落潮流历时分布：两端落潮流历时长，中部涨潮流历时长。整个断面上涨潮流历时最长为 6：36，落潮流历时最长为 7：32，如图 10-4 所示。

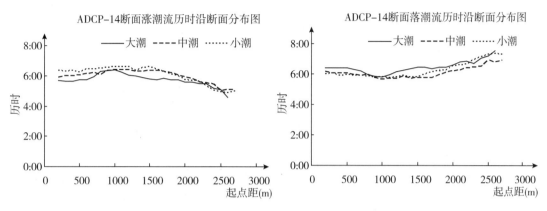

图 10.4 ADCP-14 断面潮流历时沿断面分布图

（3）潮段平均流速

整个断面涨潮流潮段平均流速最大值为 1.02m/s，出现在起点距 600m 处；落潮流潮段平均流速最大值为 1.08m/s，出现在起点距 400m 处，近镀盖塘侧，如图 10.5 所示。

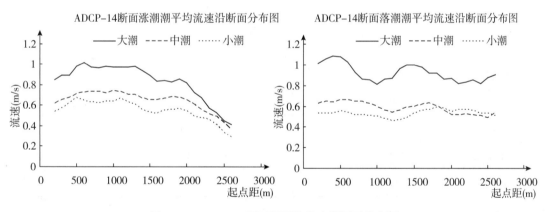

图 10.5 ADCP-14 断面潮平均流速沿断面分布图

（4）最大流速

根据实测资料统计，各垂线涨潮测点最大流速主要出现在表层和 0.2H 层。最大流速极值均出现在主通道的大潮期，测点极值：涨潮为 2.42m/s 出现在东口 ADCP-16 断面，落潮为 2.53m/s，出现在西口 ADCP-13 断面；垂线平均极值：涨潮为 2.19m/s，落潮为 2.19m/s，均出现在东口 ADCP-16 断面。表 10.5 为各断面垂线测点最大流速统计表，表 10.6 为各断面垂线平均最大流速统计表。

表 10.5   各断面垂线测点最大流速统计表

断面号	涨潮			落潮		
	起点距	流速(m/s)	相对水深	起点距	流速(m/s)	相对水深
ADCP-9	50	1.66	0.0	300	1.90	0.0
ADCP-13	3400	2.20	0.2	7000	2.53	0.0
ADCP-12	1600	2.30	0.2	2100	2.41	0.2
ADCP-14	1100	2.21	0.2	1400	2.39	0.0
ADCP-16	500	2.42	0.2	700	2.44	0.2
ADCP-22	900	1.89	0.2	900	1.52	0.0
ADCP-23	800	1.88	0.2	600	1.52	0.2
ADCP-37	700	2.14	0.2	1400	2.08	0.2

表 10.6   各断面垂线平均最大流速统计表

断面号	涨潮			落潮		
	起点距	流速(m/s)	流向(°)	起点距	流速(m/s)	流向(°)
ADCP-9	100	1.38	248	300	1.62	85
ADCP-13*	4900	1.71	288	6900	2.03	110
ADCP-12*	1800	1.91	290	2200	1.99	112
ADCP-14*	1000	1.83	298	500	1.88	125
ADCP-16	300	2.19	282	700	2.19	105
ADCP-22	900	1.70	294	1000	1.39	124
ADCP-23*	700	1.42	319	500	1.31	122
ADCP-37	700	1.73	297	1400	1.64	105

(5)大流速持续最长历时

把流速分为 0.80m/s、1.00m/s、1.20m/s、1.50m/s、2.00m/s 共 5 个流速级别,分别统计不同级别流速所持续的最长历时和频率。各断面上垂线大流速持续最长历时和频率统计表。

从表 10.7 和表 10.8 中可看出,各断面上涨、落潮大流速持续历时最长的位置也就是涨、落潮潮流速比较大的位置,即同一流速级别下,涨、落潮流速比较大的位置,它的大流速持续历时也比较长。大流速持续历时与潮流强弱是相关的,按大、中、小潮,大流速持续历时一般逐渐缩短。

根据本次实测资料统计：大潮期，主通道的涨、落潮大流速持续历时长于南、北汊道，主通道的涨、落潮大流速(>1.50m/s)最长历时基本均在2h以上，而汊道在1h左右。所测的各断面中，涨、落潮流最大流速持续历时最长的位置均在东面窄口近小岩礁处，涨潮垂线平均流速>2.00m/s持续历时为1小时25分钟，频率为12%；落潮垂线平均流速>2.00m/s持续历时为1小时，频率为8%。

表 10.7　　　　　　　各断面涨潮流大流速持续最长历时与频率统计表(频率:%)

断面号	起点距	>0.80		>1.00		>1.20		>1.50		>2.00	
		历时	频率	历时	频率	历时	频率	历时	频率	历时	频率
ADCP-09	100	3：14	27	2：25	20	1：23	11				
ADCP-13	3300	4：37	39	4：13	36	3：35	30	2：01	17		
ADCP-12	1900	4：30	37	3：59	33	3：26	29	2：22	20		
ADCP-14	1100	4：33	36	4：00	32	3：24	27	2：12	18		
ADCP-16	300	4：45	41	4：19	37	3：53	34	3：14	28	1：25	12
ADCP-22	900	4：20	37	3：49	32	3：18	28	1：54	16		
ADCP-23	700	2：58	28	2：23	22	1：37	15				
ADCP-37	700	3：33	31	2：59	26	2：25	21	1：33	14		

表 10.8　　　　　　　各断面落潮流大流速持续最长历时与频率统计表(频率:%)

断面号	起点距	>0.80		>1.00		>1.20		>1.50		>2.00	
		历时	频率	历时	频率	历时	频率	历时	频率	历时	频率
ADCP-9	300	4：14	30	3：28	25	2：12	16	0：44	5		
ADCP-13	6900	4：45	37	4：15	33	3：40	28	2：43	21	0：13	2
ADCP-12	2200	4：43	38	4：15	34	3：38	29	2：39	21		
ADCP-14	500	4：38	36	4：04	32	3：13	25	2：10	17		
ADCP-16	700	4：46	38	4：23	35	3：59	32	3：08	25	1：00	8
ADCP-22	500	3：59	31	2：49	22	1：32	12				
ADCP-23	600	4：26	32	2：57	21	1：24	10				
ADCP-37	1400	3：57	33	3：16	27	2：23	20	0：51	7		

（6）潮流流向

根据施测资料，绘制潮流平面流场矢量图及涨、落急潮流矢量图和涨、落急潮流矢量图。

由图可见：洋山港区水流呈明显的往复流，涨、落潮流流向由于动力因素及边界条件的差异，各具不同特点，涨、落潮流流向与所受的动力轴线基本一致，深槽处流路的一致性较好；海岛端部分，由于受到边界的影响，涨、落潮潮流流向有偏角。

（7）断面潮（流）量

根据实测资料计算各断面潮量，计算成果显示：涨潮流从东口开始，逐渐向西口推进，西口与东口时间差在 10~20min 左右；落潮流从西向东基本同步，时间差 10min 以内。颗珠山汉道比主通道各断面先涨先落，涨潮开始时间提前 0.5h 左右，落潮开始时间提前 1 小时左右。南面两个汉道涨落潮开始时间最迟，与颗珠山汉道的时间差约为 1h，与主通道的时间差 0.5h 左右。由于各潮流通道憩流时间不同步，因而各通道间存在水、沙交换现象。

南北汉道的落潮潮量与涨潮潮量之比值基本均在 1.50 以上，落潮流占绝对优势。主通道基本均以落潮流占优势，从西口至东口落潮流强度逐渐减弱。各通道潮量等各要素统计见表 10.9。

表 10.9　　　　　　　　　　各通道潮量等各要素统计表（大潮）

潮别	项目	ADCP-13	ADCP-9	ADCP-22	ADCP-12	ADCP-23	ADCP-14	ADCP-16	ADCP-37
前半潮	落潮开始时间	11 日 13:14	11 日 12:40	11 日 13:35	11 日 13:17	11 日 12:56	11 日 13:19	11 日 13:21	11 日 13:18
	落潮结束时间	11 日 19:45	11 日 19:06	11 日 20:08	11 日 19:43	11 日 20:11	11 日 19:43	11 日 19:38	11 日 19:41
	落潮历时	6:31	6:26	6:33	6:26	7:15	6:23	6:17	6:23
	涨潮开始时间	11 日 19:45	11 日 19:06	11 日 20:08	11 日 19:43	11 日 20:11	11 日 19:43	11 日 19:38	11 日 19:41
	涨潮结束时间	12 日 01:44	12 日 00:49	12 日 02:12	12 日 01:50	12 日 01:58	12 日 01:44	12 日 01:46	12 日 01:57
	涨潮历时	5:58	5:43	6:04	6:07	5:47	6:01	6:08	6:17
	落潮流量（m³/s）	86800	12300	15000	57800	6470	56000	57200	12600
	涨潮流量（m³/s）	−87400	−10800	−15700	−65100	−7610	−62300	−62900	−14900
	落潮潮量（×10⁴m³）	203600	28400	35430	133900	16880	128900	129600	28970
	涨潮潮量（×10⁴m³）	−187900	−22240	−34350	−143500	−15820	−134800	−139000	−33750

潮别	项目	ADCP-13	ADCP-9	ADCP-22	ADCP-12	ADCP-23	ADCP-14	ADCP-16	ADCP-37
后半潮	落潮开始时间	12日01:44	12日00:49	12日02:12	12日01:50	12日01:58	12日01:44	12日01:46	12日01:57
	落潮结束时间	12日08:19	12日08:05	12日08:21	12日08:12	12日08:28	12日08:12	12日08:08	12日08:11
	落潮历时	6:36	7:16	6:09	6:22	6:31	6:28	6:22	6:14
	涨潮开始时间	12日08:19	12日08:05	12日08:21	12日08:12	12日08:28	12日08:12	12日08:08	12日08:11
	涨潮结束时间	12日13:42	12日13:09	12日14:06	12日13:42	12日13:23	12日13:44	12日13:37	12日13:48
	涨潮历时	5:23	5:03	5:45	5:30	4:54	5:31	5:29	5:37
	落潮流量(m^3/s)	95200	13100	14400	64000	6760	63000	60300	12300
	涨潮流量(m^3/s)	−74500	−8530	−13200	−56000	−5790	−51100	−52800	−13000
	落潮潮量($\times10^4 m^3$)	226000	34400	32000	146600	15840	146900	138200	27490
	涨潮潮量($\times10^4 m^3$)	−144300	−15540	−27320	−110800	−10230	−101600	−$\times10^4$300	−26310
全潮	涨潮历时(时:分)	11:21	10:46	11:49	11:37	10:41	11:32	11:38	11:53
	落潮历时(时:分)	13:06	13:43	12:42	12:48	13:45	12:52	12:39	12:36
	涨潮平均流量(m^3/s)	−81200	−9750	−14500	−60800	−6770	−56900	−58100	−14000
	落潮平均流量(m^3/s)	91000	12700	14700	60900	6610	59600	58800	12400
	总的平均流量(m^3/s)	11100	2840	652	2980	757	4480	2800	−408
	涨潮潮量($\times10^4 m^3$)	−332100	−37770	−61670	−254300	−26060	−236500	−243300	−60060
	落潮潮量($\times10^4 m^3$)	429600	62800	67430	280500	32720	275900	267800	56460
	总的下泄潮量($\times10^4 m^3$)	97470	25030	5754	26220	6662	39370	24460	−3600
	落潮潮量/涨潮潮量	1.29	1.66	1.09	1.10	1.26	1.17	1.10	0.94
	落潮潮量分配比(%)	100.0%	14.6%	15.7%	65.3%	7.6%	64.2%	62.3%	13.1%
	涨潮潮量分配比(%)	100.0%	11.4%	18.6%	76.6%	7.8%	71.2%	73.3%	18.1%

3. 含沙量空间分布

通过 ADCP 含沙量测量成果分析，洋山港区含沙量分布有如下特点：

大潮落潮期，主通道含沙量中部最高（ADCP-12），全断面平均含沙量为 2.64kg/m³，最大值为 2.82kg/m³，位于南部大山塘侧（起点距 4000m 处）。东西口门平均含沙量主要集中在 2.2~2.5kg/m³ 之间；南北岛链，双连山汊道（ADCP-22），落潮平均含沙量介于 2.61~3.07kg/m³ 之间，大山塘汊道，落潮平均含沙量介于 2.42~2.87kg/m³ 之间，北岛链的颗珠山汊道（ADCP-9），其值介于 2.25~2.52kg/m³ 之间，略呈南高北低趋势。蒋公柱前沿，ADCP-37 断面，含沙量介于 2.20～2.36kg/m³ 之间，与西北角颗珠山汉道以及 ADCP-13 断面北部基本一致。

中潮落潮期，主通道基本呈西高东低的态势，南汉道 22、23 断面，平均约 2.03kg/m³，而北颗珠山汉道平均约 1.75kg/m³，蒋公柱前沿 37 断面含沙量更小，约为 1.27kg/m³。

小潮落潮期，主通道西口门含沙量(平均 1.39kg/m³)依然略大于东口门(平均 1.13kg/m³)，南汉道(平均 1.45kg/m³)低于颗珠山汉道(平均 1.87kg/m³)。

相对于落潮，涨潮期的含沙量分布有规律得多。大、中、小潮期，主通道含沙量从东向西逐渐增大，至 ADCP-12 断面达到最大，然后再向西口门 ADCP-13 断面，含沙量有所减小。涨潮期断面平均含沙量见表 10.10。

表 10.10　　　　　　　　　洋山港区主通道涨潮期平均含沙量变化表　　　　　　单位：kg/m³

潮型	主通道				南北汉道		
	ADCP-16	ADCP-14	ADCP-12	ADCP-13	ADCP-9	ADCP-22	ADCP-23
大	2.21	2.84	3.11	2.34	2.32	2.42	2.38
中	1.67	2.03	2.58	1.97	1.63	2.79	2.34
小	1.50	1.50	2.27	1.38	1.29	2.21	2.01

参 考 文 献

[1]朱秀永，刘冠伟．浅谈 GPS 在水深测量中的应用[R]//第十五届中国海洋(岸)工程学术讨论会，2011：5.

[2]殷晓冬．声学测深数据处理与海陆数据集成方法研究[D].大连：大连理工大学，2010.

[3]金久才，张杰，马毅，等．一种无人船水深测量系统及试验[J].海洋测绘，2013，33(2)：53-56.

[4]罗深荣．侧扫声呐和多波束测深系统在海洋调查中的综合应用[J].海洋测绘，2003，33(1)：22-24.

[5]赵会滨，徐新盛，吴英姿．多波束条带测深技术发展动态展望[J].哈尔滨工程大学学报，2001(2)：41-45.

[6]冯士筰，李凤岐，李少菁．海洋科学导论[M].北京：高等教育出版社，1999.

[7]吕炳全．海洋地质学概论[M].上海：同济大学出版社，2008.

[8]黄锡荃，李惠明，金伯欣．水文学[M].北京：高等教育出版社，1985.

[9]高宗军，张兆香．水科学概论[M].北京：海洋出版社，2003.

[10]喻国良，李艳红，庞红犁，等．海岸工程水文学[M].上海：上海交通大学出版社，2009.

[11]唐逸民．海洋学(第二版)[M].北京：中国农业出版社，1997.

[12]苏纪兰，等．中国近海水文[M].北京：海洋出版社，2005.

[13]中华人民共和国国家质量监督检验检疫总局，中国国家标准化管理委员会．GB/T 12763.2—2007，海洋调查规范 第2部分：海洋水文观测[S].2007.

[14]陈鸿志，宋敬利，韩引海．MVP300 系统及其应用[J].海洋技术．2004，23(2)：46-49.

[15]侍茂崇，高郭平，鲍献文．海洋调查方法导论[M].青岛：中国海洋大学出版社，2008.

[16]中华人民共和国国家质量监督检验检疫总局，中国国家标准化管理委员会．GB/T 12763.4—2007.海洋调查规范 第4部分：海水化学要素调查[S].2007.

[17]徐善跃．非接触海浪潮位测量技术的研究[D].天津：天津大学，2007.

[18]董海军，谌业良．DGPS RTK 技术进行天津港潮位测量的应用分析[J].港工技术，2007(6)：51-53.

[19]赵建虎，王胜平，张红梅，等. 基于 GPSPPK/PPP 的长距离潮位测量[J]. 武汉大学学报(信息科学版)，2008(9)：910-913.

[20]赵建虎，等. 现代海洋测绘[M]. 武汉：武大大学出版社，2007.

[21]赵建虎，刘经南. 多波束测深及图像处理[M]. 武汉：武大大学出版社，2008.

[22]董江，王胜平. GPS PPK 远距离在航潮位测量及其在航道的实现[J]. 测绘通报，2008(5)：51-53.

[23]欧阳洵孜. 基于雷达遥感测定海洋工程中潮位的技术应用[D]. 大连：大连海事大学，2010.

[24]张朝亮，等. 基于 hough 变换和 harris 检测的标尺图像潮位测量[J]. 计算机科学，2011(3)：283-285.

[25]柯灏. 海洋无缝垂直基准构建理论和方法研究[D]. 武汉：武汉大学，2012.

[26]熊浩伦. 基于面阵 CMOS 的非接触潮位高度测量技术的研究[D]. 天津：天津大学，2013.

[27]秦海波. 基于 GNSS 技术的近海岸潮位提取关键技术研究[D]. 南昌：东华理工大学，2015.

[28]谭富德. 海岸站压力式潮位监测系统[D]. 青岛：中国海洋大学，2015.

[29]翟万林，等. 基于 GNSS 浮标的潮位测量技术研究[J]. 海洋技术学报，2016(3)：28-31.

[30]范有明. 波浪与海流测量仪器测试装置[J]. 海洋技术，2007(3)：24-26，41.

[31]任少华，周冲，叶小凡. 海流测量数据的后处理探究[J]. 海洋技术，2013(4)：63-66.

[32]赵志文，朱敏. 自容式海流剖面测量系统的研制[J]. 测控技术，2001(9)：51-53，63.

[33]王沛云，秦平，陈鲁疆. 磁阻传感器在海流计流向测量中的应用研究[J]. 海洋技术，2012(3)：17-20.

[34]周志鑫，刘永坦. 高频地波雷达提取表层海流的计算方法[J]. 海洋通报，1997(5)：79-84.

[35]范寒柏，等. 点式声学多普勒海流计研究设计[J]. 仪表技术与传感器，2015(11)：38-41.

[36]王云燕，等. 海流传感器的结构设计及优化[J]. 合肥工业大学学报(自然科学版)，2015(05)：577-580，658.

[37]侯永海，王安敏. 自容式海流计[J]. 微计算机信息，2001(1)：84-85.

[38]黄雄飞，周徐昌，何建军. 声学多普勒海流剖面仪误差源分析[J]. 声学与电子工程，2006(4)：1-3.

[39]尧怡陇，王敬东，叶松，等，海洋波浪、潮汐和水位测量技术及其现状思考[J]. 中国测试，2013(01)：31-35.

［40］王惠玲. 波浪的光学测量法研究［D］. 大连：大连理工大学，2005.

［41］元萍. 船舶走航式波浪测量系统研究［D］. 青岛：中国海洋大学，2010.

［42］毛祖松. 我国近海波浪浮标的历史、现状与发展［J］. 海洋技术，2007，26（2）：23-27.

［43］牛志华. 声学波浪测量技术研究［D］. 天津：天津大学，2014.

［44］陈永华. 波浪驱动式海洋要素垂直剖面测量系统关键技术［D］. 青岛：中国科学院研究生院（海洋研究所），2008.

［45］元萍. 一种船用波浪测量仪的设计［J］. 山东科学，2010，23（1）：52-55.

［46］李晨，吴建波，高超，等. 用于多普勒流速剖面仪测波浪的方向谱反演算法研究［J］. 电子与信息学报，2012，34（10）：2482-2488.

［47］王军成，侯广利，刘岩，等. 船基激光法波浪测量仪器的研究［J］. 海洋技术，2004，23（4）：14-17.

［48］章家保，蔡辉，陈加银，等. 当前海洋波浪测量的技术特点和实测分析［J］. 海洋技术学报，2015，34（004）：33-38.

［49］赵杰，等. 基于三轴加速度的波浪测量技术研究［J］. 海洋技术学报，2015，34（5）：66-70.

［50］李文杰，张帅帅，杨胜发，等. 利用 ADV 测量细颗粒泥沙浓度的试验研究［J］. 水力发电学报，2014（4）：98-104.

［51］薛明华，苏明旭，蔡小舒. 超声衰减谱法测量泥沙粒度分布［J］. 泥沙研究，2007（6）：14-18.

［52］薛元忠，何青，王元叶. OBS 浊度计测量泥沙浓度的方法与实践研究［J］. 泥沙研究，2004（4）：56-60.

［53］金文，王道增. PIV 直接测量泥沙沉速试验研究［J］. 水动力学研究与进展（A 辑），2005（1）：19-23.

［54］唐兆民，何志刚，韩玉梅. 悬浮泥沙浓度的测量［J］. 中山大学学报（自然科学版），2003（S2）：244-247.

［55］王仲明，等. 水中泥沙浓度的超声成像测量研究［J］. 泥沙研究，2015（2）：24-28.

［56］唐兆民，等. 珠江口虎门悬浮泥沙浓度的测量［J］. 中山大学学报（自然科学版），2005（4）：124-128.

［57］李俊. 激光泥沙颗粒分布测试方法研究［D］. 西安：西安理工大学，2009.

［58］王兆印，林秉南. 中国泥沙研究的几个问题［J］. 泥沙研究，2003（4）：73-81.

［59］严冰. 波浪及波流共同作用下悬移质浓度垂线分布的研究［D］. 天津：天津大学，2004.

［60］刘志国. 长江口水体表层泥沙浓度的遥感反演与分析［D］. 上海：华东师范大学，2007.

［61］窦希萍. 我国河口泥沙研究进展［C］//第十四届中国海洋（岸）工程学术讨论会，

2009：7.

[62]周五一，张文尧. 水文资料自动采集、整编、传输、实时预报系统[J]. 水文，1994（51）：28-36.

[63]王锦生. 中国的水文资料整编[J]. 水文，1994，3：61-64.

[64]宋立松，虞开森. 基于地理信息系统的水文资料整编系统设计[J]. 水科学进展，2001（4）：541-546.

[65]李林华. 受多因素影响的水位流量关系单值化整编方法[J]. 水文，2004，24（1）：42-45.

[66]章树安，吴礼福，林伟. 我国水文资料整编和数据库技术发展综述[J]. 水文，2006，26（3）.

[67]卢祖河，黄永利，陈宏立. 提高水文资料整编质量的探讨[J]. 河南水利与南水北调，2009（05）：51-52.

[68]李春莲，付春兰，张建民，等，水文资料整编中对"假潮"现象的分析与处理[J]. 水资源与水工程学报，2009，20（2）：153-155.

[69]尚艳丽，侯元，李军，等，水文资料整编工作相关问题分析[J]. 地下水，2010，32（3）：137-138.

[70]王静，李庆金，厉明排，等，水文资料整编数据处理软件的设计及应用[J]. 水资源与水工程学报，2011，22（5）：164-166.

[71]任文明，谢晓芳，高峰，等，水文资料整编自动计算方法的研究[J]. 气象水文海洋仪器，2012（4）：17-21.

[72]郭海涛，张秉新. 浅谈水文资料整编工作中的问题与策略[J]. 金田，2013（06）：302.

[73]谢运山，谢海文，赵德友，等. 水文资料整编流量测验数据的检查[J]. 水文，2015，35（2）：61-64.

[74]李琬婧. 水文资料整编方式与遥测数据的应用研究[J]. 地下水，2016，38（4）：180-181.

[75]蔡小舒，苏明旭，沈建琪. 颗粒粒度测量级数及应用[M]. 北京：化学工业出版社，2010.